重生

摆脱父母控制的命运

[美]埃里克·伯恩 著
王文平 译

开明出版社

图书在版编目（CIP）数据

重生：摆脱父母控制的命运 /（美）埃里克·伯恩著；王文平译 . —北京：开明出版社，2022.11

ISBN 978-7-5131-7622-4

Ⅰ . ①重… Ⅱ . ①埃… ②王… Ⅲ . ①心理学 – 通俗读物 Ⅳ . ① B84-49

中国版本图书馆 CIP 数据核字（2022）第 135733 号

责任编辑：卓　玥　张慧明

书　　名：	重生：摆脱父母控制的命运
出版人：	陈滨滨
著　　者：	[美]埃里克·伯恩
译　　者：	王文平
出版社：	开明出版社（北京市海淀区西三环北路25号青政大厦6层）
印　　刷：	保定市中画美凯印刷有限公司
开　　本：	710mm×1000mm　1/16
印　　张：	24.5
字　　数：	338千字
版　　次：	2022年11月 第一版
印　　次：	2022年11月 第一次印刷
定　　价：	80.00元

印刷、装订质量问题，出版社负责调换。联系电话：（010）88817647

目 录
CONTENTS

序 言 / I

第一部分　总　论
第一章　导　言 / 003
第二章　人际沟通分析理论的原理 / 010

第二部分　父母编制的程序
第三章　人生命运 / 025
第四章　胎前阶段的影响因素 / 051
第五章　早期发展 / 067
第六章　可塑时期 / 079
第七章　脚本装置 / 091
第八章　童年晚期 / 113
第九章　青春期 / 137
第十章　成熟与死亡 / 151

第三部分　脚本的运作
第十一章　脚本类型 / 167
第十二章　典型脚本 / 175
第十三章　灰姑娘 / 191

第十四章　脚本如何成为可能 / 202
第十五章　脚本的传递 / 231

第四部分　临床实践中的脚本

第十六章　预备阶段 / 249
第十七章　脚本符号 / 260
第十八章　治疗中的脚本 / 288
第十九章　决定性的干预措施 / 302
第二十章　三个病例 / 314

第五部分　脚本理论的科学探讨

第二十一章　对脚本理论的反对意见 / 329
第二十二章　方法论问题 / 339
第二十三章　脚本核对表 / 348

附录

说完"你好"说什么 / 371
术语表 / 373

图片索引

图1A　人格结构图 / 011

图1B　简化的结构图 / 011

图1C　二阶结构图 / 011

图1D　对人格的描述 / 012

图2A　互补沟通（PC-CP） / 013

图2B　九种可能的互补沟通关系 / 013

图3A　Ⅰ型交错沟通（AA-CP） / 014

图3B　Ⅱ型交错沟通（AA-PC） / 014

图4A　成功的角状沟通 / 015

图4B　复式沟通 / 015

图5　埃布尔家的脚本家谱图 / 060

图6　喝酒的年轻人 / 084

图7　脚本中禁止信息的起源及植入 / 085

图8　漂亮淑女佐伊 / 101

图9　一个努力的赢家 / 107

图10　幻想的自主 / 129

图11　真正的自主 / 129

图12　戏剧三角形 / 154

图13　PAC心灵之旅 / 209

图14　空白脚本模型 / 232

图15　家庭序列 / 235

图16　文化的传递 / 236

图17　祖父母的影响 / 238

图18　许可沟通 / 311

图19　克鲁尼的脚本模型 / 317

图20　儿童自我状态的两种观点 / 343

序　言

本书是我之前关于沟通分析法书籍的延续，概述了过去五年里对此方法新的思考和实践，主要是脚本分析方面取得的大量进展。过去五年间，接受培训成为沟通分析师的人数大幅增加。他们正在多个领域检验这一理论，包括工业、康复、教育和政治领域，以及各种临床领域。正如本书文本和脚注中所述，他们中的许多人正在做出自己的独创性贡献。

本书主要可作为心理治疗的高级教科书使用。沟通分析的历史不长，因此，不同背景的专业人士将书中内容转换为自己领域的专业知识应该不难。我们肯定也会有一些读者是非专业人士。因此，我力图让此书通俗易懂。对这部分读者，要理解此书可能需要一定的深入思考，但我希望它不会像破解密码一般晦涩难懂。

传统的心理治疗通常使用三套不同的专业术语：用在治疗师与治疗师之间、治疗师与患者之间以及患者与患者之间。它们的差别类似于汉语普通话与粤语或古希腊语与现代希腊语的差别。经验表明，尽可能消除这种差别，以通用的英语基本表达代替，能促进许多治疗师热切盼望的"沟通"（用俗话说就是努力行动，而不是在神坛前苦苦祈祷）。我力图避免使用冗余复杂又模糊的语言来掩盖不确定性，这是社会学、行为学和精神病学研究中常见的做法，源于14世纪的巴黎大学医学院。

这种做法导致了人们会指责某些研究者"通俗化"和"过度简单化"——这些指责让人想起曾经对"资产阶级世界主义"和"资本主义偏离"的指控。在神秘莫测和简单明了之间，在过度复杂和过度简单之间做选择，我会选择更贴近真正的"人"的那一边。我会不时地使用几个复杂的词汇，它们就像汉堡，用来吸引学术研究机构门口的看门狗。这样我便能溜进大楼地下室，向我的朋友们说"你好"。

在此我想感谢所有为沟通分析做出贡献的人，由于人数多达几千人，这里无法一一列出。其中，我最熟识的是国际沟通分析协会的教学人员以及旧金山沟通分析研讨会的成员，我每周都参加这一研讨会。他们之中最积极投入脚本分析研究的人包括：卡尔·邦纳（Carl Bonner）、梅尔文·博伊斯（Melvin Boyce）、迈克尔·布林（Michael Breen）、维奥拉·卡拉汉（Viola Callaghan）、赫奇斯·凯珀（Hedges Capers）、莱纳德·坎波斯（Leonard Campos）、威廉·柯林斯（William Collins）、约瑟夫·康坎农（Joseph Concannon）、帕特里夏·克罗斯曼（Patricia Crossman）、约翰·杜塞（John Dusay）、玛丽·爱德华兹（Mary Edwards）、富兰克林·恩斯特（Franklin Ernst）、肯尼斯·埃弗茨（Kenneth Evert）、罗伯特·戈尔丁（Robert Goulding）、马丁·格罗德（Martin Groder）、戈登·格伯斯（Gordon Haiberg）、托马斯·哈里斯（Thomas Harris）、詹姆斯·霍雷维斯（James Horewitz）、帕特·贾维斯（Pat Jarvis）、斯蒂芬·卡普曼（Stephen Karpman）、大卫·库普弗（David Kupfer）、帕梅拉·莱文（Pamela Levin）、杰克·林德海默（Jack Lindheimer）、保罗·麦考密克（Paul McCormick）、杰伊·尼科尔斯（Jay Nichols）、玛格斯丽特·诺斯科特（Margaret Northcott）、爱德华·奥利维尔（Edward Olivier）、W.瑞恩·波因德克斯特（W. Ray Poindexter）、索伦·塞缪尔（Solon Samuels）、迈拉·希夫（Myra Schapps）、雅基·希夫斯（Jacqui Schiff）、泽利格·塞林格（Zelig Selinger）、克劳德·M.斯坦纳（Claude M. Steiner）、詹姆斯·耶茨（James Yates）和罗伯特·泽克尼奇（Robert Zechnich）。

此外，我还要感谢我在旧金山的秘书帕梅拉·布卢姆（Pamela Blum）让研讨会顺利进行，并贡献自己的想法；还有她的继任者伊莱恩·沃克（Elaine Wark）和阿登·罗斯（Arden Rose）；特别要感谢我在卡梅尔的秘书玛丽·N.威廉姆斯夫人（Mary N. Williams）。没有她的认真负责和优秀技能，本书不可能经多番修改最终成形。我15岁的儿子特伦斯（Terence）熟练地帮我整理了所有参考文献、图表以及手稿的其他细节。我女儿艾伦·卡尔卡泰拉（Ellen Calcarerra）阅读了全部书稿，并提出了许多建设性意见。最后，我要感谢我的病人们，他们完全向我袒露自己，让我能更好地实践这一理论。他们还允许我去度假，以便有机会思考。我还要感谢数百万以十五种不同语言阅读我作品的读者。他们对我作品的兴趣极大地鼓舞了我。

语义解释

和我其他作品一样，本书中的"他"可能指男性，也可能指女性。如果我认为某一陈述更适用女性而非男性，就会使用"她"；为了语法的简单方便，有时"他"也被用于区分治疗师（男性）和病人。希望这些简便的句法结构不会被获得解放的女性朋友们误解。"是"意味着某个案例是基于我自己和他人的临床经验，意味着我对某事有相当坚定的信念。"似乎"或"看似"意味着我在等待进一步证据，之后才能作出肯定的判断。书中的患者案例取自我自己的治疗经验以及别人在研讨会和督导会上展示的案例。部分案例进行过整合，所有案例都进行过修改以保证患者身份不被识别，但是其中重要的事件或对话依然忠实于原本的案例。

埃里克·伯恩

第一部分

总　论

第一章 导 言

A. 说完"你好",该说什么?

说完"你好",该说什么?这个问题乍一听既幼稚又接地气,缺乏学术课题应有的深度。然而正是这一问题,问出了人类生活中所有主要疑问,道出了社会科学中所有基本问题。对于这个问题,婴儿无法回答只能咿咿呀呀,儿童学习起了回答的"套路",青少年把问题抛给同伴和长辈,成年人为逃离先前习得的"套路"而向更成功的人"取经",老年人则充满智慧、阅历丰富,为这个问题著书立传,却也从未找到过答案。这个问题包含着社会心理学的首要问题——为什么人们要相互交流?以及社会精神病学的基本问题——为什么人们希望被他人认可?而这个问题的答案,也回答了《圣经·启示录》中四骑士提出的问题:"要战争还是和平,要饥荒还是富足,要瘟疫还是健康,要死亡还是生命。"说完"你好",该说什么?找到这个答案的人屈指可数,原因其实很简单,因为大多数人穷其一生都未曾想过,要回答这个问题,就先要回答另一个问题——怎么向别人说"你好"呢?

B. 怎么说"你好"

这个问题是佛教、基督教、犹太教、柏拉图主义、无神论,甚至人文主义的精髓所在。禅宗经典"孤掌之声",其寓意正回答了"怎么说你好"

这一问题。而且不管你看的是哪个版本的《圣经》，这个问题也正是《圣经》中"黄金法则"的奥义。要想正确地说"你好"，就要做到"目中有人"，即意识到对方是一个有血有肉的人。你要明白自己将会对他人产生的影响，也要准备好被反过来影响。而把这个道理践行得最好的，当数斐济原住民——斐济人真诚的微笑，可堪比这世上最稀有的珍宝。他们的笑容缓缓绽放，充满了整张脸，而且久久不退，让每个人都能将它铭记于心。在别的国家，恐怕只有慈母和婴孩的微笑能与之相比，而在西方国家，想必只有性格极为开朗的人才能做到①。

本书将探讨四个问题：怎么向他人说你好？怎么回应？寒暄之后怎么聊天？而在这之前，还有一个不得不说的问题——那些不好好打招呼的人，都会做什么？我这里先简单回答一下，后面还会详细讲解。本书为精神病学教科书，首先是写给治疗师的，其次写给正在接受治疗的患者，最后是写给对本书感兴趣的朋友。

1. 要想好好地说"你好"，首先，你要摒除那些从出生就开始在脑子里累积的"垃圾"，并且意识到，每一声"你好"都是独一无二、不可复制的。你可能要花数年才能学会怎么做。

2. 要好好地回应，你也要摒弃脑子里的"垃圾"，意识到对方正站在那里，或从你身边走过，并且正等着你的回应。你可能也要花数年才能学会怎么做。

3. 打完招呼之后，你要摆脱掉所有回到你脑子里的"垃圾"，比如悲伤的经历带来的不满；这种创伤记忆又会对当下产生消极影响。在这之后你可能一时说不出话，也不知道说什么。但经过多年的练习，你也许会知道打完招呼，应该说什么。

4. 这本书大部分都是在讨论"垃圾"问题。"垃圾"就是当人们不好好打招呼时，他们会做什么？我希望大家可以通过训练，挖掘自身沟

---

① 根据我的经验，这样的笑容最常见于20多岁、留着黑色长发的女性当中。这一点比较奇怪。

通天赋，意识到什么是心理学概念上的"垃圾"。要想回答前三个问题，就要先明白什么是"垃圾"，什么不是"垃圾"。正在学习如何"打招呼"的人们所使用的语言，我们称为"火星语"，用来跟我们每天说的"地球语"相区别。而我们回看从古埃及、古巴比伦到如今的历史，正是"地球语"造成了战争、饥荒、疫情以及死亡，而对于幸存者来说，"地球语"也干扰了他们的正常思维。我希望从长远角度来看，人们可以正确学习"火星语"，从而消除那些灾难。可以说，"火星语"是最理想的语言，可以让万事万物展现其真实面目。

C. 实例说明

为了进一步向大家展示其重要性，我们假设有一个生命垂危的患者，他得了不治之症，而且已到晚期。病人名叫莫托（Mort），是一名30岁的男性，患有慢性癌症，以目前医学水平无法治愈，医生说可能只剩2年寿命，最乐观也不超过5年。他在精神问题方面的主诉是痉挛，症状表现为点头和抖脚，原因不明。在治疗小组里，莫托很快找到了病因，原来他在脑子里不断"播放音乐"，音乐像一堵墙一样屏蔽了他的恐惧，那些痉挛是他的身体在随着音乐打节拍。医生经过细致观察后，发现不是身体痉挛在带动音乐节奏，而正是脑中的音乐使身体随之抖动。到了这一步，包括莫托在内的所有人都明白，如果通过心理治疗停止了脑中的音乐，那积蓄已久的恐惧就会像洪水一样冲垮他的心防，除非能把恐惧转化为更柔和的情绪，否则结果不堪设想。该怎么办呢？

看到莫托，治疗小组的成员们都意识到了"世人终有一死"。对于死亡大家都有情绪，都在用不同的方式逃避。但也就像莫托一样，无论在逃避上花费多少时间和精力，大家都无法阻挡死神到来的脚步，而这些时间本能用来好好享受生活，这样一来，说不定成员们余下的20年或50年的时间，活得还不如莫托剩下的2到5年精彩。人生的质量比长度更重要，这句老话大家都不陌生，但面对一个将死之人，这句话就显得更加辛辣讽刺，让人感触更深。

在此之前，治疗小组成员达成过共识，活着的意义应在于最简单的事情——欣赏树木的茂盛，聆听鸟儿的啼叫，和他人道一声问候，全心全意、自然而然，谨慎而不浮夸、礼貌而不虚伪。大家都学习过"火星语"，他们乐于教给莫托，莫托也很愿意学习。同时，为了能做到上述事情，他们也一致同意，所有人包括莫托在内都应严格摒弃脑中"垃圾"。本来因为莫托的出现，大家开始产生了伤感，感慨于生命的渺小，但在意识到"世人终有一死"后，这些感伤自然地消失了。现在，成员们可以和莫托畅所欲言，而莫托也敞开心扉，他们终于可以平等交流了。莫托明白了成员们严格要求的意义，他们便可以严格要求莫托摒除"垃圾"，而反过来，莫托也能够要求别人摒除他们的"垃圾"。最终，莫托不再把自己看作一个癌症病人，又回归正常人的生活。但所有人，包括他自己，都比之前更加清楚其所处的人生困境。

莫托的故事是最能体现"怎么打招呼"这一问题的感染力和深度的，而在莫托的例子中，我们也能看到三个发展阶段。莫托刚进入治疗小组时，其他人不知道他已身患绝症，就以平常的方式向他"打招呼"。这时每个人"打招呼"的方式，基本上就是其父母教授、从小习得的，在日后的学习工作中不断调整，这也体现了大家对精神治疗过程的尊重和坦诚。而莫托作为新来的成员，他也用平常的方式回应了那些问候。因为莫托的父母希望他成为一个志向远大、热血奋进的美国男孩，所以他也假装自己就是这样的。但当莫托在第三次团体活动中，坦白自己患有绝症时，这让其他人感到不知所措甚至觉得受到欺骗、背叛。他们担心是否说错过什么话，让自己在莫托尤其是在治疗师面前丢脸，而感到生气则是因为莫托和治疗师没有早些坦白，他们似乎觉得自己被欺骗了。他们之前用平常的方式和莫托"打招呼"，就像对所有人一样。而现在知道了莫托的情况，他们多么希望时光能倒流，用不同的方式再认识莫托一遍。

小组成员们也确实变得不一样了。之前的直言不讳，现在变成了轻柔而小心的话语，仿佛在说："你瞧，我知道了你的遭遇后，对你多么体贴啊！"大家都不想冒犯一个将死之人，而使自己名誉受损。甚至于有莫托在场时，大家都不敢笑得太大声。终于，当大家知道莫托是能够摒除脑中"垃圾"的，情况便有了改善，气氛也不再紧张，所有人都可以第三次重新认识莫托，把他作为平常人来沟通。因此，三个阶段可以划分为：表面肤浅的"打招呼"，紧张同情的"打招呼"和放松真实的"打招呼"。

佐伊一直无法和莫托打招呼，直到她了解到真实的莫托。这个过程是不断变化的，每一周甚至每一个小时都在发生变化。她每次见到莫托都会更了解他一些，只要佐伊还想继续两个人的友谊，那她每次"打招呼"的方式也要随之变化。但佐伊永远无法完全了解莫托，也无法预测未来的变化，所以佐伊"打招呼"永远不会是完美的，但会在了解中不断完善。

D. 握手

很多病人初次见到治疗师时，会先自我介绍，和治疗师握手，然后再走进诊室。诚然，有些治疗师会选择主动握手，但我对握手这件事有一套自己的想法。如果患者非常热情地伸出手，为了避免显得失礼，我就会选择回握，但态度上不置可否，因为不知道他为何如此热情。如果患者握手的方式是礼貌性的，我也会给予同等的回握，因为双方都明白，这一礼节不会影响到接下来的会谈。如果患者非常迫切地向我伸出手，我一定用坚定的回握来安抚他，让他知道我明白他的需要。但我的习惯是，走进等候室时，我脸上的表情和双手的位置，都向新患者表明只要他们不想握手，那握手就可以免了。这样是为了建立一种共识，即我们来这里是为着更重要的目的，而不仅仅是进行礼节性的互动，表明我们双方的诚意。当然，我不想握手的主要原因，是因为我还不认识对面的人。我也不指望他们会和我握手，因为他们也不认识我。而且有些患者在治疗时是拒绝肢体接触的，因此不握手也是对他们的尊重。

但在会谈结束后，情况又会有所不同。这时我已经知道了很多关于病人的事情，相应地对方也知道了些我的事情。因此当他要离开时，我很重视和他的握手，而且凭我对他的了解，我也知道该如何和他握手。这个临别握手对患者非常重要——它意味着，我在他坦白了那么多"坏"事之后依然接纳他。如果患者需要安抚，那我的握手就可以安抚他，如果患者需要对自我的肯定，那我的握手就会激发他的阳刚之气。"握手"不是一个精妙设计后用来诱导患者的工具，而是我发自内心地给予他认可。在长达一小时的会谈结束后，我已经了解到患者最关心的问题。相反，如果他并非因为尴尬而是出于恶意撒了谎，或是想利用或羞辱我，我在结束时便不会与他握手：这样是让他知道，如果想要我站在他这边，他就必须有所改变。

如果患者是女性，那情况又有所不同。如果患者需要明确的信号，来确认我是接纳她的，那我会用合适的方式和她握手。如果我事先知道患者抗拒和男性接触，那我在结束时会用让她舒服的方式告别，但不会握手。这也证明了为什么不要刚见面就握手，因为如果还不了解对方，就在一开始和对方握手，这会引起患者的恐慌。事实上，我在会谈还未开始时，就已经冒犯甚至羞辱了她。尽管握手是出于礼貌，但我强迫她违背自己的意愿触碰了我，也让我触碰了她。

在面对治疗小组时，我也采用类似的做法。刚进门的时候，我从不打招呼，因为已经一个星期没见过他们了，我不知道他们现在状态如何，不知道他们这段时间经历了什么，不管是轻飘飘地问候，还是热情地招呼，可能都不合时宜。但我非常重视结束时和每一位成员说"再见"，那时我已了解了他们的情况，知道要如何和每一个人告别。比方说有位女士的母亲在此期间去世了，那一开始亲切地和她打招呼就会显得不合适，她可能会原谅我的不知情，但我本可以避免给她增加这些压力。而且在会面结束时，我也知道要如何在她丧亲的情况下与她道别。

E. 朋友

因为在朋友关系中人是可以得到"安抚"（stroking）的，在社交上，这种情况又有不同。在和朋友"打招呼"和"告别"时，从坦诚地握手到给彼此一个大大拥抱都是合适的，取决于朋友想要或需要什么。有时候你甚至可以开玩笑假装疏离，朋友也会笑着回击。酒贵陈酿，人重故交，友情是比金钱甚至生死更重要的东西。

F. 理论

前面我们探讨了"打招呼"和"告别"，那在这二者之间所发生的事情，就落入到一个关于人格和群体动力的理论框架（体系）中，我们称之为沟通分析理论。这一理论也是一种心理治疗的方法。为了能更好讲解这一理论，我们需要首先看一看其原理。

第二章　人际沟通分析理论的原理

关于人际沟通分析理论的原理，我们已经在很多地方讨论过了——在《心理治疗中的沟通分析》中进行了最为详细的阐述，在《组织与团体的结构和动力》中概述了其在团体动力学方面的运用，在《人间游戏》中提出了其对"心理游戏"分析的作用，在《团体治疗的原则》中分析了其在临床实践中的应用，以及在《精神病学和精神分析入门》中通俗易懂地对理论进行了总结。因此，我们这里只对原理进行简单概述，以方便手头没有以上书目的读者阅读。

A. 结构分析模型

自我状态理论是人际沟通分析理论的核心。"自我状态"是一种信念与感受一致的系统，通过相对应的行为表现出来。每个人身上都有3种不同的"自我状态"：(1)"父母自我状态"来自父母亲形象，以下简称为"父母"。在这种状态下，个人的感受、想法、行为、言语及反应符合父亲或母亲一方在其年幼时的表现，且该状态在养育下一代等过程中较为活跃。即使个人当前没有处在"父母自我状态"之下，这一状态依然可通过"父母影响"干预其行为，对其进行道德般的约束。(2)在"成人自我状态"（即"成人"）下，个人能客观评价其所处环境，基于经验判断可能性和可行性，并进行计算机般的缜密思考。(3)每个人内心都有一个小男孩或小女孩，其感受、想法、言语及反应都与其某一孩童时期的表现相符，这一状态称为"儿童自我状态"（即"儿童"）。"儿童"并非幼稚或不成熟的（这些都是"父母"的说法）；"儿童"是孩子气的，指个人表现得就像某一时期的孩童一样。这里"某一时期"需要特别关注，通常会在2岁到5岁之间。了解"儿童自我状态"非常重要，不仅因为这个"小孩子"会伴随我们终生，同时也是我们人格最重要的组成部分。

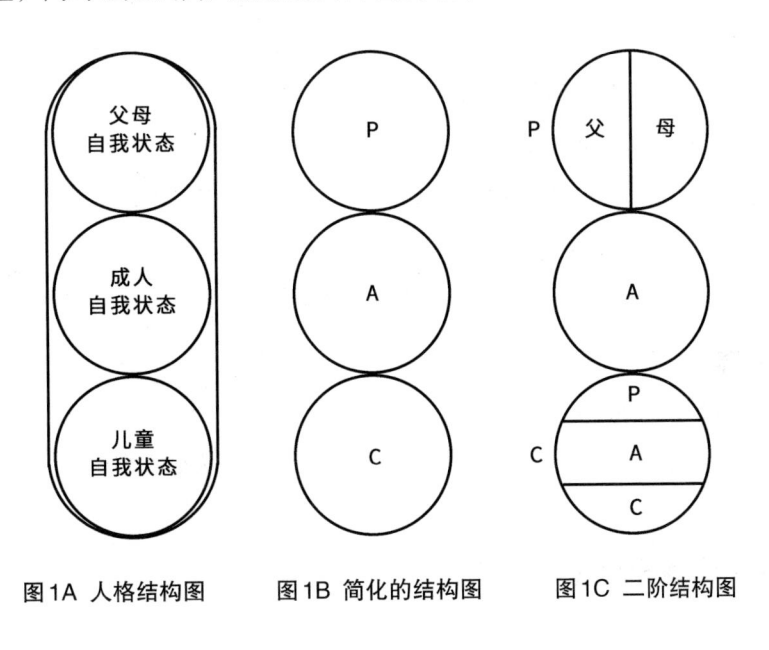

图1A 人格结构图　　图1B 简化的结构图　　图1C 二阶结构图

图1A代表每个人完整的人格"结构"（也就是"结构模型"），包含所有的感受、想法、表达和行为（图1B是其简易缩略版），即使在之后更详细的讲解中，也不会出现新的"自我状态"了，只会对主要部分进一步细化。研究发现，多数情况下"父母自我状态"可分为两部分——一个来自父亲，一个来自母亲，在"儿童"形成时，"父母""成人"和"儿童"都已经存在了，因此"儿童"中包含着3种"自我状态"，这一结论也可通过观察现实中的儿童得到。图1C是一个二阶结构分析，通过辨别"自我状态"来区别不同"感觉—行为模式"，这样的做法属于"结构分析"。本章在讨论"自我状态"时，"父母"（P）、"成人"（A）和"儿童"（C）这3种状态将加上引号或用字母代表，和现实意义中的父母、成人和儿童加以区分。

这里还会提到对人格的"描述"（也就是"功能模型"），包括亲密型"父母"、照顾型"父母"和控制型"父母"，以及自然型"儿童"、适应型"儿童"和叛逆型"儿童"，部分词语可从字面理解，部分会在下文加以解释。"儿童自我状态"从"结构"的角度分成3部分，水平排列呈现，而图1D则从"描述"的角度划分，垂直排列呈现。

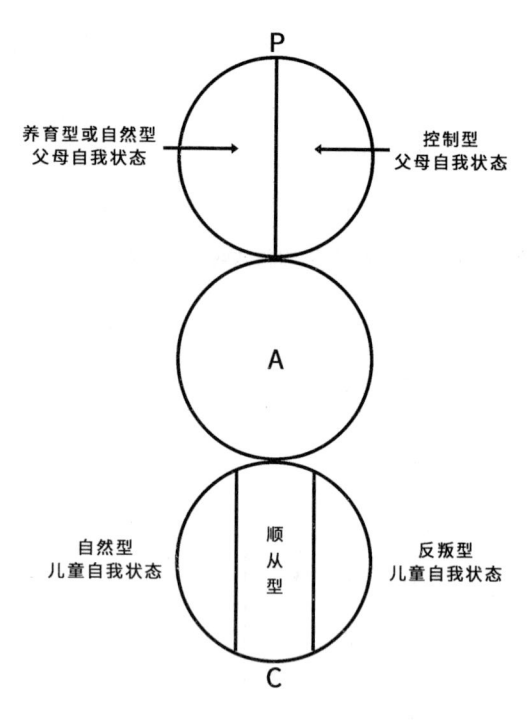

图1D 对人格的描述

B. 人际沟通分析理论

通过上一节的分析，可以看到当两个人在沟通时，其实是每个人身上3个——一共6个"自我状态"在碰撞（如图2A所示）。每个人都是独立的个体，3种"自我状态"也各不相同，因此关键是要搞清楚，每个人在沟通过程时，是处在何种"自我状态"之下的。而这一过程可在图表中用箭头将双方"自我状态"的联系体现出来。最简单的沟通模式中，两个箭头是平行的，这种模式称为互补沟通，如图2B所示，该模式一共有9种组合（PP、PA、PC、AP、AA、AC、CP、CA、CC）。举个例子，图2A就代表了一对夫妻之间的沟通（PC），刺激是从丈夫的"父母"到妻子的"儿童"，而回应则是从妻子的"儿童"到丈夫的"父母"。理想情况下，这可能是一位父亲般的丈夫在照顾懂事的妻子，只要沟通一直是互补的，那箭头就是平行的，这样的相处也会一直持续下去。

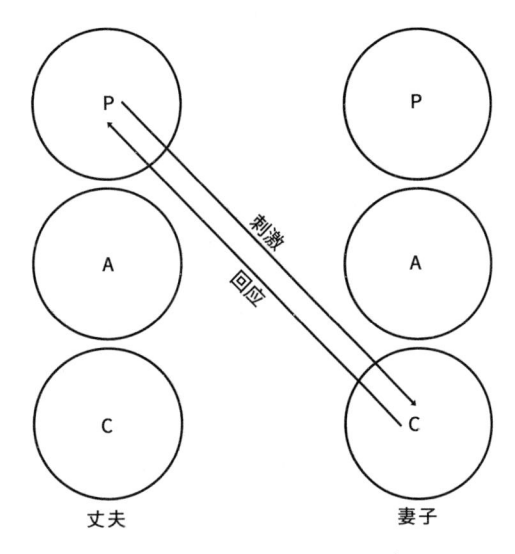

图3A和3B中，情况有了变化。图3A当中，一方发起了"成人"对"成人"的刺激（AA），比方说询问信息等，却收到了对方"孩子"对"父母"的回应（CP），这样一来，刺激箭头和回应箭头就是交叉而非平行的。这样的沟通模式叫作交错沟通，而该模式下，双方的沟通是错位的。比方说，丈夫问"我的袖扣放哪儿了"，他只是在询问信息，但妻子却回答"怎么什么都要怪我"，这样一来，他们聊的就不再是"袖扣"，一场交错的对话就产生了。该例子就是"交错沟通"的第一种类型，这是心理治疗中常见的一种移情，这种沟通类型也是造成世界上很多问题的根源。图3B代表的"交错沟通"的第二种类型，一方发起了"成人"到"成人"的刺激，比方说只是提了个问题，却收到了对方"父母"对"儿童"居高临下的回应。这是最常见的反移情，是人际关系和政治关系中造成问题的第二大根源。

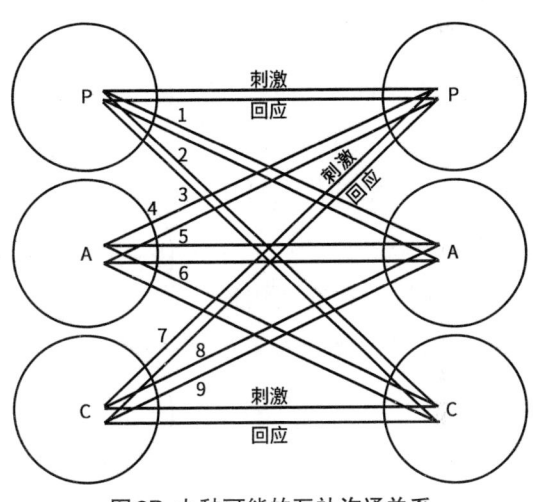

按照图2B中的对应关系，我们可以统计计算得到72种交错沟通的类

型（9×9=81，除去9种互补型），不过在临床和日常生活中，只有4种发生概率较高，值得关注。这4种包括上文提到的类型一（AA-CP），即移情；类型二（AA-PC），即反移情；再加上类型三（CP-AA）"夸张回应"，这种情况下，一方需要安慰，而另一方却在讲道理；类型四（PC-AA）"粗鲁无礼"，一方期待得到顺从，而对方在摆事实、讲道理，这样的回应让人感觉是在自作聪明。

互补沟通和交错沟通都属于单层简易的沟通模式。而角状沟通和双重沟通则属于双重隐性的沟通模式，如图4A所示。在这种模式下，一方看似从

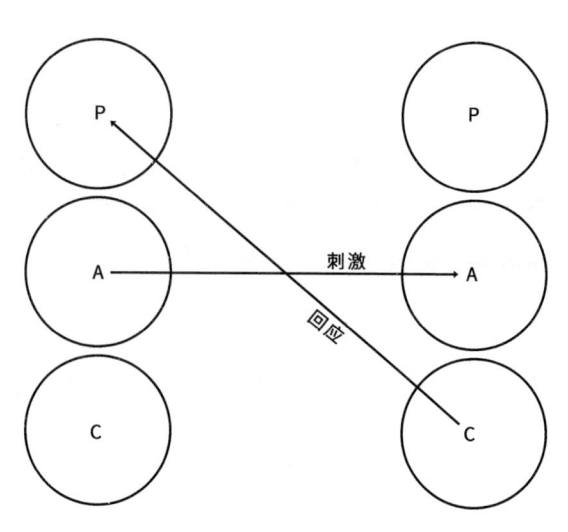

图3A Ⅰ型交错沟通（AA-CP）

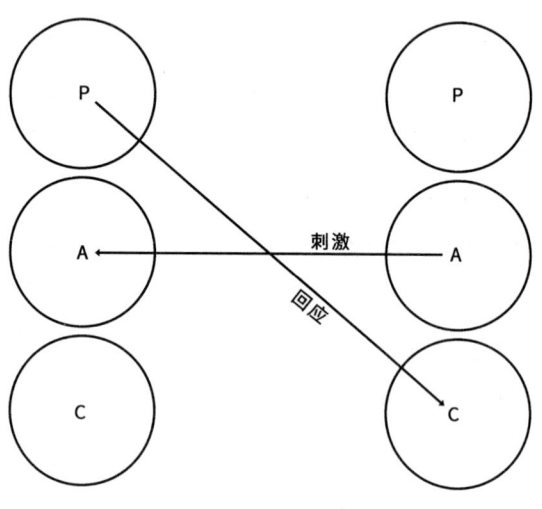

图3B Ⅱ型交错沟通（AA-PC）

"成人"出发，和对方的"成人"进行沟通（比方说听起来很客观的推销），实际上是想勾起对方的"父母"或"儿童"。图4A中从"成人"到"成人"的直线，代表着这场沟通的社会性表层含义，而虚线则代表着心理学深层含义。这样来看，如果成功达到角状沟通，得到的回应是"儿童"对"成人"的，而不是"成人"对"成人"的，反之如果失败了，则对方的

自我状态依然是"成人",回应也是"成人"对"成人"的。考虑到沟通过程中"自我状态"的不同组合搭配,可以得到18种角状沟通类型(如图4A和4B所示),每一种都有虚线代表隐性的"自我状态"被成功勾起,但如果失败了,则对方的回应也是平行的直线。

图4B代表双重沟通模型。这种情况下存在两种完全不同的沟通层面——一个是社会性的表层,一个是心理上的深层。研究图表可得出,存在6561种不同的双重沟通类型,排除掉其中重复的部分(也就是81种互补型沟通模式),最后剩下6480种,但幸好只有6种经常出现在临床和日常生活中。

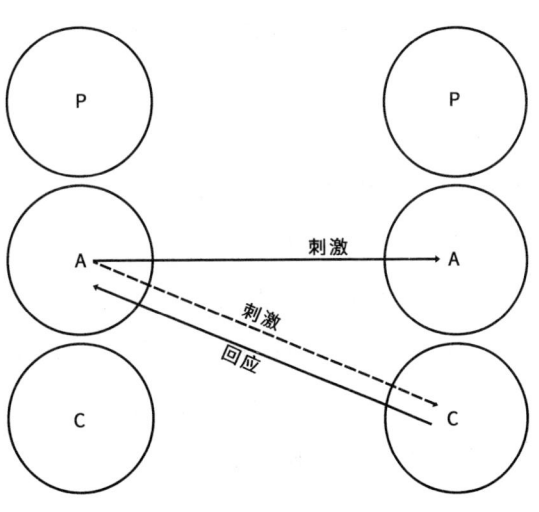

图4A 成功的角状沟通

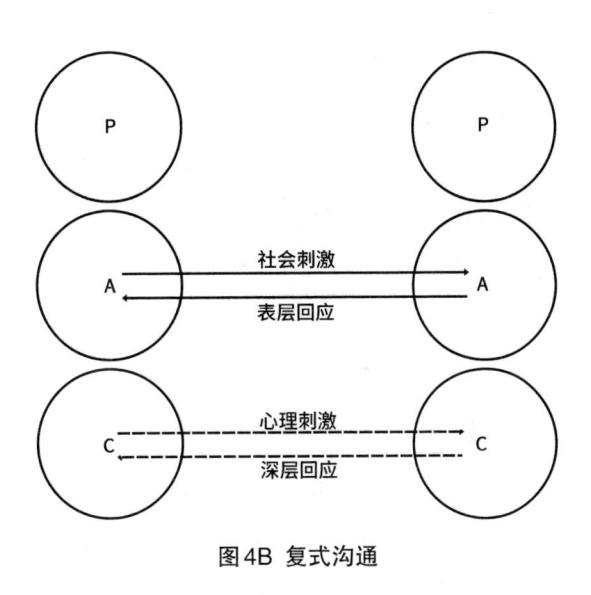

图4B 复式沟通

有读者可能会奇怪,为什么这部分出现了不少数字呢?原因如下:(1)从"儿童"角度来看,本来就有很多人喜欢研究数字。(2)从"成人"角度来看,运用数据可以使人际沟通分析理论比大部分社会学、心理学理论显得更精确。(3)从"父母"角度来看,尽管我们在分析上追求精准,却没有限制类型的多样性。比方说，我们只参与3场沟通，每一场沟通存在6597种可能（9种互补型沟通、72种交错型沟通、6480种双重沟通类型和36种角状沟通类型），那么3场加起来就有约3亿种沟通类型（6597^3），充分涵盖了个体差异带来的多样性。就算把全人类两两组合，每一组进行3次沟通后再重组，如此反复200次，其间各组沟通内容不可重复，自己说过的也不可再说，该理论也完全容纳得下。实际上，多数人每天要进行成百上千次沟通，那加起来就可能有无数种沟通类型。在6597种沟通类型当中，即使有人讨厌其中的5000种，且从不以这些方式进行沟通，他的选择空间依然非常大，他的行为也不会被模式化。除非他和大部分人一样，自己给自己的行为设限，但这就不属于人际沟通分析理论的缺陷，而是本书所主要讨论的其他影响因素。

如上文所述，该理论不管是整体还是分支都统称为人际沟通分析理论，因此我们把针对"单个沟通"的分析定义为严格意义上的人际沟通分析理论，而这也是继结构分析之后的第二步展开。严格意义上的人际沟通分析理论，对理论整体给出了严谨的定义，想必对科学方法论有研究的读者会更感兴趣。沟通是社交行为的基本单位，由单一的"刺激"和"回应"组成，表现为口头语言或非口头语言。而它之所以被称为沟通，是因为双方均是有目的地参与其中，也都有所获得。发生在两者及以上的沟通过程，都能被分解为一系列的"单一沟通"，从而方便理论分析，这一点得益于该理论有一系列定义规范的基本单位。

人际沟通分析理论是在特别明确"自我状态"定义的基础上，基于对两人及以上可能出现的沟通类型分析，在已知的沟通类型种类中，研究人格和社交行为的一种理论，同时也是心理治疗的一种临床治疗方法。不过在这几千种类型中，只有15种经常出现在日常实践中，其余大多只存在于学术讨论中。如果某系统或方法并非基于"单一沟通"中特定"自我状态"的严谨分析，则不属于人际沟通分析理论。事实上，该定义旨在建立一套囊括人类所有社交行为模型，且该模型符合科学的简约性原则（又称"奥卡姆剃刀律"），仅提出了两种假设：（1）人们能够从一种"自我状态"切换到另一种；（2）如果一方先发言，另一方在短时间后也发言，则后者的发言是对前者的回应，这一点是可以被证实的。其次，该模型的有效性还在于，到目前为止在人类上百万次的沟通当中，并未发现模型无法涵盖的例子，同时，该模型因基于简单数学运算而具有严谨性。

想要从沟通的角度来看问题，最好的办法就是问问自己："如果是一个两三岁的孩子，他会对某个成人的行为，做出怎样的回应呢？"

C. 长期社交行为模式的选择（时间结构）

我们还需要指出，长期的沟通行为也是存在的，甚至会持续长达一生。因此，短期和长期的主要社交行为都是可以预测的。很多人在独处时会感到非常不安，因此即使一些沟通几乎不能满足我们的需要，却也还是可能会发生的，比方说去参加不想去的聚会（因为总比一个人待在家要好）。长期社交行为模式的选择背后有三种"驱力"或"需求"在推动。第一种称为"刺激"或"感觉需求"，某些研究称，包括人类在内的大多数生物都会追求刺激，而非躲避刺激。而这也解释了，为什么过山车那么受欢迎，为什么监狱里的犯人想尽办法避免被关禁闭。第二种称为"认可需求"，指人们会追求某些特定的感觉，这种感觉只能由另一个人提供，或在某些情况下由某个动物提供。这就是为什么刚出生的猴子和婴儿都不止需要哺乳，还需要母亲的气息、温暖和抚慰，不然就会郁郁寡欢，这和成年人遭人冷遇甚至无人愿和他打招呼的感觉是相通的。第三种可以称为"结构需求"，这也是为什么小团体壮大后，会逐步向大机构组织发展，而擅长进行长期社交行为模式选择的人也往往是社会上最受欢迎、成就最高的。

此处我们举一个既包含"刺激需求"又包含"结构需求"的例子——

老鼠感觉剥夺实验。实验中，老鼠们要么生活在完全的黑暗中，要么生活在持续照明无变化的白色笼子当中，一段时间后，将这些实验鼠和正常老鼠一起放进普通笼子，结果发现食物只有被放在黑白两色格子的棋盘上时，实验鼠才会去吃；如果放在普通背景上，它们就会熟视无睹；而在正常环境长大的老鼠，无论什么背景都不妨碍它们进食。由此可见，对实验鼠而言，结构化的刺激比填饱肚子更重要（实验中将"结构化刺激"称为知觉经验）。实验者在结论部分指出，对"结构化刺激"的需要可能是生理性的，就像"饥饿感"一样，且早期经历的感觉剥夺，其影响可能会伴随一生，具体表现为对复杂刺激的强烈吸引。

在人类社交行为中，短期社交行为可分为四种基本模式，外加两种不常见的模式。就是说，如果有两个人或者更多的人碰面了，那他们之间可能出现六种社交行为模式。第一种属于不常见的极端模式，称为"退缩"。这种情况可能出现在地铁上，或退缩精神分裂症治疗小组等，这些场合下人们彼此不会公开交流。如果说"退缩"是每个人都躲在自己的小世界里，那接下来的"仪式"，则是最安全的社交行为了。"仪式"大多是高度程式化的，可以是非正式的交流，也可以是正式的典礼，都是完全可以被预测的。"仪式"中的沟通几乎不传递任何信息，实质上更像表明相互认可的符号。组成"仪式"的单位被称为"安抚"，这就好比婴儿通过安抚得到母亲的认可，而"仪式"的内容则是由外界的传统或社会习俗决定的。

第二种最安全的社交行为我们称为"活动"，也就是人们常说的工作，不管是聊搬砖和泥还是聊数学难题，此时的沟通主要围绕工作的内容。工作中的沟通大部分都是"成人"到"成人"的，指向外在的现实问题，而"活动"也是围绕现实展开的。下一个是"消遣"。"消遣"不像"仪式"一样程式化、可预测，但也具有一定的重复性、多样性，就像一篇半命题的作文，可能发生在成员们都不太熟悉的聚会上。"消遣"大多符合社会习惯，以大家普遍接受的方式谈论非敏感话题，但这时个人特质就可能会显现出来,这也就来到了我们下一个要讲到的社会行为——"心理游戏"。

"心理游戏"由一系列隐性沟通组成,具有重复性,且具有心理上的回报。隐性沟通是指一方假装在做某事,而实际做的是另一件事,因此所有"心理游戏"都包含一个"饵",而对方身上有一个"钩",也就是能够被"饵"诱惑的弱点,比如恐惧、贪婪、敏感、易怒等,找到了"钩"就可以控制对方。在对方被控制之后,发起者就"提竿收线",得到心理上的回报。发现上钩了之后,当承受者努力想搞清楚发生了什么时,就会瞬间陷入困惑、感到被骗。当"心理游戏"结束,双方都会有所得或有所失,这种得失是双向的,主要是过程中双方产生的情绪,且不一定相同。"心理游戏"有四个必备特征——因为沟通必须是隐形的,所以一定有"饵",而有"饵"就有相应的"钩",有被欺骗的"承受者",以及双方的"得失"。以上可以归纳为下面这个公式:

$$C+G=R \rightarrow S \rightarrow X \rightarrow P（公式G）$$

C(Con)+G(Gimmick)代表饵挂上了钩,R(Responds)则代表承受者上了钩,S(Switch)代表发起者提竿收线,而X(Crossup)代表伴随产生的困惑或被欺骗的情绪,最后P(Payoffs)代表双方都有所得失。只要符合该公式,就可以称作一次心理游戏。

单纯地重复或者坚持并不能构成心理游戏。在一个治疗小组中,如果一个病人忧心忡忡,每周都要问治疗师:"我一定能痊愈吧?"在治疗师安慰他之后,病人表示感谢。这个过程并不是隐性沟通,因为病人坦陈了自己的需求并得到了满足,他没有别有用心地利用这个过程,也彬彬有礼地作出了回应。因此这一类沟通不属于心理游戏,而是一种活动(Operation),这两者应该严格区别,就好像工作程序和社会习俗应该区别开来一样。

然而,如果另一个病人也向治疗师寻求安慰,在得到安慰后,却反过来让治疗师难堪，这就属于"心理博弈"。比方说，病人问："我一定能痊愈吧？"治疗师关爱地说："当然！你一定会好的。"就在这时，病人并没有像普通人一样表示感谢，而是"提竿收线"露出了他的真正目的——他反问医生，"世上哪儿有一定的事，你怎么这么自以为是？"这话一下让治疗师落入陷阱、慌了手脚，却正是病人的目的。当心理游戏结束，病人因骗到了治疗师而得意扬扬，而治疗师则垂头丧气，这些情绪就是两人的"得失"。

这个例子完全符合心理游戏公式。"饵"就是最开始的问题，"钩"则是治疗师对病人的关爱，当"饵"挂上"钩"，治疗师按病人预期地给予了回应，病人就"提竿收线"，欺骗了治疗师，最后双方各有得失。

$$C+H=R \to S \to X \to P$$

在这个心理游戏的简单例子当中，从病人的角度，他是想要"打击他"或者"让他倒霉"，而从治疗师的角度，他只是想帮助病人。我们可以把"得失"理解成"点券"，积极的情绪价值看作是"金色点券"，消极的情绪价值看作是"棕色或蓝色点券"。这样病人通过欺骗，得到了虚假的胜利，也得到了一个假的"金色点券"，相应地治疗师得到的是"棕色点券"。这样的例子并不罕见。

每一次心理游戏都有一句"口号"或者一个"题目"，与其他心理游戏区别开来，比如常见的口号"我只是想帮忙"。我们可以把口号理解为一件"T恤衫"，人们穿着去标榜自己的主张。而通常这场心理游戏的目标就藏在口号里面。

最后，生活中还有一个不太常见的社交行为模式，我们称为"亲密"。双向亲密被认为是坦诚的、不含博弈的关系，是一种无私的给予。"亲密"可能是单向的，因为存在一方坦诚光明、无私给予，而另一方阴险狡诈、别有用心的情况。

性行为可以说涵盖了所有社交行为的类型。开始时两个人可能处在退缩状态下，或许是在一次仪式集会当中、在一天的工作当中、在雨天享受闲暇时光当中，或许是在进行相互利用的心理游戏，还可能是在进行真正亲密的表达。

D. 人生脚本

以上提到的社交行为，都属于"时间规划"模式，旨在避免无聊，同时从每一情况中获得最大的满足感。而每个人都有一个预先设定好的人生计划或脚本，里面写满了仪式、消遣和心理游戏，这些既让脚本进一步发展又带来了即时的满足感，中间夹杂着退缩和偶尔的亲密，每个人据此来进行长期社交行为模式选择，不管是按月、按年抑或是一生。脚本通常基于孩子气的幻想，可能会延续一生的时间，而对于更明智、敏锐和有洞察力的人来说，人生就是幻灭的过程，只余埃里克森所提到过的"人生危机"。这些危机包括：青春期对父母的重新评价，对匪夷所思的中年的抗议，等等，以及在此之后产生的人生哲学。在中年之后依然过分生活在幻想里，有时也可能会导致抑郁或迷信，而完全抛弃幻想可能会导致绝望。

"说完你好说什么"，长期社交行为模式的选择（时间结构）就是对这个问题的客观描述，而接下来为了回答这个问题，我们就要观察现实生活中，人们在打完招呼一般都会怎么做，我也会在其中暗示正确做法。当然，想要更好地进行阐释，我们不妨探究一下人生脚本的本质以及其发展路径。

第二部分

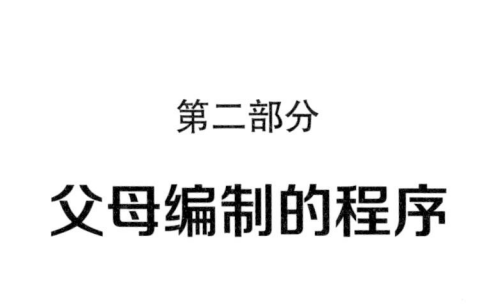

父母编制的程序

第三章 人生命运

A. 人生规划

每个人的命运之路，其实都是在和外界对抗的过程中，在其脑中不断铺成的。每个人都是命运的主人。自由使我们可以掌握自己的人生，而权力则让我们得以影响别人的人生。也许我们会因自己从未见过的人或永远看不到的病菌而死，但墓志铭会记下我们曾经的奋斗。即使有些人不幸地默默地死去，只有最了解的人才能猜到他的遗言，而除去他的朋友、伴侣和医生之外的人根本无法理解他的最后想法。很多情况下，我们一辈子都在欺骗别人，也在欺骗自己。后面我们还会更多地谈到这些谎言。

在童年早期我们就已经决定了要如何生活，甚至如何死去，而我们脑中也一直带着这个规划，这就叫人生脚本。我们日常的行为也许出于理智，但人生重要的选择却早已决定了，这些选择包括我们会和谁结婚，我们会有几个孩子，我们会死在何处，以及身边会有谁。这也许不是我们所愿，但却符合我们的脚本。

玛格达

玛格达是一位尽职的妻子和母亲，但当她的小儿子重病时，她惊恐地发现，在内心深处却浮现了一个想法、一个画面，甚至是一个愿望——她想要自己深爱的儿子去死。这使她想起丈夫在国外当兵时，她也曾有过相同的念头。当时，希望丈夫战死的古怪念头一直缠绕着她，而且每一次她都能想象自己丧夫或丧子后，痛苦而受折磨的样子。然而，这种痛苦将会成为她人生中的一个关键节点，所有人都会对她成功承受了巨大压力而感到钦佩。

问："如果你丈夫或儿子真的死了，你又会做什么呢？"

玛格达说："我没想那么远，只想自己自由了，可以做想做的事情。一切重新开始。"

玛格达中学的时候，曾有一段和同学们纵欲的日子，自那时起，内疚感就一直伴随着她，而丈夫或儿子的死也将会是对此的惩罚或赎罪，也让她能不再活在母亲责骂的阴影里了。她再也不会觉得自己总是格格不入。人们会赞美她："她好勇敢！"并且认可她是一位成熟的人。

在玛格达一生的大部分时间里，她脑中都在上演这样悲剧的情景或画面。而她的人生就像一出话剧，这场悲剧就在第三幕上演，而整个脚本在她童年时就写好了。第一幕：内疚和混乱。第二幕：母亲的责骂。第三幕：赎罪。第四幕：解脱和重生。但在现实中，玛格达过着非常循规蹈矩的生活，听父母的话，尽最大能力让家人过得健康快乐。这和她的戏剧化而跌宕起伏的人生脚本或"应该脚本"（Counterscript）不符。

人生脚本是童年早期在父母压力之下形成的，不断进行着的人生规划；是一种推动着我们走向自己的命运的心理力量，无论我们是想和它抗争，还是认为这就是自己的自由意志。

当然，这里我们不是想把所有人的行为或人生简化成一个公式。正相反，我们要把一个活生生的人，看成能够以理性、可靠方式行事且充分考虑他人感受的人。我们不能把按照人生脚本生活的人打上"不真实"的标签，因为这样的人占了人类的大多数，我们有必要试着去了解他们。

黛　拉

黛拉快30岁了，住在玛格达的隔壁，过着差不多的家庭主妇生活，但她的丈夫却是一名销售，经常到处出差。有时候，丈夫一出门，黛拉便出去喝酒，最后醉倒在离家很远的地方。通常，她根本不记得自己喝醉后发生过什么，只是有些时候当她在某个奇怪的地方醒来后，发现钱包里有陌生男人的电话号码时，她才大致明白发生过一些事情。这不但让她感到震惊，同时也很恐惧，因为如果遇到的是一个流氓或坏人，那她的一生就毁了。

人生脚本形成于童年早期，既然是故事脚本，那必然有前因后果。黛拉的母亲在她很小时便过世了，而父亲则每天外出工作。她和学校同学相处得并不愉快，总感觉自己低别人一等，一直独来独往；她和玛格达一样，也把自己变成了一群小男生的玩具。黛拉从没想过她现在的行为，和上学时那些在草垛里度过的日子有什么关系。但在她的脑中，她一直在按照自己的人生脚本行事。第一幕：幕起，在草垛里的快乐和内疚。第二幕：高潮，酒醉无度的快乐和内疚。第三幕：后果，谴责和毁灭，黛拉失去丈夫、孩子、职位，失去了一切。第四幕：最终解脱，自杀，之后所有人都感到抱歉并原谅了她。

玛格达和黛拉都平静地生活在她们的"应该脚本"中，但都提心吊胆不知何时平静会被打破。这个悲剧脚本也都在最终让她们迎来了解脱与和解。不同的是，玛格达一直耐心等待上天来惩罚她，让她实现救赎；而黛拉则受到内心恶念的驱使，急不可耐地向结局奔去，迎来审判、死亡和原谅。因此，起点相似的两个人（私生活混乱），却走向了不同的人生道路，迎来了不同的人生结局。

心理治疗师像看透一切般坐在办公室里，受雇处理这样的情形。对玛格达和黛拉而言，如果有人死了她们就解脱了，而心理治疗师的任务则是找到更好的解脱方式。他走出办公室，走在大街上，路过证券交易所，经过出租车站，还有一个沙龙，这一路上几乎遇到的每一个人都需要解脱。杂货铺里，一个女人冲她女儿喊道："都说了多少遍了，不要乱碰！"而又有人夸她的小儿子："他可真可爱呀。"当治疗师来到医院，一个多疑症患者问："医生，我怎么才能出院呢？"一个抑郁症患者感叹："我为什么活着？"一个精神分裂症患者回答道："不要节食，随便吃。我还没蠢到节食呢。"这些病人昨天也说过同样的话，他们已经被困住了，而医院外面的人们还有解脱的希望。"我们要增加他的药量吗？"一个见习医学生问。Q医生转向精神分裂症患者，看着他的眼睛："我们要不要增加药量？"病人想了一会儿，回答说："不要。"Q医生又抬起手说："你好！"病人也挥了挥手："你好。"接着他们一起转向医学生，Q医生说："你好！"医学生却被吓了一跳。可是就在5年之后，在一次心理治疗的会议上，医学生则主动走向Q医生，向他打招呼："Q医生，你好！"

玛 丽

"总有一天，我会开一家护士学校，结四次婚，在股市里面赚很多的钱，成为一名知名的外科医生。"玛丽醉醺醺地说道。

这不是她的人生脚本。首先，她的这些想法都不来自她的父母——他们讨厌小孩，排斥离婚，认为股市变化莫测，而外科医生收费太高。其次，玛丽的性格也不适合——她面对孩子会紧张焦虑，对异性冷若冰霜，害怕股市，同时又因酗酒而手抖。第三，她早就决定要白天做房产销售，晚上和周末做酒鬼。第四，她也不是真的对这些事情感兴趣。这些只是罗列了她做不到的事情。最后，大家听完了也心知肚明，她根本一件也不会去做。

人生脚本需具备以下条件：（1）父母的引导。（2）较为健全的人格发展。（3）童年的决定。（4）受到某种成功或失败模式的刺激。（5）态度坚定（也就是现在常说的"立场坚定"）。

本书中，我们将探讨目前所知的人生脚本运作方式，以及如果要改变脚本，我们该做什么。

B. 台上与台下

俗话说，艺术来源于生活。要研究人生脚本，我们就要先看一看戏剧脚本和人生脚本之间的关系。

1. 二者都是围绕某些特定主题的。最著名的就是《俄狄浦斯王》，而其他题材也可以在希腊戏剧或神话中找到。其他民族也有类似于狂热的酒神祭祀或粗鲁的二律背反的祭祀剧目，但希腊人和希伯来人却是第一个提炼并记录人类的平常生活以及生活模式的人。人类生活中确实存在着许多像是原始仪式中描述过的竞赛（Agon）、感伤情绪（Pathos）、哀歌（Threnos）和神的显现（Theophany），但它们往往是被史诗般的语言所演绎过的；如果用普通的日常语言来描述，这些事情就更容易被人们理解和思考了。比如：一个男人和女人在月光照耀的月桂树下，一个大嘴巴来了，无论他或她是谁。在布尔芬奇或格雷夫斯的作品①中，希腊诗人采用了如此简单的方式将每个人的生活描绘出来。如果众神对他微笑，他就能生活地相当顺利。但如果众神皱起眉头，情况就会有所不同。如果想消除诅咒或是更舒服地生活，他就会变成一个主动寻求治疗的患者。

分析沟通脚本和分析戏剧脚本一样，只要知道了剧情和角色，除非有变化，不然我们就能知道故事的结局是什么。比方说希腊神话美狄亚的故事，不管是心理治疗师还是剧评家都很清楚，美狄亚已经下决心要杀了自己的孩子，除非有人劝她打消这个念头；而且心理治疗师和剧评家也都明白，如果美狄亚能在那个礼拜参加互助小组，整件事就不会发生了。

2. 如果人生能按既定轨道前行，那么其结果也是可以预测的，而在此过程中，也许一场对话，或是某个特定的词，某种说话的语气，都是引发

---

① 指美国作家托马斯·布尔芬奇（Thomas Bulfinch）的《神话时代：神祇和英雄的故事》（*The Age of Fable, or Stories of Gods and Heroes*）及英国诗人、历史小说家罗伯特·格雷夫斯（Robert Graves）的《希腊神话》（*The Greek Myths*）。——译者注

最终结果的重要一环。不管是在剧院还是生活中，关键台词都必须牢记并以正确的方式说出，这样他人的反应才能佐证并推动行为的产生。如果主角改了台词，换了"自我状态"，那其他人也会有不同的反应，而这也正是治疗脚本分析的目的。如果哈姆雷特按美国戏剧《埃比的爱尔兰玫瑰》的风格说话，那为了使剧情合理，奥菲利亚也要改换台词，那整部《哈姆雷特》就是另一个版本了——他们俩就不会在城堡里躲躲藏藏，说不定就直接选择私奔了——剧也许不好看了，但对两个人来说，却可能是更好的人生。

3. 一个剧本要先经过排练和修改，才能最终成为最精彩的演出。要排一部剧，就要经过读剧本、改剧本、排练、试演，最后才能登台。而人生剧本则是从童年开始的，也就是最初始的"草拟剧本"，其他配角也只限于父母和兄弟姐妹，抑或是机构或寄养家庭里的小伙伴或监护人。每个家庭都是一个机构，每个人都非常严格地扮演着角色，而孩子也从他们身上学不到什么变化性。随着进入青春期，我们开始见到更多的人，开始挑选我们剧本里需要的人，而对对方而言，我们也被他们的剧本需要。这时，我们会修改剧本来适应新的环境——基本情节不变，但行为会发生些许改变。除了青少年自杀和谋杀的极端情况外，这一步就属于排练，或者就像先把一部剧搬上小镇舞台试演一样。经过几次修改，我们的大戏最终成型——封箱演出，也是剧本最后的尾声。如果结局是好的，那它就会发生在一场告别晚宴上；如果是不好的，我们可能会在医院病床上、监狱铁栏后、精神病病房的门口，甚至绞刑架上或者停尸房里，和世界告别。

4. 几乎每一部剧都有"好人"，也有"坏人"，有"赢家"，也有"输家"，至于何为好何为坏，何为赢何为输，每一个剧本都不一样。但可以肯定的是，每个剧本都要有这四个角色，有时候还会合二为一。比方在牛仔剧本里，好人就是赢家，而坏人就是输家。"好"就意味着勇敢、善战、诚信纯洁；而"坏"则代表着卑鄙、无能、阴险好色。赢家是笑到最后的人，而输家则要么被吊死、要么被枪杀。在肥皂剧里，赢的女孩最后会嫁给如意郎君，而输的一方则失去了男人。在商战片里，赢家能拿到最好的合同和最多代理权，而输家则连一个签单都难以获得。

在剧本分析中，赢家被叫作"王子"或者"公主"，而输家则被叫作"青蛙"。而剧本分析的目的，就是要把"青蛙"变成"王子"或者"公主"。为了做到这一点，心理治疗师必须找到病人剧本里的好人和坏人，以及他可以成为一个什么样的赢家。病人反对成为赢家，因为他接受治疗不是为了这个目的，而只是为了成为一个更勇敢的失败者。这似乎是件理所当然的事：因为如果他成为一个更勇敢的失败者，他就可以更舒服地遵循他的剧本；而如果他成为一个胜利者，他就必须扔掉他所有或大部分的剧本，重新开始，而大多数人都不愿意这样做。

5. 不管是戏剧剧本还是人生脚本，都是在回答人们生活中的基本问题——"说完你好说什么？"以《俄狄浦斯王》为例，整部剧和俄狄浦斯的一生都完全映射了这个问题。不管俄狄浦斯什么时候遇见了老人，他首先说了"你好"，而且受脚本的驱使，他下一句话则是"想决斗吗"，如果老人拒绝了，那他们就不会有后面的对话了，俄狄浦斯可能只能傻乎乎地站着，琢磨着要不要聊聊天气、聊聊近来的战况或者奥运会谁会赢，或者只简单嘟囔一声"幸会"，就可以直接离开了。但如果老人答应了，俄狄浦斯找到了合适的对手，他也知道自己要说什么，于是才回答说："妙极了！"

6. 和戏剧剧本一样，人生脚本必须要提前设计和铺垫。举一个最简单的例子——车没油了。这个桥段几乎每次都会提前两三天布下，剧本里的人会提前查看油箱，想着"要尽快加油"，但却啥也没做。事实上，除非是车的油箱漏了，不然很难出现"突然没油"的情况。在输家的剧本里，这种提前埋好的伏笔总是在不停地迫近他，而许多赢家一生都没遇到过"车没油"的情况。

人生脚本的形成基于父母的设计，而孩子则会在一生中遵循这种设计，原因有三：（1）脚本给予了一种人生的意义，一种追求的方向，孩子做的大多数事情都是为了某个人，这个人通常就是父母。（2）脚本给孩子提供了一种可接受的分配时间的方式（指对父母来说是可接受的）。（3）人们都需要方法论的指引。自学也许更有启发性，但却不那么现实，就像要成为一名好的飞行员，总不能自己撞毁几架飞机，再从错误中汲取经验，他需要从别人的失败中学习。每个外科医生都有师傅，而不是自己动手割了一个又一个阑尾，才知道哪里会出问题。因此，父母通过向孩子传授经验（或是他们自以为的经验），来规划孩子的脚本。如果父母是输家，他们就会传授输家的脚本，如果是赢家，则传授赢家的脚本。不过从长远来看，还存在一个故事线，不管父母规划的结局是好的还是坏的，孩子都可以自己选择自己的情节。

C. 神话和童话

人生最初始的第一个脚本被称为"初始草拟剧本"，在儿童的脑中孕育形成，那个时候孩子除了家人，几乎谁都不认识。我们假设在孩子眼中，因为父母是他们的三倍高，体型是他们的十倍大，所以父母都是有超能力的庞然大物，就像神话中的男巨人和女巨人，也可能是食人魔和蛇发女巫。

随着孩子长大，懂得更多的道理，他就进入一个更浪漫主义的世界。因此他结合自己看世界的新角度，开始第一次重写自己的脚本。如果条件允许，他可能会从童话或动物故事中得到帮助，这些故事开始是妈妈读给他听，后来是他自己可以放飞想象力后，自己在闲暇时间读到的。这个重写的脚本也会有魔法的身影，但没有父母给他的影响那么大。这些故事给孩子的脚本提供了一套新的角色：动物王国中出现的所有人格，都是他所熟悉的，要么是他的热心玩伴或同伴，要么是远处的惊鸿一瞥或传来的鬼哭狼嚎，抑或是虚构的神奇生物。这些也可能是从电视里看来的，毕竟对小孩子来说，连广告都是好看的。即使最糟糕的情况下，孩子既没有书，也没有电视，甚至没有妈妈给他读故事，但他只要知道了奶牛的样子，就能想象出一只怪兽。

在最初的阶段，孩子眼中的人们都有魔力，偶尔还能变成动物。而在下一个阶段，孩子只会给动物赋予人类的性格，而对于从事驯马师、驯犬师和海豚饲养员等职业的人，这一点直到成年后还会出现。

在第三个阶段，青春期的他们重新审视了自己的脚本，依据现实向自己期望的方向进行了修改，他们希望眼中的世界依然阳光向上、充满浪漫气息（虽然有时还有毒品在作祟）。随着年岁增长，他们渐渐变得越来越现实，这很可能是因为他们身边的人和事都在变得现实。几十年之后，他们终于准备好离开这个世界。而心理治疗师的工作，就是要修正他们离开世界的方式。

接下来我们会用几个例子，来揭示神话、童话和真实世界之间的相似之处。我们将从人际沟通的视角出发，也就是我们之前讲的"火星语"。"火星语"自成一体，作为一种客观研究人类生活的方式服务于"心理游戏"和"人生脚本"的分析。假设火星人马里奥来到了地球，现在要回到火星去告诉别人"地球什么样"。他既不会采用地球人的说法，也不会像地球人期待地那样去说：他不喜欢夸大其词也不喜欢罗列数据，而是喜欢观察人们实际上想要做什么，为了什么做，以及和他人一起时做了什么，而不是人们自己口中所说的那样。首先是罗马神话中欧罗巴的故事。

欧罗巴的故事

欧罗巴是罗马神话中海神尼普顿的孙女。一天她正在海边的草地上采花，一只精壮的公牛出现了，在她的脚边跪下，用眼神暗示她骑上来。欧罗巴被公牛美妙的声音和彬彬有礼的举止迷住了，她想着在小山谷里骑牛一定很好玩。但她刚骑上去，牛就将她带到了海的另一边。原来，牛是朱庇特（罗马神话主神）假扮的，他一看到喜欢的女孩，就再也没有什么能阻挡他了。不过，欧罗巴后来也过得不错，她被带到克里特岛后，生下了三个孩子，后来都成了国王，还有一个大洲以欧罗巴的名字命名。故事发生在公元前1522年，记载在莫斯霍斯的《田园诗·其二》(*Second Idyllium*)中。

而故事中抢走欧罗巴的朱庇特，也来自一个不寻常的家庭。根据赫西俄德的《神谱》，他的父亲萨杜恩（农神）有六个孩子，前五个一出生就被萨杜恩吃掉了，而朱庇特是第六个孩子，妈妈把他藏了起来，又把一块石头放在了襁褓里，结果萨杜恩把石头吞了下去。朱庇特长大了，他和祖母逼着萨杜恩将之前的五个孩子吐了出来，他们就是普鲁托（冥王）、尼普顿（海神）、维斯塔（灶神）、克瑞斯（丰收女神）和朱诺（天后）。随着欧罗巴和朱庇特的感情渐渐淡漠，她和埃及之王达那俄斯走到了一起，两人生下了一个女儿，名为阿弥莫涅。父亲达那俄斯让阿弥莫涅去阿格斯城取水，而就在她取水时，尼普顿看到了她并对她一见钟情。尼普顿是阿弥莫涅的曾祖父，把她从一个流氓手中救出后据为己有，就像朱庇特是她母亲的叔祖，却将她母亲据为己有一样。

在这部家庭伦理神话中，我们以"刺激"和"回应"来梳理一下主要的沟通。当然，每一次的"回应"都可能成为下一次沟通的"刺激"。

1. 刺激：一个美丽的少女在优雅地采花。回应：少女的叔祖是一个多情的浪子，把自己变成了一只金色的公牛。
2. 刺激：少女轻抚牛身，拍了拍牛的头。回应：公牛亲吻了少女的手，并用眼神暗示少女。
3. 少女骑上了牛背，公牛掳走了她。
4. 少女又好奇又害怕，问公牛他是谁。他安抚了少女，两人开始一起生活。
5. 刺激：父亲吃了自己的孩子。回应：母亲用石头救下了孩子。
6. 回应：被救下的孩子强迫父亲吐出孩子和石头。

7. 刺激：一个美丽的少女被父亲要求去取水。回应：她遭遇了一个萨梯（也就是我们现在所说的"色狼"），遇上了麻烦。

8. 刺激：少女的美貌吸引了她的曾祖父。回应：曾祖父救下了少女后，把她据为己有。

对这一系列神话中的沟通进行分析（此处采用莫斯霍斯版本），最有意思的是，尽管欧罗巴悲伤难过，也进行了反抗，但却从未说过"停下"或者"马上带我回去"，而是很快开始猜测绑架者的身份。换句话说，她只是表面上大声抗议，但却小心翼翼怕中断了脚本的进行，她将自己投入到脚本当中，而且对其结局充满好奇。因此她表达悲伤时都是含糊其词，在"火星语"中被称为"处于游戏中的""被脚本驱使的"。事实上，我们可以说欧罗巴在玩一场名为"挑逗（Rapo）"的心理游戏①，表面上是"她不情愿"，但实际上却符合她的脚本——成为三位国王的母亲。如果真的想要吓退绑架者，又怎么会对绑架者产生兴趣呢？同时，她的抗议也掩饰了她自己的责任，即是她首先和公牛调情的。

我们再讲一个大家更熟悉的故事，这个故事几乎包含了所有沟通模式，虽然顺序可能有调整。故事采用安德鲁·朗和《格林童话》的版本。从很早开始，在说英语的国家乃至全世界，几乎每个孩子都对这个故事耳熟能详，激发了孩子们无数的想象。

小红帽的故事

从前有个可爱的小女孩叫小红帽。一天，她妈妈让她穿过树林，去给外婆送一些吃的。在路上，她遇到了一只诱惑她的狼。狼想吃掉小红帽，他告诉小红帽不要一脸严肃，要高兴一些，把送饭的事情放在一边，"去采一些花吧"。趁着小红帽在路上耽搁了，狼跑到了外婆家，把外婆吃掉了。当小红帽到的时候，狼假扮成外婆，躺在床上喊小红帽过去。小红帽

---

① 参见《人间游戏》第九章第三节。——译者注

照做了，但她发现了"外婆"身上有很多奇怪的地方，她开始怀疑外婆是不是真的。狼先试着说服小红帽，发现暴露就把她一口吃了下去（显然没有嚼）。一位猎人刚好路过，他把狼劈成两半，小红帽和外婆都得救了。接着小红帽高兴地帮助猎人把石头装进狼的肚子里。而在某些其他版本里，小红帽大声呼救，千钧一发之际猎人用斧头杀死了狼，救下了小红帽。

这里我们又看到了一个"诱骗"的故事——一个天真无邪、喜欢采花的女孩，和一只狡猾邪恶、欺骗了她的野兽。野兽想吃了女孩，但却最后满肚子石头而死。小红帽和阿弥莫涅一样，也是被派去做事，在路上遇到了狼，最后和救她的人结下了亲密的关系。

从"火星人"的视角来看，这个故事有很多有趣的地方。"火星人"会从字面去理解故事，包括狼会说话这一点（尽管他没见过）。他会思考这个故事在讲什么，会发生在什么人身上，以下是"火星人"对这个故事的思考。

"火星人"的解读

一天，小红帽的妈妈让她穿过树林去给外婆送吃的，在路上她碰到了一只狼。什么样的妈妈会让女儿去有狼出没的森林呢？为什么妈妈不自己去，或者和小红帽一起去呢？如果外婆这么需要帮助，为什么妈妈会留外婆一个人住在那么远的小木屋里？如果小红帽一定要去，为什么妈妈从未警告她不要停下和狼交谈？故事很明显告诉我们，没有人告诉小红帽会有危险。没有母亲会愚蠢到这种地步，所以看起来妈妈并不在乎小红帽，甚至有点想摆脱掉小红帽。也没有小女孩会如此愚蠢，哪有人会看到狼的眼睛、耳朵、爪子和利齿还会认为他是外婆呢？为什么她不立刻离开那里？而且她找来石头放进狼肚子里的行为也很恶毒。而且任何有正常思维的人，在听到狼的话之后，一定不会停下来采花，而是会想："如果我不赶紧去找人帮忙，这只坏狼就会吃了我外婆。"

即使是故事里的外婆和猎人也有嫌疑。如果我们把故事里的角色当作真实存在的人，每个人都带着自己的脚本，我们就能从"火星人"的角度，清晰地看到他们的人格是怎样的了。

1. 妈妈很明显是希望女儿"意外"死亡，或者至少她想抱怨几句："太糟糕了，这年头走在公园里都能碰见狼……"

2. 故事里的狼没有去吃兔子一类的小动物，而是去吃人，显然是过于高估了自己。他肯定知道自己不会有好下场，所以他一定是想找麻烦。显然他年轻的时候读过尼采或其他人类似的著作（既然设定狼能说话还会穿衣服，为什么不能读书呢？），而且他的"口号"应该是"危险地活着，荣耀地死去"之类的。

3. 外婆自己独居，而且门都不上锁，所以她应该是在等待什么事情的发生，等待一些如果和他人住在一起，就不会发生的事情。或许这也是为什么她不和儿女一起住，甚至不住他们隔壁的原因。既然小红帽还只是小姑娘，那外婆说不定也比较年轻喜欢冒险。

4. 猎人很明显是一位拯救者，他喜欢在击败对手后，和小姑娘一起继续羞辱对手——典型青少年的脚本。

5. 小红帽很清楚地告诉狼她要去哪里，甚至和狼躺到了一张床上。她很明显在玩"挑逗"，而且整个过程中都很开心。

故事的真相是，每个人都为了实施行动不惜一切代价。如果仅从结局来看，整件事都是一个针对狼的骗局，让他利用小红帽做诱饵，以为自己比其他人都聪明。这样看来，故事的启示不再是天真的小姑娘需要小心有狼出没的森林，而是狼应该小心看起来天真的小姑娘和她的外婆，换句话说，狼才不应该单独穿过森林。而且还有一个值得注意的地方，妈妈在打发走小红帽后，又做了什么呢？

如果你觉得这样说太阴暗、太轻浮了，那我们想象一下如果小红帽真实存在会怎么样。关键在于，有这样的母亲，又有这样一段经历，小红帽长大会变成什么样子呢？

小红帽的人生脚本

精神病学的分析大部分都聚焦于"在狼肚子里放石头"的象征意义。而对于沟通分析学者来说，最重要的是角色之间的沟通。

30岁的凯丽来到诊所接受治疗，称她患有头痛、抑郁等情况，不知道该怎么做，也找不到合适的男朋友。而且和上面我们讨论过的"小红帽"一样，她也穿着一件红外套。凯丽总是想通过间接的方式帮助别人。一天，她走进诊所说：

"诊所外面的大马路上有一只受伤的小狗，您看要不要打电话给动物保护协会？"

Q医生问："你为什么自己不打呢？"

"谁？我吗？"凯丽听完回答说。

她自己从没有救过任何人，但她知道去哪儿能找到救援——典型的"小红帽"行为。Q医生问她在工作中，有没有遇到外卖需要去前台取的情况，凯丽点了点头。

"谁会去帮大家拿外卖呢？"

"当然是我了。"

凯丽的脚本是这样的：在6岁到10岁期间，妈妈经常让她去外婆家或者找外婆玩，通常外婆都不在家，而外公则会对她实施猥亵。凯丽从没有告诉过妈妈，因为她知道妈妈会生她的气，觉得是她在撒谎。

现在，凯丽遇到了不少男人和男孩，也与很多人交往过，但通常很快她就和他们分手了。每次和Q医生讲起刚分手的经历，她就会笑着说："哈哈哈，那个男的太嫩了。"她在男性精英白领中不断周旋，一直在淘汰既无聊又乏味的情场新手们。而实际上在她的人生中，和外公的一段经历才是最刺激的，现在她似乎是要用余下的人生，等待着能再来一次的机会。

从中我们可以看到，在童话结束之后，小红帽将过上怎么样的人生。到目前为止，狼的事情是她人生中最刺激的部分。长大后，她一直在森林里游荡，与别人亲近，希望能再遇到一匹狼。但她一直遇见的都是"狼崽"，于是她把他们都淘汰了。从凯丽的故事中，我们看到了谁是真正的狼，明白了为什么小红帽敢和他躺在一张床上——因为狼就是外公。

真实生活中小红帽的性格是这样的：

1. 妈妈常派她去外婆家。
2. 她受到外公的诱惑，却没有告诉妈妈，因为就算她说了，只会被认为在说谎。有时候，她会假装自己不知道发生了什么。
3. 她通常自己不帮助别人，但喜欢组织救援，而且永远在寻找这样的机会。
4. 当她长大了，她就会是帮大家跑腿的人，而且她总是装成小女孩，而不是她应有的样子。
5. 她总是期待着生活中有一些刺激发生，但同时又感到无聊，因为她面对的都是令她失望的情场新手。
6. 她很享受往"狼肚子里放石头"，或者做类似的事情。
7. 我们不知道她找的男治疗师，到底是为了治病，还是仅仅因为他是一个善良的、不会有下流想法的"外公"，她和他在一起很安心，能回忆起一些当时的感觉。她勉强接受了现实，是因为她找不回那种真实的感觉了。
8. 当治疗师说，她就像"小红帽"一样，她笑着表示赞同。
9. 奇怪的是，她衣柜里总有一件红色外套，或是正穿在身上。

我们还需要看到，在小红帽的脚本中，外公对小红帽的猥亵是在妈妈、外婆和外公相互包庇中一次次发生的。故事圆满的结局也是不现实的，讲童话故事的大多都是好心的父母，而圆满结局也是"父母自我状态"的映射。孩子们自己创作的童话会更加现实，也不一定有圆满的结局，事实上，有些结局反而会很阴暗。

D. 等待沉睡

脚本分析的目标之一，就是要将患者的人生脚本，放在整个人类的心理历史发展当中来审视。可以说，从远古时代，经历了早期的农耕、游牧民族、中东的极权统治，直到今日，人类心理的变化几乎微乎其微。约瑟夫·坎贝尔的《千面英雄》称得上是脚本分析最好的教科书，他在其中是这样总结的：

> 弗洛伊德和他的追随者都坚定不移地相信，历史上的英雄和神话故事都能在现代社会看到其身影……不管是俄狄浦斯的转世，还是美女与野兽的化身，也许就在你楼下的街角等红灯呢。

约瑟夫指出，神话中的英雄取得的一般是世界级的历史性胜利，而童话中的英雄取得的仅仅是本地性的小胜利。而且我们还要指出，患者就是患者，他们没能取得自己想要的成就，却也好好地活着。因此，他们找到医生，而医生就是"掌握捷径和密语的先知。他的角色正像是神话或童话中的智慧老人，帮助主人公战胜奇幻的冒险"。

虽然程度上有高低，但这基本上就是患者的"儿童自我状态"看待世界的方式（不管其"成人自我状态"是怎么看待的），而且显然从人类历史伊始，所有孩子面对的都基本是相同的问题，而可供使用的方法也基本只有几种。而到了紧要关头，人生遭遇仿佛就是"旧瓶装新酒"——从椰子壳到竹筒到羊皮袋到陶罐到玻璃杯再到塑料杯，但里面装的葡萄酒就几乎没有改变过——上面是清冽的美酒，下面是沉淀的渣滓。正如坎贝尔所说，在冒险的类型和主人公的形象方面，我们几乎看不到什么改变。因此，只要知道了患者"人生脚本"中的一些元素，我们就可以有自信地推断他下一步要怎么走，在他遇到不幸或灾难之前拦住他。这就叫防御性精神病治疗法（也可称其为"有改善"）。并且，我们能帮助患者改变脚本，甚至整个抛弃，这就叫治疗性精神病治疗法（也可称其为"康复"）。

因此，虽然精准找到患者脚本遵循的神话或童话这一点不是必须的，但我们找到的越接近，治疗效果就越好。缺乏对历史的了解可能会让我们犯错误，比如我们可能会把患者人生里面的一小段或者他最喜欢的"心理游戏"，当成他的整个人生脚本；也有可能是故事中出现的某个动物形象，比方说一只狼，就会让治疗师找错了目标。神话或童话已经流传了成百上千年，把病人的人生脚本或其"儿童"的人生脚本和这些故事相联系，至少可以给治疗工作一个坚实的基础，在好的情况下，这些故事可以准确提供一些线索，从而改变患者的人生结局。

等待沉睡的脚本

当患者的脚本很难挖掘时，童话故事可能会暴露脚本的某些部分，比方说"脚本幻觉"。沟通分析认为，精神病学的症状是由一些自欺行为引发的。但也正是因为他们的生活以及不如意都是基于臆想，他们才有可能被治愈。

在脚本当中，母亲一直告诉女儿男人都是野兽，但妻子有义务满足他。如果母亲灌输得过多，女儿甚至会认为性高潮会让她死亡。通常这样的母亲也是势利的，他们会为这道"咒语"留一个口子（或者称为"反脚本"），那就是如果她嫁给一个金龟婿，比方说童话里拥有金苹果的王子，那就可以有性生活了。但如果不能的话，母亲就会继续误导女儿"你所有的烦恼在更年期就会消失，因为那时候你就不会有性冲动了"。

现在表面上我们发现了三种幻觉：高潮是致命的；嫁给金龟婿，咒语解除；最后是幸福的救赎或是带走一切的更年期。但这些当中没有真正的"脚本幻觉"。女儿通过自慰破除了第一种幻觉，知道那不是致命的。"金龟婿"倒不是幻觉，但它发生的概率和中彩票头奖差不多，虽然很不可能发生，但至少是有可能的。而且嫁给"金龟婿"也不是女儿的"儿童"真的想要的。为了找到"脚本幻觉"，我们需要找到这个案例对应的童话故事。

睡美人的故事

愤怒的仙女诅咒布瑞尔·萝丝会被纺锤刺伤手指而死，另一个仙女将诅咒改为了一百年的沉睡。15岁那年，布瑞尔确实被刺伤了，而且马上就陷入了沉睡。与此同时，城堡里的所有事物和所有人也都陷入了沉睡。在这一百年当中，许多王子都想穿过长在她周围的荆棘，但没有人能成功。最终当时机成熟，一名王子来到了城堡，荆棘散开让他通过，王子找到了公主并吻了她，公主醒来，他们相爱了。就在这时，城堡里的所有事和所有人都又回到了睡着之前的状态，而公主此时也只有15岁，而不是115岁，她也和王子结婚了，在一个版本中，他们幸福地生活在了一起，但在另一个版本中，这才是他们麻烦的开始。

"因为魔力而陷入沉睡"，这个桥段在神话中有很多，最著名的当属北欧神话布伦希尔德的故事。传说她沉睡在一座山上，身旁有火圈环绕，只有英雄才能穿过火圈。而最后这个英雄就是齐格弗里德。[1]

《睡美人》这个故事里的一切都可以在真实世界发生，只是方式有所不同。女孩们扎破手确实可能晕倒，也会在自己的家里沉睡，王子们也在森林里四处寻找中意的少女。而唯一不可能发生的，是时隔这么久之后，所有人和所有事都可以保持原样。这才是真正的幻想，因为这不但不可能，而且不存在。而"等待沉睡"的脚本正是基于这一点而写成的，也就是——王子会来的，但在那一天布瑞尔依然会是15岁，而不是30岁、40

---

[1] 齐格弗里德是北欧神话中的屠龙英雄。在神话中，布伦希尔德本是女武神，因违逆主神奥丁而被贬为凡人，并被禁锢在一座盾墙环绕的城堡中陷入沉睡，直到有人来救她并娶她为妻。后来齐格弗里德在预言指示下来到城堡成功唤醒了她，以魔法指环向她求婚，许诺以后会回来娶她为妻后离开城堡。——译者注

岁或50岁，他们依然有一生可以共度。这就是女孩子们"长生不老"的幻想。我们很难告诉布瑞尔们，在现实生活中，王子都是年轻男孩们，等他们到了你们现在的年纪，他们早已经成为国王，也变得无趣了。打破幻想可以说是脚本分析中最令人沮丧的部分了，治疗师要告诉患者的"儿童"，这个世界上没有圣诞老人，并且要他牢牢记住。如果病人能提供一个最喜欢的童话故事，那对于两个人来说也许要容易许多。

"等待沉睡"这个脚本还会遇到一个实际的问题，就算布瑞尔真的找到拥有金苹果的王子，她也会觉得自己高攀了，于是就通过吹毛求疵，想把王子拉到自己的层次上。最后，王子甚至希望她能回到荆棘丛中继续睡觉。相反，如果布瑞尔降低标准，比方说嫁给了拥有银苹果的王子，或甚至是一个不起眼的普通人，她就会觉得被欺骗了，把怒气都发泄在丈夫身上，同时骑驴找马继续寻找"金龟婿"。因此，不管是在"性冷淡的女人"的脚本中，还是童话般的反脚本当中，主人公都无法得到满足。而且在童话故事当中，她要取悦的不只有王子的母亲，还有女巫。

这个脚本非常重要，世界上有很多人都在以不同的方式，用一生的时间"等待沉睡"。

E. 家庭剧

"如果你的家庭生活被搬上舞台，会是一出什么样的剧呢？"这是每个人脚本中非常重要的台词之一，同时也是发掘脚本的另一个好方法。这些家庭剧通常和古希腊神话中"俄狄浦斯"或者"厄勒克特拉"的故事如出一辙——儿子和父亲争夺母亲的爱；而女儿则希望父亲是自己的。但在脚本分析中，我们也必须了解父母真正的意图，这里为了方便，我们简称为"反俄狄浦斯"和"反厄勒克特拉"。"反俄狄浦斯"这部剧和"俄狄浦斯"正相反，它毫不掩饰地表达了母亲对儿子的性冲动，而"反厄勒克特拉"则与"厄勒克特拉"相对，展示了父亲对女儿的性冲动。尽管父母通常会和孩子上演"斥责"的情节，试图想要掩盖这样的情感，但我们仔细研究就会发现，几乎所有沟通都能将这些情感明显表现出来。这样一来，慌乱的父母想要掩盖自己"儿童自我状态"对后代的性冲动，于是表现出"父母自我状态"，用斥责来对孩子发号施令。但在某些特定场合，不管他们努力采用"斥责"还是其他方式，还是会露出马脚。事实上，真正快乐的父母，通常会坦然赞赏自己孩子的迷人之处。

和"俄狄浦斯""厄勒克特拉"这两部剧一样，"反俄狄浦斯"和"反厄勒克特拉"也有很多不同版本。随着孩子们长大，他们也许会遇到母亲和儿子的同学发生关系，或父亲爱上女儿的闺蜜。在更加"游戏化"的版本当中，甚至有母亲和女儿的男朋友有染，或父亲抢了儿子的女朋友。[1]而孩子也"投桃报李"——年轻的俄狄浦斯和父亲的情妇厮混，厄勒克特拉和母亲的情人在一起。有时家庭剧里面会出现一个或几个人是同性恋，还有孩子们之间的复杂关系，包括兄弟姐妹之间乱伦，甚至长大后还会面对对方伴侣的诱惑。这些都是从标准"俄狄浦斯"（儿子恋母）或"厄勒克特拉"（女儿恋父）角色变化而来的，无疑会对人的一生产生影响。

家庭剧除了关于性的部分，还有更令人心酸的一面。我们想象一个画面：一个同性恋女孩被抛弃后，攻击了她的爱人，用刀子抵着她的喉咙说："你给我机会弄伤你，却不给我机会让我帮你愈合。"这也许就是所有家庭剧的核心了，是所有父母苦恼的由来，也是所有青少年叛逆的根源，以及还未离婚的夫妇争执时的哭喊。在家庭里受伤的人们，最终逃走了。而那句著名的"回家吧玛丽，我原谅你了"，就是"火星语"对故事里同性恋女孩的哭喊的理解。而这就是为什么即使有全世界最糟糕的父母，孩子也不愿意离开的原因。受伤是痛苦的，但被治愈的感觉实在太好了。

---

[1] 当母亲自己没有儿子或者如果父亲自己没有女儿（从而上演恋子情节），这种情况就可能会发生。

F. 人类命运

俗话说"三岁看老",一个人所能达到的成就和高度乃至一生的命运,通常在他3岁或至少6岁之前时就定下了。这一点也许听起来令人难以置信,但这正是脚本理论的观点。如果和一个6岁或3岁的孩子聊聊天,你也许就更容易理解了。你也可以再看看当今世界正在发生什么、过去曾发生什么,预见未来将要发生什么后,更相信脚本理论。人类脚本的历史印刻在古代石碑上,上演在法庭席间,陈列在停尸房里,喧闹在赌场上,誊写在书卷里,甚至在政治辩论中,当某个政治家慷慨陈词,说服国人支持他所倡导的正义之路时,也能看到人类脚本的影子——这个"正义之路"正是他父母当年教导他的。但幸运的是,一些人有好脚本,还有一些人能够将自己从不好的脚本中解放出来,以自己的方式生活。

人类命运启示我们,走上不同道路的人们可能会殊途同归,而踏上相同道路的则可能结局迥异。"脚本"和"应该脚本"都藏在每个人的脑子里,好像不停有父母的声音在告诉我们什么能做、什么不能做,而我们的"儿童"则憧憬着理想中自己长大的模样,因此在"父亲""母亲"和"儿童"的拉扯中,每天的生活开始上演了。同时,我们也发现,自己也缠绕在别人的脚本当中——首先是父母,其次是伴侣,而最重要的,是那些负责管理我们所生活的地方的人。当然,还可能有化学危害(比方说流行疾病),或者物理危害(比方可能对我们造成伤害的尖锐物体)。

人生脚本是每个人在童年早期的计划,但人生轨迹却是现实中实际发生的。人生轨迹的决定因素有三个:基因、父母提供的家庭背景和外在环境因素。如果一个人因为基因缺陷,导致其智力发育迟缓、身体机能残缺,甚至于因癌症或糖尿病而早夭,那他制定人生目标并最终完成的概率就不会太大,那么他的人生轨迹就由遗传(也可能是分娩时的意外)决定。如果父母自身在婴儿时期,身体上受到严重伤害或情感上严重缺失,那可能会使他们的孩子也无法进行自己的人生脚本，甚至无法形成脚本。这样的父母可能忽视或虐待孩子，甚至在年幼时将他们送到孤儿院里，从而遏制了孩子的成长。疾病、灾难、压迫和战争，甚至是散步或开车时出现的一个小人物，也可能让构思精妙、资源丰富的人生计划戛然而止——他可能是杀手、暴徒或车祸的肇事者。而如果脚本里出现一个以上因素的结合（比方说基因和迫害的结合：种族迫害），就给那些在人生规划中选择本就不多的人，又关上了很多扇门。这几乎就注定是一个悲惨的人生了。

即使条件如此苛刻，关上了那么多的门，却也总有人能看到开着的窗。也许我们面对从天而降的炸弹、肆虐的疫情或残酷的屠杀会束手无策，但退一步来讲，我们也许可以选择杀人、被杀或自杀，而如何选择就取决于脚本，也就是在童年早期我们做出的决定。

至于人生轨迹和人生规划的区别，我们可以通过一个实验来加以说明。该实验的对象是两只实验鼠，旨在研究母鼠早期的经历会如何影响她下一代的行为。两只实验鼠都是Purdue-Wistar大鼠，以下简称维克多和阿瑟（实际上维克多和阿瑟是他们的"祖父"，也就是实验员的名字）。经过多项实验检测，实验员们选中了维克多，对于这个阶段发育的小鼠来说，它的基因非常正常。而它的母亲维多利亚，则是从小鼠开始就被实验员接手照顾。阿瑟是维克多的远方表兄弟，它也同样符合实验要求。阿瑟的母亲阿瑟利亚则从小鼠时起，就被扔在笼子里无人照顾。当这对表兄弟长大后，实验员发现维克多体重更重，更喜欢安逸，也比阿瑟的排泄次数更多。实验并未提及在结束后两只小鼠的长期发展情况，但这大概率是由外在因素决定的，比方实验员的实验目的等等。因此，它们的人生轨迹是由其基因、母亲早期的经历和更强的外部因素决定的，这些外部因素它们既无法控制，也不感兴趣。它们作为老鼠任何的"脚本"或"规划"都受到这些因素的限制。因此喜欢蔬菜的维克多，就可以大快朵颐，而喜欢探险的阿瑟，则只能沮丧地待在笼子里，而且不管冲动有多强烈，它们也都不能繁殖。

汤姆、迪克和哈里都是维克多和阿瑟的远房表亲，这三只实验鼠的实验过程又多有不同。汤姆通过训练学会按压把手以避免被电击，而在按压把手后它可以得到一口食物作为奖励。迪克的训练方式类似，不过它得到的奖励是一口酒。哈里也被训练来避免电击，但奖励是一次会让它感到舒服的电击。接着它们被轮换训练，这样一段时间后它们都学会了三种模式。接着它们被放进了一个带着三个把手的大笼子，三个把手分别会带来食物、酒和令人舒服的电击。每只实验鼠都可以自己"决定"如何生活——是吃饱喝足、是醉生梦死、是享受电击刺激，还是组合或轮换着来。并且新笼子里还有一个跑步机，因此除了上述的奖励，他们还能选择是不是要运动一下。

无论是想做一个美食家、一个醉汉、一个运动员，还是想追求刺激或把几者结合起来，每只老鼠都能选择想要的生活，这就很像在决定其"鼠生脚本"了。尽管每只老鼠都能遵循自己的选择，而且只要还活在笼子里，就要承受选择的结果。但实验员会打断实验，根据情况打断其"脚本"，所以它们"鼠生"的结局是由外在不可抗力决定的。因此，这些实验鼠的"鼠生轨迹"和生活方式，大部分都是由贯穿其一生的"鼠生规划"决定的，而其结局是由别人决定的。但"鼠生规划"只能从其"父母"，也就是设计实验的实验员所提供的选项中选择，而且，它们最终的选择还受到其早期经历的影响。

尽管人类不是实验鼠，但有时人类的行为就和它们一样。有些人的生活就像被放进笼子里的大鼠，被他们的主人操纵和支配。许多情况下，这些笼子的门都是开着的，人们只要想就可以走出去，但他们最后没有出去，是因为其脚本困住了他们。在出去看到了自由的世界，品尝到其中的欢乐和艰险后，人们又选择回到了这个有按钮和把手的笼子里，在这里它只要不断按把手和按钮，而且在正确的时候按对了，就不用担心会挨饿，还能偶尔找点刺激。但就像实验里的"实验员"或"电脑"一样，更大的力量可能会改变或终止一切，对于这一点，生活在笼子里的人们总是怀着既希望又恐惧的心情。

人类命运由四种可怕的力量决定：恶魔般的父母程序，由古人称为"恶魔（Daemon）"的内心声音所教唆；建设性的父母程序，由古人称为"自然秩序（Phusis）"的生命推力所帮助；外部力量，我们今天仍然称为命运；独立的愿望，古人没有为它命名，因为对他们来说，这些主要是神和国王的特权。作为这些力量的结果，人类可能拥有四种生命历程，它们可能是混合的，并导致一种或另一种最终的命运：脚本化的、反脚本化的、被迫脚本化的和独立脚本化的。

G. 历史背景

只要是从事临床工作的心理治疗师或临床心理学家，都一定会对任何可能影响患者行为的因素产生关心。在后面各章中，我们无意研究影响个人"人生轨迹"的因素，而是探讨目前已知对"人生规划"有重要影响的要素。

我们将研究脚本是如何被选择、强化以及付诸实践的，并且剥离出其成分，但在这之前，我们要声明"人生脚本"并非一个全新的概念，在古典和现代文学中都能看到其藏在字里行间的身影，比方说莎士比亚的"天地一剧场，众生皆戏子"，但文学典故和持续且有根据的调查是不同的，一直以来，很多心理治疗师和他们的学生们都在开展这样的调查，但都未能运用系统的方式进行深度调查，这是因为未能熟练使用结构分析（将"沟通"制表并分类）、游戏分析（"饵""钩""提竿收线"和"各有得失"）以及脚本分析（由梦、"T恤衫"、"交易点券"和其他由脚本衍生的因素组成的脚本矩阵）等强大的工具。

人类的生活依从着神话、传说和童话的模式，约瑟夫·坎贝尔在其书中对这一想法进行了最优美且详尽的阐释（我们之前也提及过其作品）。

约瑟夫的心理学思想主要来源于荣格和弗洛伊德。荣格在这方面最著名的理论当数"十二人格原型"（对应脚本中的魔幻人物）以及"人格面具"（即脚本的表现风格）。除非经过专门的学习，荣格其余的理论都较难理解或联系现实，即使在专业学习中这些理论也有不同的解读。总的来说，荣格喜欢思考神话和童话，这一点对后世也起到了重要影响。

而弗洛伊德直接将人类生活的许多方面与某部戏剧相连——那就是"俄狄浦斯王"。如果用心理分析的方式解读，那病人就是"俄狄浦斯"，这部剧就在患者的脑中上演。在脚本分析中，"俄狄浦斯王"一直没有落幕，甚至此时此刻就在上演，它被分成了章回，有着起承转合。而且，剧中其他角色完成好其戏份，并且让病人看到他们的行为，这一点非常关键。只有别人的脚本和他的匹配或吻合时，他才知道说什么。如果脚本让俄狄浦斯去杀掉一个国王然后娶王后为妻，而一个国王的脚本正好让他去死，另一个王后的脚本让她傻到嫁给俄狄浦斯，那这两人就是俄狄浦斯要找的人。而像格罗夫等弗洛伊德学派的学者，开始认识到"俄狄浦斯王"是一部剧，而不仅仅是一系列的"反应"。而坎贝尔的前辈兰克，则证明了最重要的神话和童话都来源于某个简单、基础的情节，而这个情节也在全世界很多人的生活甚至梦中出现过。

弗洛伊德还谈到过强迫性重复和命运性重复，但其后继者并未对这些想法进行深入研究，更未运用它们改变病人的整个人生轨迹。在对人类从生到死的生命循环进行系统性研究方面，埃里克森可以说是最活跃的心理分析师，因此他的很多发现也自然与脚本分析相互印证。总体而言，也许可以说脚本分析属于弗洛伊德学派，但却不属于心理分析。

在所有前辈学者中，阿尔弗雷德·阿德勒的理论最接近脚本分析：

> 只要了解了一个人的目标，我大体就能看到这个人今后的人生。我的任务就是让他接下来做的一连串决定，都能回归正确的次序。我们必须牢记，受观察对象如果不是朝着某个目标在前进，他自己是不

知道要做什么的……目标决定了他的一生……要想通过每个心理现象来了解和洞悉一个人，我们就要将其当成这个人为某个目标所做的准备……他还不知道自己的"人生规划"是什么样，因此患者可能会认为一切是命中注定，抑或是某个他独自构思并准备的计划起了作用，准备时间并不长……这样的人在做总结或和生活和解时，往往喜欢说"如果""如果当时要不是……"

脚本分析与阿德勒观点的不同点在于：（1）患者的人生计划不是无意识的；（2）患者不是唯一一个需要对脚本负责的人；（3）我们能够做到比阿德勒的理论更准确地预测患者的目标及达成目标的过程（即一字一句真实发生的对话）。

最近，英国心理学家莱恩在一次电台节目中，提到了一个和本书所讨论理由非常接近的人生观点，甚至术语都非常接近。比如，莱恩用"禁令"来表示父母对子女的严格控制。但在本书写成期间，他还没有发表这些观点，因此无法进一步进行分析阐释。

而更早的研究，则追溯到古印度的脚本分析学家，但他们的预言大部分靠的是占星。正如公元前200年的《五卷书》中写到的：

人生五件事，自打出世起，事事已注定。
其寿命，其命运，其财富，其学识，其坟墓。

我们只需要稍加修改，就能适合现代的情况：

寿命、命运、财富、学识和坟墓，
件件代代传；六岁已注定。

第四章　胎前阶段的影响因素

A. 引言

人生脚本的分镜其实从很久以前就存在了。当生命从泥土中第一次破土而出,它就能通过基因将其一生的经历传递给下一代。比方说,这样的化学物质就累积在蜘蛛的体内,它们不需要教就能织成圆形的网,染色体螺旋缠绕,赋予它天生的建筑和绘画能力,在任何蚊虫聚集的角落布下天罗地网。在蜘蛛的例子当中,脚本是被写进DNA里的,从蜘蛛的父母传给它,而蜘蛛的一生就像"提线木偶"一般,完全按指令行事而不会进行改变或提升,除非有药物影响或其他不在控制范围内的意外发生。

人类也是一样。基因从生理层面规定了人的某些行为方式,使人无法违背;同时,无论这个人是想成为运动员、思想家还是音乐家,基因也设置了人类个人追求的上限。不过,由于心理上或大或小的障碍,很少有人能在自己的领域达到其上限:很多人有非常高的芭蕾舞天赋,却一生都在给别人洗盘子;或是有聪明的数学头脑,却一辈子在银行或出版社和一张张文件打交道。只要不超出基因的限度,不管做什么工作,我们都能在很大程度上决定自己的命运;然而通常情况下,早在我们能够理解父母的所作所为前,父母就帮我们做出了决定。

当生命从某种程度上开始不受化学物质的控制后,其他影响行为的因素就逐步开始发挥作用。最早的当属印刻效应,它只是更进一步的条件反射。印刻会使婴儿或某个生物自动跟随另一个东西,并且将其视作母亲,不管这个东西真的是母亲,还是一个从它身边滑过的、拴在绳子上的黄色卡片。这样的自动反应能使我们在关键时刻生存下来，但如果出现偏差也可能带来麻烦。

某些动物在和母亲一起生活，在玩闹中学习时，就来到了下一个阶段，这时行为方式过于复杂多变，无法在基因中传给下一代，这时父母就会通过玩闹地轻咬、打滚或一记耳光来教育后代。接下来是模仿和对声音信号的反应，这样一来，后代不仅可以遵从基因的驱使，运用在母亲怀里学来的技能，同时向它们看到或听到的海洋、平原和森林中真实的生物学习。

目前我们已知，世界上几乎每一种现存生物都可以被训练。细菌可通过化学手段被"训练"学会使用一种糖来替换另一种。从虫子开始算起，几乎所有动物都可以通过条件反射接受心理训练，从而养成某种新的或特殊的行为方式。从长期来看，这可能也会影响其基因。但有训练，就需要训练者。对训练者是有要求的，他们必须要比接受训练的生物更高级，这就意味着他们必须是驯服的。驯服和训练的区别，就像一只猫和一只老虎的区别一样。训练需要外界的某个刺激，来激发其某种行为方式，比方在听到主人大声喊出的口令时，被训练的动物会遵从该指令；驯服动物就意味着即使主人不在，它们也会服从主人指令，保证该行为的进行，这是因为刺激（口令）已经种在动物的脑中了，因此也不需要口令了。我们可以训练野生动物，让它们跟着驯兽师的指令做一些动作，但它们很难成为家养动物。而驯服的程度在训练之上，即使主人不在，它们也可以按照指令做出行为。驯服也分不同的程度，而所有动物当中，程度最高的就是人类婴儿。

大多数灵长类动物像猴子、猿和人类（可能也包括海豚）都有另一个特殊的能力，那就是发明创造。这就意味着，它们可以把一个木头箱子放到另一个上面，或是将两根管子接在一起，甚至是定下伟大的目标：它们可以做出这些同类从未做过的事情。

为了解释这一种进步，我们假设DNA的形态结构正变得更加柔韧——

开始时仅仅是构成基因的脆弱分子，只能解体不能塑造，之后逐渐融化，直到通过反复轻柔地调节可以发生微小变化，不过此时如果没有时不时地强化，还是会随时反弹的。接着，DNA继续变得柔软，即使没有声音或事件造成的外力作用，它也不会反弹，并且它将这些"外力"终生保留下来，甚至这些"外力"的痕迹都会逐渐消失。接下来DNA变得更加灵活，它成了记忆和意识的载体。时至今日，DNA已经变得极为敏感，在一次次经历中不断发生变化，让我们思考，激励我们创新。我们不知道如果它继续变得柔软细腻会发生什么，但可以肯定的是有一天我们的后代会成为更加神奇的人，只有诗人能隐约想象其样子。

人类具备以上所有提到的能力。我们的行为方式由多种因素决定——固定的基因反应、早期印刻、婴儿阶段的玩耍与模仿、父母的训练、社会的驯化以及自主的创新。"人生脚本"包含以上的所有内容。我们假设有一个叫"杰德"的人，他代表着全球各人种的普遍形象，因为早期父母在他脑中形成了脚本，因此终其一生，他一直带着脚本来生活，甚至是在父母已经过世之后也是如此。脚本就像一组程序，可以按照预设的顺序不断运行，即使设置程序的人早就离开了。而此时杰德还坐在电脑前在键盘上打着字，他还以为他才是敲下了最后一行，完成了整个程序的人。

B. 祖先的影响

有些脚本在临床上可以追溯到曾祖父母，如果这个家族有历史记录，还可以追溯到更久；国王或者贵族更是可以追溯到千年以前。毫无疑问，脚本在地球上出现第一批人形生物时就已经出现了，而且没有理由怀疑他们的场景和行为以及结果与现在有什么不同。古埃及法老的生命历程，是我们所拥有的最古老的可靠传记，也是一个典型的脚本。距今3500年前的阿蒙霍特普四世改名埃赫那吞的故事就是一个很好的例子。①他的改名既为他带来了伟大，也带来了反对者的愤怒。如果我们能获取到他的曾祖父的信息，就能更好地分析他的脚本；但在大多数实践中，我们只能从祖父母一代开始分析。

众所周知，祖父母无论生前还是死后，对孙辈的生活都有很大的影响力，这一点在许多谚语里都有所体现。一个好的剧本会说："要培养一个淑女，就从祖母开始。"而一个糟糕的剧本则会说："富不过三代。"许多孩子在很小的时候不仅想模仿他们的祖父母，还想真正"成为"祖父母。这种愿望不仅对他们的生活脚本产生很大影响，还可能对他们与父母的关系造成相当大的混乱。特别是美国的母亲，据说她们更喜欢父亲而不是丈夫，并鼓励儿子效仿祖父。

关于祖先的影响，最有效的一个提问方法是"你的祖父母过着什么样的生活？"通常用四种类型的报告来回答这个问题。

1. 祖先带来的自豪感。一个胜利者或"王子"会以一种陈述事实的方式说"我的祖先是爱尔兰的国王"或"我的曾曾祖父是卢布林的大拉比②"。很明显，说话者"允许"自己追随这些祖先的脚步，成为一个杰出的人物。然而如果这种说法是用浮夸的或庄重的方式表述出来时，说话者可能是个失败者或"青蛙"，他在用自己的祖先来为自己辩护、来证明他的存在，因为他自己没有出人头地的"许可"。

如果回答是"（我母亲总是告诉我）我的祖先是爱尔兰国王，哈哈"或者"（我的母亲总是告诉我）我的曾曾祖父是大拉比，哈哈"，这通常是从一个不恰当的心理位置给出的；说话者被允许模仿他杰出的祖先，但只

---

① 阿蒙霍特普四世，古埃及第十八王朝的法老。他为了打击僧侣集团和世袭权贵而进行宗教改革，下令禁止崇拜传统的阿蒙神和其他地方神，转而树立阿吞神为全国唯一崇拜的太阳神，将自己的名字阿蒙霍特普（意为阿蒙的仆人）改为埃赫那吞（意为阿吞的仆人），还将首都迁往埃赫塔吞。但在他死后，继任者便废除了他的所有改革措施，改革宣告失败。——译者注
② 卢布林，波兰城市，历史上曾有大量犹太人聚居于此。大拉比，犹太教对宗教领袖的称呼。——译者注

限于他们失败的特征。这些回答可能意味着:"我和爱尔兰国王一样喝醉了,所以我就像一个爱尔兰国王,哈哈!"或者"我就像一个大拉比一样穷,所以这使我像一个大拉比,哈哈!"在这种情况下,他们早年的程序设计可能是"你是爱尔兰国王的后裔,他们是伟大的酒徒"或者"你是一个大拉比的后裔,而他们非常贫穷"。这相当于一个来自于母亲的指令"要像你著名的祖先一样……你要多喝酒,你爸也喝得很多"或者"你不用赚很多钱,你爸也不用"。

以上所列的这些例子里,祖先是一个家庭的犹希迈罗斯①,他是英雄模范,可以被人模仿但永远不会被超越。例子中的各种回答表现了他们对祖先的不同看法。

2. 理想化。这可能会产生传奇的或自相矛盾的两种回答。一个胜利者可能会说"我的祖母是个出色的家庭主妇"或"我的祖父活到了98岁,没有掉牙,没有白发"。这清楚地表明,演讲者希望追随传奇的祖父母的脚步,并以她或他的脚本为自己的脚本基础。一个失败者则会表述出一种自相矛盾的理想化。"我的祖母是一个坚强、朴实的女人,但她在晚年时变得很衰老"。这显然是在暗示,虽然她现在变得很衰老,但她是州立医院里最聪明能干的女人。此外,这也是演讲者的脚本:做最聪明能干的人。不幸的是,有这种想法的人太多,以至于做"最聪明能干的人"的竞争会异常激烈,结果也令人沮丧。

3. 竞争。"我的祖父支配着我的祖母"或"我的祖父是一个软弱的人,让所有人推着他走"。这些通常是"神经质"的反应,也被精神分析学家解释为是孩子想要比父母更强大的愿望的表现。"祖父是一个可以和我母亲顶嘴的人,我想成为他"或者"如果我是我父亲的父亲,我就不会是个懦夫,我会给他点颜色看看"。卡尔·亚伯拉罕②的案例报告显示了这种态

---

① 犹希迈罗斯,古希腊神话作家,认为神话是对历史故事和人物的变形的陈述。后人以其名字指代他的观点(即犹希迈罗斯主义)。——译者注
② 卡尔·亚伯拉罕,德国精神病学家。——译者注

度的脚本性质，在案例中，一个男孩总是沉浸在白日梦中，想象自己是一个王国的王子，国王就是他的父亲。然后，国王的父亲出现了，他比国王强大得多。有一次，当男孩被他母亲惩罚的时候，他说："现在我要和奶奶结婚。"他当时的秘密计划（这不是无意识的）是基于一个童话故事，在故事中他通过成为他的祖父而变得比他的父母更强大。

4. 个人经历。这涉及孩子与祖父母之间的真正互动，对塑造孩子的剧本有很大影响。祖母可以令小男孩成长为英雄，祖父也可以引诱一个小女孩，使其成为一个小红帽。

正如神话和临床经验所显示的那样，人们对祖父母抱着敬畏或恐惧的态度，就像对父母抱着钦佩或害怕的态度一样。敬畏和恐惧是更为原始的感觉，在儿童建立脚本的早期阶段，这些感觉对儿童形成对世界的看法有很大影响。

C. 情景构想

对于杰德来说，他被怀上时的背景就已经对他的人生计划和最终命运产生了强大影响。这个背景要从他的父母婚礼时开始说起（如果有的话）。有些年轻夫妇会出于想要一个儿子或继承人的目的而选择结婚；如果他们的婚姻是由他们的家庭安排或鼓励的，尤其是有些东西（如一个王国或一个公司）需要一个继承人时，这种情况就更容易发生。然后，儿子会按照他的人生地位被抚养长大，并学习适合国王或总裁的所有艺术和技能。因此，他的剧本早在他出生前就已经写好了，除非有一个英雄式的放弃行为。在这种情况下，如果第一胎出生的是女孩而不是男孩，那么她可能会陷入麻烦。我们经常见到这样一些银行家，他们的第一个孩子是女孩，长大后则成了同性恋者、脱衣舞者或是不负责任的、没有远见的流浪汉的妻子。更有甚者，有些人还会选择与生不出男孩的妻子离婚，使女儿从一出生开始就对自己是一名女性带有强烈的内疚感。

还有一种情况是，父亲可能并不打算与母亲结婚，而是在母亲宣布怀孕后立即逃离现场，再也没有人知道他去了哪里。这使得孩子几乎从出生那天起就得靠自己了。有时则是母亲出走。有些吝啬的父母虽然会接受这个不期而至的孩子，但他们只是为了获得税收减免资格或是申请福利。在了解这一情况后，孩子可能就将自己的脚本概括为："我是一个带来税收减免资格（或是福利申请资格）的人。"

如果父母很早就渴望拥有一个孩子，这种情况有时可能是他们需要孩子进行某种献身，就像许多名人的传说和《莴苣姑娘》等童话故事中的情况一样：这是现实生活与文学相似的一个例子，或者正如奥斯卡-王尔德所说，自然模仿了艺术。这也提出了一些有趣的剧本问题，它们贯穿了整个悲剧和浪漫主义的范畴。比如，如果罗密欧成了父亲，奥菲利亚生了孩子，科德莉亚怀孕了[①]，会怎么样？这些后代会变成什么样子？美狄亚的孩子，以及伦敦塔中的小王子[②]，就是儿童成为其父母剧本的受害者的最著名的例子（与此相对的最不为人知的例子则是在阿拉伯国家中很早就被出卖为奴隶的小男孩和小女孩）。

实际受孕时床边的情形可称为受孕态度。它是由于意外、激情、爱情、暴力、欺骗、怨恨，还是顺从？如果是这些中的任何一个，它的背景是什么，又为此准备了什么？如果是有准备的，是冷淡的还是热情的，是简单的还是认真的，是有大量谈话的还是无声却强烈的？孩子的剧本可能有同样的特质。性生活是被视为肮脏的、随意的、神圣的，还是有趣的？父母的态度可能会决定孩子的态度。母亲是否尝试过堕胎？是否进行过多

---

① 奥菲利亚，《哈姆雷特》的女主角。科德莉亚，《李尔王》中李尔的女儿。——译者注
② 美狄亚，希腊神话中科尔喀斯国王的女儿，她对前来寻找金羊毛的伊阿宋一见钟情，帮助伊阿宋盗取了金羊毛。但是在伊阿宋移情别恋后，美狄亚便杀死了她与伊阿宋的两个孩子以图报复。
伦敦塔上的王子指英王爱德华四世的两个儿子爱德华五世和约克公爵理查。据托马斯·莫尔《理查三世传》，理查三世将自己的侄子爱德华五世和约克公爵送进伦敦塔，并在夺权后将他们秘密杀害。——译者注

次尝试？在以前的怀孕期间有多少次堕胎或尝试？在这里，我们几乎可以提出无穷无尽的问题，所有这些都可能影响到未出生的婴儿的脚本。一首打油诗很好地总结了其中一种典型的情况：

> 有一个叫霍恩的年轻人（男子，女子），
> 他/她希望自己从未出生过。
> 如果他/她的父/母看见，
> 橡胶套已经破裂，
> 他/她就不会降临到这个世界。

这首诗所描绘的场景看起来很简单，但它真实的情况却有可能很复杂，因为其中有很多种可能性。一种是父母双方都不知道避孕套有问题；一种是母亲知道但没有向父亲提及；一种则是父亲知道但没有向母亲提及。

从积极的一面看，可能存在这样的情况：父母双方都想要孩子，并且会随遇而安地接受他们的性别。如果一个在小女孩时就决定自己的志向是结婚和养育孩子的女人遇到了一个在小的时候做出同样决定的男人，那么后代就有了一个良好的开端。此时出现的生理困难可能会使孩子更加珍贵：如果女人反复流产，或者男人存在生育方面的疾病，以至于受孕被推迟了很多年，那么，正如我们已经指出的那样，婴儿可能被视为一个真正的奇迹。不过，如果一对夫妻一直生男孩或女孩，一直生到第七个孩子出生，那么这个孩子就可能被当作家庭的笑话。

D. 出生位置

所有因素当中，最重要的是父母的脚本。杰德符合父母的脚本吗？是父母想要的性别吗？他听不听话呢？会不会父亲的脚本里希望儿子会成为

一名学者，但实际上杰德成了足球运动员？或者情况正好反过来？母亲的脚本和父亲对孩子的期望一致还是正好相反？同时，杰德还会从童话故事和真实生活中了解到一些传说和习惯。比如有些故事里三个儿子中最小的往往也是最笨的，直到关键时刻来临，他才会一鸣惊人超过哥哥们。而如果碰巧爸爸和儿子都排行老七，那这个孩子几乎能预见自己的未来了。尤其是在父母的脚本中，其中一个孩子要么非常成功，要么非常失败，因此他可能会光耀门楣或者成为全家拖累，而这个人通常就是家里的长子。如果母亲的脚本里，她会晚年丧偶、被伤病折磨，那么其中一个孩子一定是从出生就陪在她身边照顾，而其他孩子则长成了"白眼狼"，远远地离开家。而留在家里的儿子或女儿到了40岁还没有成家，他们想打破脚本搬出去，或者在"更糟糕"的情况下，他们想结婚，母亲就会"合情合理"且"令人同情"地突然被重病击倒，还会"出人意料"地将大量财产交给"白眼狼"们，却对在膝前尽孝的孩子非常吝啬。这一点也体现出了这个脚本设置的本质。

通常情况下，孩子们在其他方面一致的情况下，会根据家庭系统排列遵循父母的脚本。家庭系统排序最基础的因素就是孩子的数量和生育间隔（孩子们的性别这里不考虑，因为性别是父母无法控制的；可以说这一点是非常幸运的，因为这也是代代相传的脚本能够被打破的契机，至少有些孩子能够得到新的机会）如果我们有大量家庭样本，对这方面进行详细调查，就会发现"巧合"出人意料地多。

图5展示的就是一个脚本化的家谱，在埃布尔的家里有3个男孩：卡尔、海尔和维尔。维尔出生时，海尔4岁、卡尔6岁，所以他们之间的生育间隔是0—4—6。他们的父亲唐恩是家里三个孩子中最大的，生育间隔为0—5—7。母亲法恩是家里三个女孩中最小的，间隔为0—4—5。法恩的两个姐姐名叫南恩和潘恩，她们也都各自有三个孩子。法恩的母亲是家里两姐妹中的姐姐，和妹妹差6岁，中间还流产过一个孩子。可以看到，家里三代人的生育间隔都在5到7年。

从这种家谱就能看到，在计划生育、子女数量和生育间隔方面，一些人是会效仿其父母的。现在我们再来思考，在这个例子当中，有没有一些"脚本指令"可能从祖父母传到了父母这一代。

1."长大后成家，生了三个孩子，之后才能想做什么就做什么。"这是最自由的人生，既不用着急也没有限制。但如果法恩到了更年期，依然没有按其期望生出三个孩子，那她就会害怕"脚本失败"或失去母亲的爱。但需要注意，法恩只有生育了三个孩子才能自由，这就是"直到"（Until）脚本。

2."长大后成家，至少生三个孩子。"这句话中没有"限制"，但却传达了催促的意味，尤其是如果祖父母还拿唐恩和法恩"能不能生"开玩笑的话。因为生完三个以后，法恩就可以想生就生，这就属于"开放结局"（Open End）的脚本。

3."长大后成家，生孩子不能超过三个。"这句话没有"催促"，但却

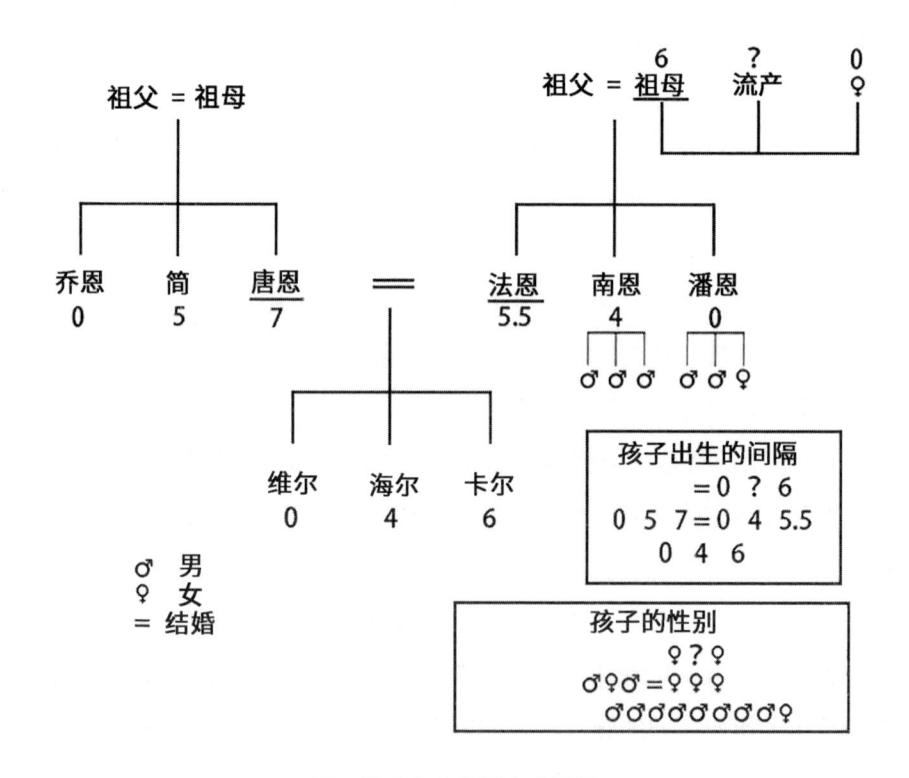

图5 埃布尔家的脚本家谱图

包含了限制。唐恩和法恩在第三个孩子出生后，对于以后的生育可能会感到不安。因为脚本暗示了，如果孩子超过三个就会有麻烦，所以这个属于"之后"（After）脚本。

如果法恩真的有了第四个孩子派德沃，那么在上述三种脚本走向下，她的想法会是怎样呢？第一种指令下，"前三个孩子属于祖母，必须按照祖母的方式养大"。而派德沃是母亲法恩自己的孩子，他不一定要成为和卡尔、海尔和维尔一样的孩子。法恩可以按自己的想法教育派德沃，而他长大后可能也比其他孩子更加独立自主。法恩可能会像对待自己的洋娃娃一样对待他，这个特别的洋娃娃叫安，法恩小时候会按自己的方式去爱它，而其他娃娃必须按祖母的方式来。换句话说，安可能为派德沃预演了一些"脚本情节"，在法恩完成祖母的任务之后，就会将这个脚本给派德沃。第二种指令和第一种类似，除了祖母对派德沃的控制更加强，因为她认为派德沃是她给予法恩的奖励，而不是法恩自己的决定。第三种指令下，因为母亲违背祖母的意愿生下了派德沃，所以这个孩子是一个麻烦。因此，他必须成为"计划外"的孩子，带着母亲的反抗、不安又内疚的情绪。在这个例子中，如果我们的研究思路没有错的话，派德沃身边的人会一遍又一遍提醒他，他和其他三个哥哥有多不一样。

下一项我们要探讨的，是父母关于家庭人数玩的"心理游戏"。比方，珍妮是长女，家里有11个兄弟姐妹，而她妈妈南妮总抱怨最后5个孩子都不是她想要的。表面上看，珍妮的脚本里也会生6个孩子，但事实却不是这样——她会生11个孩子，并且抱怨最后5个是她不想要的。这样她才能步母亲的后尘，在以后玩"我又犯了一样的错""疲惫操劳"和"性冷淡的女人"等心理游戏。事实上，这个例子可以测试一个人是否拥有心理学思维。我们可以提出这样的问题："一个妇女有11个孩子，抱怨最后5个是她不想要的，那她的大女儿最后会有几个孩子呢？"脚本分析的结果是11个。回答6个的人，在理解和预测人类行为反应上会遇到困难，因为得出这个答案的人，认为日常行为等重要人类行为活动是"理性驱动"的，但事实正好相反——这些经常是由其脚本中的"父母自我状态"驱动的。

要研究这个方面，我们首先要询问患者父母三个问题：他们每个人有多少兄弟姐妹？他们希望要几个孩子？以及他们预期实际会有几个孩子（产科医生都知道，这件事变数很大）？如果父母能够正确分清自我状态，我们就可以采用结构化的方式，重新提出第二个和第三个问题，从而知道更多的信息："你的每个自我状态都希望要以及实际会有几个孩子呢？"这样也许就能让隐藏在三个自我状态间，以及父母双方间的冲突暴露出来，这一点对他们给予患者的脚本方向有至关重要的作用。这个问题还有一个更加复杂的版本，但得到的信息也会更多（前提是父母的教育程度足够高，能够理解问题），就是把原来要回答的6个方面扩展为12个方面。问题是："你的'父母'（亲密性和控制型）、'成人'和'儿童'（自然型、适应型、叛逆型）希望要以及实际会有几个孩子呢？"

对于患者自己而言，最合适的问题是"你的家庭地位怎么样？"这是他最有可能能够回答的问题。接着问"你什么时候出生的？"继而得到与患者相邻的两个兄弟或姐妹的确切生日，以便在生日接近的情况下，将年龄差距精确到月。如果患者出生的时候，已经有一个哥哥或姐姐，那么他们是相差11个月、36个月还是相差11年、20年，对他的脚本决定都会产生重要影响，不但影响兄弟姐妹之间的关系，还影响父母对生育间隔的态度。这两点又会对下一胎产生影响，所以我们要知道下一个孩子出生时，患者的具体年龄，不管是11个月、19个月、5岁还是16岁。总的来说，在他7岁之前出生的所有哥哥姐姐都会对患者的人生脚本产生决定性影响，而且两人具体的年龄差（月份数）也是重要因素之一，就像上文提到的那样，这不但会影响他自己的态度，同时也影响父母的态度。如果患者是双胞胎，或者有兄弟姐妹是双胞胎，情况又会发生显著变化。

在某些案例中，如果父母对天文学、气象学或圣徒传记感兴趣，他们就会认为孩子的生日会对其人生产生重要影响。同时，如果父母对日历感兴趣，生日的具体日期也就会更为重要。

E. 出生脚本

奥托·兰克认为出生时的情况（"出生创伤"），会印刻在婴儿的心灵上，并且在接下来的生活中以符号化的形式不断重现。而兰克的弟子傅达更是将其描述为"想要回到幸福安详的子宫里"的愿望。如果现实确如兰克所说，那我们从大自然的单行道——产道里出来时，不管是感到害怕还是感到怀念，我们都不能再回去了，而这种感情会成为脚本中的重要部分。但即使我们将剖腹产和顺产的婴孩进行对比研究，也并没有可靠的方法验证这一点，也很难得出可靠的结论。因此"出生创伤"对人生脚本的影响依然还停留在猜测阶段。事实上，那些声称剖腹产会影响人生脚本的观点也并不可信，就像舞台剧里类似的桥段一样，比方说《麦克白》中，对于麦克白是剖腹产生的这件事，人们仅仅是把它作为一个谜题对剧本进行文字上的推敲，而并不将其真正视为一个脚本的基础。而且，很可能当孩子长大后得知了自己是剖腹产的，并且能够理解其含义时，那他就可能在知道了麦克白这样有名的"剖腹产"故事之后，将"自己是剖腹产"的事情纳入到脚本中来，并由此进一步衍生出情节。而他做出这一决定，是由一系列正面的历史案例促成的。

在生活中，我们最常见的两个脚本分别是"弃儿脚本"和"受伤的母亲"。当收养的孩子想象他们的亲生父母，甚至亲生孩子幻想存在另一对"亲生父母"时，"弃儿脚本"就出现了，其内容形式有点像奥托·兰克笔下的"英雄诞生的神话"（兰克还有一部以此为名的书）。"受伤的母亲"这个脚本也非常常见，而且根据我的经验，在男女当中出现的概率几乎一样。脚本故事的核心是母亲告诉孩子，自从有了他自己就很虚弱；或者更糟糕的，生育造成了她身体的严重损伤，再也回不到过去的状态了。而孩子的反应和他的脚本，是基于他自己对这件事的观察。如果母亲在他有生之年一直残疾，那么他会感觉有义务承担全部责任，无论"成人自我状态"如何用理性去说服"儿童"这不是他的错，都不管用。如果损伤表现得不明显，但家里其他成员比方说爸爸却明示或暗示母亲说谎，那患者的脚本就会充斥模糊、虚伪和利用。有时候母亲自己不会告诉孩子，而是让父亲、祖母或小姨来说，这样脚本就变成三个人的剧情——总是有第三方来公布重要信息、声明（更多情况下是坏消息）。我们可以看到，"弃儿脚本"脱胎于"英雄诞生神话"，"受伤的母亲"则脱胎于"恶人诞生的神话"，因为他一出生就如同犯下了弑母的重罪。"母亲因生我而死"，在没有人帮助的情况下，任何人都很难承受得住这样的良心拷问。对于脚本分析师来说，这方面的事情还是尽量不提起为好。

F. 姓氏和名字

罗杰·普莱斯在《不要给孩子取的名字》一书中，列出了美国常见的名字，并在后面用一句话描述了该名字所蕴含的性格。我们从脚本分析的角度来看一看。毫无疑问，不管是教名、简称、昵称还是一切父母授予（或强加）在新生儿身上的名字，都清楚地表明了父母对孩子未来的期望，这不仅仅体现在名字上，之后更是会以其他形式来影响孩子，而孩子如果想从这种期待中挣脱出来，就必须和这种影响抗争。名字作为脚本的重要标志，大概率会在高中的时候固定下来，这个时期高中生会了解到神话和历史当中，与自己"同名"的人物，或者同学们也可能会拿名字做文章，让他们清楚地意识到名字的"隐含意义"（虽然这可能对他们来说，而作为父母都应该能够预见并控制这一点）。

1. 目的性。有些名字会比较特别，比方塞普蒂默斯（后来成了古典哲学教授）、盖伦（后来成了医生）、拿破仑（后来成了下士）以及杰西，这些都是美国中部常见的名字。查尔斯和弗莱德里克都是皇帝、国王的名字。如果一个孩子的母亲一直喊他查尔斯（或弗莱德里克），孩子长大后也坚持让身边的人这样称呼自己，而如果另一个孩子一直被叫作查克（查尔斯的昵称）或弗瑞德（弗莱德里克的昵称），那两个人的人生将截然不同。父母如果给儿子起父亲的名字，或是给女儿起母亲的名字，都是有意给子女施加了一种责任，但子女可能并不想承担这样的责任，甚至激烈地反抗这样的安排，因此他们的整个人生计划都弥漫着淡淡的苦涩，抑或是强烈的厌恶情绪。

2. 巧合性。如果一个女孩叫多林或阿斯帕齐娅，男孩叫马默杜克，他们在某一城市或某一所高中可以与他人相处得非常愉快，但在他们随父母搬到别的地方后，就可能敏锐地感受到自己名字的不一样，被迫对名字产生了意见。如果女孩叫托尼，或者男孩叫琳，情况也是一样。

3. 疏忽性。对于布布、西西、小小这样的小名，也许刚开始只是随便叫，但通常都会固定下来，因此不管孩子愿不愿意，他长大之后依然是布布、西西、小小。

4. 不可避免。和名字不同，父亲几乎毫无例外地会将他继承的姓氏交给孩子。有很多在欧洲显得高贵的名字，到了英语里面却变成了不好的意思，因此有人会这样无奈地调侃："我名字里只有一个脏字，这还算幸运的。"对此他感受最深的一定是高中时期，那时他遭受的不只是同伴对移民的欺辱，他的名字更是被那些人常拿来做文章。面对这样的困境，有些人觉得从出生起，血统就注定自己只能是个失败者。另一方面，克里斯特（Christ，基督）作为姓氏也并不罕见，尽管情况不同，但可能也会对脚本造成影响，尤其是对有宗教信仰的孩子来说。而且这样说来，海德（Head，头）和W.R.布莱恩（Brain，大脑）成为知名神经学家，也是说得通了。

除了问"你的名字谁取的"以及"你的姓氏从何而来"，不论什么情况还需要再问患者一个问题："你真的看过自己的出生证明吗？"如果没有看过，应该建议他看一看，如果能带给治疗师看看就更好了。大概百分之五十的人在第一次看出生证明时，会感到吃惊，因为他们会看到删改、误漏以及他们从不知道的信息。而且更让他们吃惊、愤怒的是，通常他们在证明上的名字，和他们一直使用的名字是不一样的。几乎这些令人吃惊的地方，都能让我们更加了解父母的脚本，以及父母出生的背景。

第五章　早期发展

A. 早期影响因素

最早的脚本形成于哺乳期，一开始是较短的"草拟剧本"，之后逐渐被加工成复杂的剧目。通常"草拟剧本"只有婴儿和母亲两个人，即使有旁人的影响，也几乎微乎其微。吃母乳长大的孩子，他们的脚本包括："给大家表演一下""还不到时候""妈妈准备好了""孩子准备好了""快一点""咬人就会被推开""妈妈抽烟的时候……""等一下，电话响了""他大惊小怪什么""永远也吃不够""一个吃完再吃一个""他看起来脸色苍白""让他慢慢来""他真棒，不是吗""爱和满足的宝贵时刻"以及"摇篮曲"。

同一个家庭中浴室里的剧情稍微更复杂："快来看看孩子多可爱啊""到时候了""你准备好了吗""你要是准备不好，就一直在这儿坐着""快一点""真淘气""妈妈抽烟的时候……""妈妈打电话的时候……""灌肠管""要是不想灌肠，就得吃蓖麻油""泻药在这儿呢""如果不听话，是要生病的""让他自己来吧""真是好孩子""真乖真棒""这个过程中妈妈给你唱个歌吧"。这个阶段，"草拟脚本"开始出现了三个人，其中包括："我跟你说过，孩子还没准备好""不能就这么放过他了""我会让他做的""你来试试""你在打扰他""你干吗不……是，但是……""他这次一定行"。

在这个阶段，已经可以完全预测出谁会是赢家，谁会是输家了。如果孩子经常听到"这孩子真棒，不是吗""真是个好孩子"这样的话，通常就比经常听到"这孩子大惊小怪什么呢""灌肠管"的孩子要出色。同样地，不管是哺乳阶段还是后面在浴室里，给孩子唱摇篮曲的母亲和当着孩子抽烟的母亲相比，大概率前者教育出的孩子更好。此时，感觉的好坏已经植入了孩子们的大脑，区分出了现在以及未来的"王子们"和"青蛙们"。"王子"和"青蛙"的类型也在逐渐形成（如果是女生，则是"公主们"和"野丫头们"）。第一种是听着"这孩子真棒，不是吗？"长大的孩子，他们是拿着成功脚本的王子，通常他们也是家中长子（但不总是如此）。还有一种是"有条件的王子"，比方说这些孩子听着"快来看看孩子多可爱啊"以及"快一点"长大，那么只要他一直很可爱或动作很麻利，他就会一直是王子。第三种是"有条件的青蛙"，如果听着"这孩子总咬妈妈""太淘气了"，或者"他脸色惨白，需要吃点药"长大，那么孩子只要不再咬或脸色不再惨白，就不会变成青蛙。而第四种注定是"青蛙"的孩子，几乎不可能取得成功：他们需要非常努力才能摆脱"妈妈在抽烟""妈妈在喝酒"的影响。只有发生灾难的情况下，才有可能把"王子"变成"青蛙"，而只有发生奇迹，才能把"青蛙"变成"王子"。

B. 想法和决定

等到孩子长大，脚本开始变成"宝贝儿还是让妈妈送你吧""赶紧起床"，甚至"不听话就把你的腿打断"，这个时候孩子已经对自己和周围的人，尤其是父母，有了一定的想法。这些想法很可能会伴随一生，总结起来可以有以下几种：（1）我很好；（2）我很不好；（3）你很好；（4）你很不好。而孩子则会基于以上的想法，做出人生的决定。"这个世界真好，将来我要把它变得更好！"这样的孩子可能会进入科学、服务、诗歌或音乐等领域。"这个世界真糟糕，将来我要自杀！"带着这样的想法的孩子可能会杀人、发疯或变得退缩冷漠。也许对你来说，世界是普通的，既有必须做的事，又有享受生活的空间；也许对你来说，世界是艰难的，为了生活你要穿上衬衫，每天埋头在文件里工作；也许世界是辛苦的，你可能取得胜利，也可能需要弯腰、妥协，可能会哭泣，也可能会努力奋斗；也许是可怕的，只能靠着酒精麻醉自己，祈祷奇迹；也许是无力的，你徒劳无功，只能放弃。

C. 定位和决定

上文的这些想法已经植根在我们脑中，形成了我们对自己的定位，因此不管我们的决定是什么，都是以自身定位为依据的。定位包含我们对世界和他人的看法，并把周围人分成敌友：第一种，"因为世界太糟糕了，我要自杀，我自己一无是处，别人也是一样，我的朋友们也不比敌人们强到哪里去。"在定位中这代表着"我很不好，你很不好，他们也很不好。都这样了，谁能不自杀呢？"因此属于无望的自杀。而另一种则是，"我自己不好，所以我要自杀，但别人都很好。"这就属于忧郁的自杀（这里"自杀"的范围很广，既包括跳楼、车祸，也包括暴饮暴食以及酗酒等）。还有一种是，"我自己很好，但他人不太好，因此我要杀了他们，或改变他们"。以及"既然你和我——我们很好，那我们把自己的事情做完，就一起去找点乐子吧"。

有些人会说："我知道我们很好，但其他人不太好。""那么既然你和我很好，是他们不好，那我们先把自己的事儿做完，再去处理他们。"在孩子们看来，这就属于"我们要玩过家家，但不会带你一起玩"。这种想法经过多年的累积，在更复杂的条件下，可能就会以集中营这种极端的形式体现。

最简单的定位包含两个人——你和我。定位来源于孩子的想法，想法又在母亲哺乳时便植根于内心深处。我们这里简单用"+"表示"很好"，用"-"表示"很不好"，而背后的想法则是："我+"或"我-"；"你+"或"你-"。这四类基本的想法，构成了心理游戏和人生脚本的基础，也让我们知道和人打完招呼之后，可以说什么。

1."我+你+"。这是一种健康的定位（在治疗中，这代表治愈的状态），是真正的英雄或王子（女英雄和公主）会有的自我定位，能为我们带来不错的生活。有其他自我定位的人们或多或少都有点"青蛙"的成分，这是父母留下的失败的包袱，会一次又一次拖累我们，除非我们能甩掉它。在极端情况下，如果没有心理治疗或自愈的奇迹发生，我们甚至会浪费自己的生命。在"我+你+"的定位下，嬉皮士会给警察送上一束鲜花，但究竟"我+"是真实的，还是只是美好的愿望，以及警察在这个情况下，会选择+还是-，这些都是存疑的。"我+你+"要么是早期就形成的，要么一定是后天努力习得的，它绝不是仅仅靠想就能实现。

2."我+你-"。我是个王子，你是个青蛙。这属于"摆脱"型定位，采用这样定位的人，会将"找别人的污点"作为一种消遣、心理游戏。这些人会轻视他们的伴侣，把孩子送到少管所，解雇下属，和朋友断绝往来。他们就是发动改革甚至战争的人，他们会坐在一起，从真实或假想的下级或敌人身上挑错。这种定位属于傲慢的人，更坏的情况下可能是杀人者，最好的情况可能是一个爱管闲事的人，致力于帮助他们认为"很不好"的人，但实际上别人并不需要帮助。但多数情况下，这是平庸之人的定位，在临床上称为偏执。

3."我-你+"。这种在心理学上称为"压抑"的定位，不管是政治上还是社会上，都在向孩子灌输一种自我否定的意识。这些人往往是抑郁的自杀者或失败者，自称为"赌徒"；他们认为并非别人，而是他们自己放弃了自己，他们住在昏暗的房间或深山老林里，也可能进了监狱或精神病医院——只是为了把自己隔离起来。"要是……多好"以及"我本应该……"都属于这样的定位。

4."我-你-"。这属于"无力"的定位，一般这类人会把"为什么不呢"挂在嘴边，比方说：为什么不自杀呢？为什么不发疯呢？临床上这一类人通常表现为精神分裂或人格障碍。

这些定位在全世界是共通的，因为所有人类都是母乳或奶瓶喂养长大的，所以我们都从这里获取了信息，之后不管是在丛林、贫民窟、公寓还是在祖传城堡中长大，我们都会通过学习行为不断强化这些信息。即使在未开化的小部落当中，人类学家在研究其"文化"时发现，虽然所有孩子都是按某种长期沿袭的方法养大的，但是父母的个体差异也足够使孩子产生较大差异。"赢家"可能成了部落首领、医生、船长，或者拥有一千头牛和万顷良田的地主。"输家"可能会出现在精神病医院，只是有的是大城市的医院，有的是小村庄的。每一种自我定位，背后都已经有对应的脚本，也有属于它的结局。即使在美国，在这个拥有上万种文化交织融合的国家，归结起来也只有几种人生结局，和其他国家真的并无不同。

无数的瞬间、万千的心境、一次次探索和一对父母（通常情况下）构成了我们每一个人，因此只要我们对自我定位进行彻底研究，就能发现许多的复杂性和明显的矛盾之处。通常我们能从一个人的身上发掘出某种基本定位（真诚的还是虚伪的；死板的还是不确定的），而我们的人生以及"心理游戏"和脚本都是由此基本定位而衍生的。这种基本定位对每个人都很重要，没有人愿意失去它，有了它我们才能脚踏实地，而失去它就像房子失去地基。举个简单的例子，一个妇女如果认为自己贫穷而他人富有是非常重要的（我-他人+），那么即使她此时需要很多钱，也不会仅仅因此而放弃这样的想法。在她的认知当中，这样并不会使自己富有，而是只会使她认为自己是一个恰好有这些资产的穷人。如果她的同学正相反，认为自己应该比穷困潦倒的人富有，那即使她没有钱了，也不会放弃自己的定位，因为这样并不会使她成为一个穷人，只是一个暂时遇到经济困难的富人。

这种执着也就解释了灰姑娘和王子结婚以后的生活，也解释了第一类"王子"定位的人（我+你+），为什么总会成为好的领袖，因为即使在极端的逆境当中，他们仍能保持对自己的尊重，以及对他们需要负责的人的尊重。因此"我+你+"（成功）、"我+你-"（傲慢）、"我-你+"（压抑）以及"我-你-"（无力）这4种基本定位几乎无法单纯由外在环境而改变，一定要有由内而外的某种稳定变化，这种变化可能是自发的，也可能是在某种"治疗"影响下的，不管是通过正规心理治疗，还是通过自然的心理治疗——爱。

但也有一些人对自己的想法缺乏信念，因此他们会在两种定位间徘徊，比方在"我+你+"和"我-你-"之间，或者"我+你-"和"我-你+"之间。就定位而言，这些都是不确定或不稳定的人格，而确定和稳定的人格其背后的定位，不管结局是好的还是悲惨的，都是不可撼动的。定位这一概念要想更好地应用于实践，就不可以被变化和不确定或不稳定性打垮。想要解决这一问题，就要通过沟通分析来研究某一特定时刻人们的言行。如果一个人在中午表现出第一种定位（我+你+），那我们就可以说"他属于第一种定位"。但如果他在下午6点表现出第三种定位（我-你+），那我们就可以说"在中午这种情况下，他属于第一种定位，而在下午6点这种情况下，他属于第三种定位"。由此，我们可以总结出以下几点：（1）此人的第一种定位是不确定的。（2）他会在特定条件下表现出某一种定位。如果他在所有情况下都表现出第一种定位，我们就可以判断"他稳定在第一种定位"并可以预测出：（1）他是一个赢家；（2）如果他正在接受治疗，那他现在已经治愈了；（3）他不会去玩心理游戏，至少他如果要玩，也不是出于冲动，而是在社交控制之下的，也就是说他会决定这个时候自己想不想玩。而如果另一个人在任何情况下都表现出第四种定位，我们就可以判断"他已经稳定在第四种定位了"，并由此推测：（1）他是一个输家；（2）要对他进行治疗会比较困难；（3）他无法抑制自己去玩心理游戏，因为这些游戏可以证明他的生命毫无意义。通过仔细分析两个人真实发生的对话，我们就能对以上问题进行探究。

一旦做出了预测，我们就能很容易地通过观察来进行验证。如果患者之后的行为不符合预测，要么是分析有误，要么是定位理论本身有误，需要修改。而如果行为证实了预测，则进一步强化了定位理论。到目前为止，所有研究结果都证明了此理论的正确性。

D. 赢家和输家

要证实我们的预测，就必须先对"成功"下定义，也就是区分出"赢家"和"输家"。赢家是成功实现人生目的的人；而输家则是未达成目标的人。一个人说："我打算去雷诺赌钱。"那么不管是赢家还是输家，他都已经下定决心飞过去下注了，但并不能确定他会赢钱或输钱。而如果他说："我打算去雷诺，这次我要赢钱。"那么结果就取决于他回来时，口袋里还剩多少钱，如果赢了就是赢家，输了就是输家。离婚的女人并非输家，除非她自己认为"我永远不会离婚"。如果她声称："总有一天我要辞职，而且再也不工作了。"那么拿到离婚赡养费就是赢家，因为她已经达成了目标。她之前并没有提出要怎么完成这一目标，所以没人能说她是输家。

E. 三人定位

目前我们主要研究的是"我"和"你"两个人的定位。但定位这一理论就像一个可以随意拉长扩展的手风琴，除了之前提到的4种基本的，还包含着成千上万种不同的定位。因此，当我们加入一个人变成"三人定位"时，就有了以下的组合：

1a. 我＋你＋他们＋：这是一个和睦的民主社区定位，也是很多人所向往的理想社会，宣扬的是"所有人相亲相爱"。

1b. 我＋你＋他们－：这是一个煽动者的定位，他是个戴着有色眼镜的势利眼或帮派成员，宣扬的是"谁需要他们？"

2a. 我＋你－他们＋：这是一个煽动者或不满者的定位，有时传教士也处于这个定位。宣扬的是"你们这里的人，和别人相比差远了"。

2b. 我＋你－他们－：这是一个单纯的傲慢者的定位，是孤独又自命不凡的批评家，宣扬的是"每个人都要向我鞠躬，都要仰视我、爱戴我。"

3a. 我－你＋他们＋：这是一个自我惩罚的圣人或受虐狂的定位，纯粹的抑郁症患者。"我是这个世界最没用的人。"

3b. 我－你＋他们－：这是一个奴性的定位，他们出于势力而非需要为了一点小钱工作。"我卑躬屈膝但得到了丰厚赏赐，因此我和其他下等人是不同的。"

4a. 我－你－他们＋：这是一种奴性的嫉妒，有时可能是一种政治行为。"他们讨厌我们，是因为我们不够富有。"

4b. 我－你－他们－：这是一种愤世嫉俗者可悲的定位，或那些相信宿命论或原罪论的人们的定位。"我们都是一无是处的人。"

当然，也存在不确定的三人定位，这些定位具有一定的灵活性，让三人中的一人有一定的变化机会：

1. 我＋你＋他们？：这是一种传道士的定位。"我和你都很好，但在他们证明自己的身份，或和我们站在一边之前，我们不知道他们是怎么样的。"

2. 我＋你？他们－：这是一种贵族阶级的定位。"大多数人都是不好的，但至于你，我还要再看看你怎么证明自己。"

因此，我们一共有12种定位，包括4种"双人定位"以及8种"三人定位"，从数学上推算，我们也有12种不确定的定位（含一方不确定的定位）、其他6种含两方不确定的定位（如我+你？他们？等）以及一个三方都不确定的定位（这种定位的人往往不知道如何和他人相处）。这样我们一共就有31种定位类型，足够支持人生的多样化了。我们用+代表"很好"，-代表"不好"，当我们将+和-的含义考虑进来，类型的多样性又大大增加了。在这里，我们需要解决好与坏这对形容词又包括了怎样的意义。在每个家庭中，"好"与"坏"都有各自不同的强调，而这又赋予了+或-以现实生活中的意义。

F. 心理定位——作为谓语

最简单但同时也是最难处理、对社会最危险的定位，就是只有一对"很好"和"很不好"的定位——黑和白、富和穷、正教和邪教、聪明和愚蠢、犹太人和非犹太人以及诚实和邪恶，等等。这些词都能带入四种基本定位当中，而在每个家庭当中，这些都可能成为问题所在，并影响孩子的早期人生脚本。比方说，根据父母的态度，我们就可以将富和穷的两极对立带入基本定位当中：

1. 我富有=很好；你贫穷=很不好（势利、傲慢）
2. 我富有=很不好；你贫穷=很好（叛逆、浪漫）
3. 我贫穷=很好；你富有=很不好（仇视、反动）
4. 我贫穷=很不好；你富有=很好（势利、奴性）

如果在家庭观念里，钱不是决定性的标准，富和穷也不是两极对立的话，以上这些就不再适用。

在每一个+和-项目中，形容词增添得越多，定位就会变得越复杂、越灵活，而我们也需要更多的智慧和分辨力来处理。增添的形容词可能会起到增强的效果（不仅……而且……），可能是弱化的作用（但至少他……），还可能从不同维度更公平地进行权衡（但哪个是最重要的呢？），等等。因此，对于某些黑人来说，富有且邪恶的白人很不好（"---"——"他是个彻头彻尾的坏人"），但富有且邪恶的黑人就好一些（"--+"——"至少他是黑人"）。这同样也适用于富有且正直的白人（"-+-"——"至少他是正直的"），以及贫穷但邪恶的白人（"+--"——至少他和我们一样穷）。但在某种情况下，贫穷且邪恶的白人也许还不如富有而邪恶的，这是因为另一对因素的影响——侥幸获益是"+"而受到报应是"-"。这样一来，贫穷且邪恶的白人是"---"，而富有且邪恶的白人是"+--"。而在其他情况下，可能还有存在某个条件限制，比方富有的白人是好的（也可以是金融公司），但如果他是邪恶的，就会被列入"不好的"范围（+++→++-）。

从中可以看到，无论我们在"+"和"-"前面加的形容词或谓语是什么，我们选择的代词（我、你、他们以及+或-或？）才决定了我们的命运以及脚本的结局。因此选择"我+你-他们-"的人，不管他是因为宗教、钱、种族、性还是别的什么骄傲自大，都最终可能在隐居的地方、监狱、公立医院或者太平间里独自离开世界。而选择"我-你+他们+"的人，不管他们觉得自己哪个地方不行，很大概率都会因痛苦而选择自杀。因此代词决定了脚本的结局，也分出了"赢家"和"输家"。谓语则决定了脚本的内容和生活的方式，其中包括宗教、金钱、种族、性等，但谓语和脚本结局无关。

我们必须指出的是，哪怕一个6岁的儿童也是能够理解到目前为止所讨论内容的，至少是能联系到自身的生活。"我妈妈说我不应该和你玩，因为你很（脏、平庸、不好、是天主教、犹太教、意大利人、爱尔兰人等）"，这就是典型的"我+你-"。"我想和你玩但不想和他玩，因为他撒谎。"这就是"我+你+他-"，而在这个例子当中，被排挤的人回应道："我也不想和你们玩，你们都是娘娘腔。"这是"我+你-他-"。然而，想要理解定位理论的主要原则，我们需要更加深入地思考——"+"和"-"才是最重要的，而"谓语"和"形容词"是为长期行为模式选择服务的（时间结构）。"谓语"只是给了人们打完招呼之后能够说的内容，对于即将发生的事情并不产生影响，更不影响他们生活的好坏以及他们最终的得失。

　　这个例子同时也表明，在日常社交活动当中定位是非常重要的。我们面对他人首先感受到的就是对方的定位，而且在大多数情况下，都是"物以类聚，人以群分"。通常，对自己和他人都抱有好感的人（++），倾向于和同类而不是喜欢抱怨的人在一起；自我感觉高人一等的人（+-）会在俱乐部或组织里抱团。出于"同病相怜"的心理，感觉低人一等的人（-+）也会在廉价的小酒馆里聚集；而感觉人生虚无的人（--）则会在咖啡馆或大街上谩骂。在西方国家，穿衣打扮甚至更能体现一个人的定位。"++"穿着整洁但艳俗；"+-"穿制服，戴着首饰、珠宝或特别定制服装来彰显身份；"-+"穿着破旧随意，但不一定不整洁，也有可能穿着"低一级"的制服；"--"一般穿着写着脏话的T恤衫，表明他对衣服的厌恶和他们的主张。而精神分裂症患者的穿着，通常既破旧又优雅，既臃肿又显身材，紫色和灰色夹杂，磨损的鞋子却配着钻石戒指。

　　我们之前也提到过，当情况发生变化时，人们倾向于保持自己的定位，比方说对有钱的妇人来说，即使失去了财富也并不变成穷人，而是一时遇到经济困难的有钱人；即使一个贫穷的女孩得到了很多钱，她也不会因此变成富人。定位的固定性体现在每一天的生活里，让人愤怒也让人困惑——如果一个人的定位是"我是个好人（尽管我做坏事）"，那么他希望一直被看作好人，而如果别人不这样他就会感到被冒犯。

　　这也是婚姻冲突的常见原因之一。尽管丈夫每周六晚上喝醉都会家暴妻子，但他坚称自己是个好丈夫。而更令人震惊的是妻子竟然支持丈夫，她的理由也是非常常见的："可是他会送我花啊"。另一方面，妻子也坚信自己是一个诚实的人，尽管她也会公然撒谎，还从丈夫的钱包里拿钱。平时，丈夫支持妻子的定位，只有在周六晚上他们才会激烈地争执，妻子骂丈夫是无赖，丈夫骂妻子是骗子。因为两人的婚姻的基础，就是双方同意忽视这些伪装,所以当伪装被揭穿,他们自然会义愤填膺。如果这种揭穿已经威胁到"+"的定位,那离婚是必然的,因为:(1)一方不能忍受被揭穿;(2)或者另一方不能接受这样怕被揭穿而当面公然撒谎的行为。

G. 选择脚本

脚本的下一步发展,就是要找到有合适结局的情节,这样也回答了"像我这样的人会有什么结局呢?"孩子知道他将会成为赢家还是输家,知道他对别人的态度,也知道别人对他的态度,这是因为他就是这样被教育长大的。早晚孩子会听到一个故事,里面的人"和他很像",从中他也获得了前进的方向。故事也许是母亲讲给他的童话,也许是祖母讲的民间故事,也可能是街角的混混告诉他的传闻。但不管是从哪里听来的,在听到的时候他感觉到——"这就是我!"这个故事之后就变成了他的脚本,而他则会用余生努力将脚本实现。

因此,在儿童早期,不管是在母亲怀里、浴室、厕所、卧室、厨房还是客厅里,孩子都已经形成了想法,做出了决定,也有了自己的定位。之后从他听到或读到的东西当中,他选择了一个预言或计划,这决定了他要成为一个赢家还是输家,决定了情节是什么以及最后结局是什么;这就是他人生脚本第一个清晰的版本。下一步,我们将考虑构成脚本的多种外力和元素,但在此之前,我们需要一个脚本的装置。

第六章　可塑时期

A. 父母编制的程序

孩子6岁时，一般已离开幼儿园（至少美国是这样），升入小学一年级，被动进入了竞争更为激烈的世界。在这里，他只能独自处理与老师以及其他男孩儿、女孩儿之间的关系。庆幸的是，此时的他早已不是弱小无助、来到未知世界的婴儿。他从市郊的家来到大都市的热闹学校，拥有一整套社交方案来回应周围形形色色的人。他脑中已形成自己的社交方式（或者至少是生存方式），制定了人生规划。中世纪的牧师和教师深谙此道，他们常说："孩子6岁前交给我，满6岁就可以领走了。"优秀的幼儿教师甚至可以预见孩子的命运，判断他将来会过怎样的人生：幸福或不幸、成功或失败。

因此，人生的可笑或可悲之处在于，其命运是由对世界及其运作方式所知甚少的学前幼童所决定，而幼童的想法主要由父母灌输给他。正是这个神奇的孩子决定了未来的国王、农民、妓女和王后的命运。他无法分辨事实和幻象，总会歪曲日常生活中的事件。他被告诫婚前性行为会受到惩罚，而婚后性行为则不会。他认为太阳会掉下来，10年或40年以后，他才发现因为这个原因自己才总想离太阳远点儿。他会搞混腹部和胃部。他太小，除了能决定晚饭想吃什么以外，什么都不懂，却以"命运之主"的身份决定将来自己会如何死去。

他对未来的规划受家庭指令的影响。在首次心理治疗的会谈中，通过问问一下问题，就能迅速识别出其中一些关键指令："你小时候父母跟你说过什么？""你小时候，父母是如何向你描述人生的？""你生气的时候，父母会说什么？"通常来说，我们所得到的答案听上去不像指令，但通过火星人式思维稍加分析就会发现，它们都能以指令形式表达。

例如，第五章开头提到的很多训练口号其实是父母式指令。"公众表演"实际上是要求炫耀的指令。通过观察到自己炫耀时母亲的喜悦和自己不炫耀时母亲的失望（失落），孩子很快学会了这一点。同样地，"来看看这小可爱"意为"好好表现！""快点"和"不完成就一直坐那儿，直到完成"是否定指令。"不要让我等！"和"别顶嘴！"是禁令。而"让他慢慢来"是许可指令。起初，他从父母的反应中明白这些指令的不同，会说话以后，便从言语中明白。

刚出生的孩子是自由的，但他很快就被约束起来。开头两年，他主要受母亲编制的程序影响。这一程序奠定了他人生脚本的最初框架或基础，即"原初草案"。它最初是关于吞咽或被吞咽，长牙以后是关于撕咬或被撕咬。如歌德所言，是"做锤子还是铁砧"。①这在希腊神话和远古祭祀中都有体现，如被吞掉的孩子和被肢解的诗人。②即使在幼儿期，母亲和孩子谁能掌握控制权的问题就已显而易见。虽然这一关系早晚会反转，但是人在感到压力或情绪激动时，仍能展现这种早期关系的影响。这一时期的重要性在很多方面都有体现，可几乎无人对它有记忆。因此，我们必须依靠父母、亲戚、保姆、儿科医生、对梦的阐释以及家庭相册等来重构它。

2岁至6岁阶段是人生脚本的发展阶段，脚本的基础在此时更加牢固。该阶段与俄狄浦斯情结的发展同时进行并密切相关。人们或多或少都记得这个年龄段发生的一些交流、事件或对某事的印象。事实上，断奶和如厕训练完成后，全世界通用和效果最持久的指令都与性行为和暴力有关。不同类型的生物都通过由自然选择形成的脑神经回路得以生存。由于哺育、

---

① 出自歌德的《宴歌集·科夫塔之歌》。——译者注
② 前者指宙斯的父亲克洛诺斯，他害怕自己会被孩子们所取代，因此每个孩子一出生就会被他吞下。后者指俄耳普斯，他因不敬重酒神而被酒神手下的狂女撕得粉碎。——译者注

性行为和暴力行为均需另一人的在场，因此它们属于"社交"行为。哺育、性和暴力的冲动使个体具备不同的特征或特质：占有欲、男性化、女性化和攻击性。同时大脑还具有能抑制这些冲动的神经回路，使人转向放弃、含蓄和克制等相反的方向。这些特质使人们至少在一段时间内和平共处，良性竞争，而非永无休止、极度混乱的掠夺、淫乱和暴力。排泄以某种未知的方式与社交系统融为一体，控制排泄的脑神经回路能催生秩序这一品质。

父母编制的程序决定了冲动会被怎样表达、何时表达、何时克制。它对人脑中已有的神经脑回路进行设置以获得特定的结果或结局。这样的程序使人获得在冲动与抑制间调和后的新品质。占有欲和放弃催生耐心；男性/女性和含蓄催生男性阳刚之气和女性娇媚之气；暴力和克制催生精明；混乱和秩序催生理性。所有这些品质：耐心、阳刚之气和娇媚之气、精明、理性，都在可塑性最强的2到6岁间由父母决定。

就生理而言，编制程序意味着帮忙在脑中建立一条减少了阻碍的道路。就操作层面而言，它很可能意味着某一特定的刺激会引发一种既定反应。就现象学而言，父母编制的程序意味着孩子的反应由父母指令决定。它像提前录制的录音带，如果你细心聆听，就能在人们脑袋里听到这些声音。

B. 火星人式思维

当父母试图干扰或影响孩子的自由表达时，他们的指令在自己、旁观者和孩子看来各不相同。事实上，一共有五种不同的角度：（1）父母认为自己表达的含义；（2）不知情的旁观者认为父母所表达的含义；（3）指令的字面意思；（4）父母"真正"想表达的含义；（5）孩子理解的含义。前两种是"直接的"或"地球人式的"，后三种是"真实的"或"火星人式"的。

布 彻

来看一位酗酒严重的高中生布彻（Butch）的例子。母亲在他6岁时发现他闻威士忌酒瓶，便说："你太小，不能喝威士忌。"

（1）母亲认为自己表达的含义："我不想让我儿子喝威士忌。"（2）作为不知情的旁观者，布彻的叔叔同意他母亲的话："她当然不想让孩子喝威士忌，只要有点理智的母亲都会这样想。"（3）她实际说的是："你太小，不能喝威士忌。"（4）这也正是她想表达的含义："喝威士忌是大人的事儿，你还是个孩子。"（5）布彻理解的含义："需要证明自己是个男人，就必须喝威士忌。"

对"地球人"来说，母亲的批评听起来很正常。然而孩子会以火星人式思维来理解这些话，除非父母明确表示反对。所以孩子纯真的想法既新鲜又新颖。他的任务是搞清楚父母实际想表达的含义。只有这样，才能保有父母对他的爱，或至少对他的保护。在某些糟糕情况下，他仅仅是为了生存。另外，他爱自己的父母，人生主要目的是取悦父母（如果父母给他这个机会），搞清楚父母的实际想法才能让他实现此目的。

因此，不论父母的指令多么隐晦，孩子都试图发掘其中的核心指令或火星人式内涵。基于此，他开始制定自己的人生脚本。猫和鸽子也有此能力，只是要花费更长时间。称它为"编程"的原因是，这些指令的效果很可能是永久性的。对孩子来说，父母的愿望就是对他的指令。这些指令将影响他一生，除非之后发生重大变故。只有极度苦难（战争、监狱服刑）或极度喜悦（皈依宗教、爱情）能让他从指令中快速解脱，而人生经历或心理治疗则需要很长时间才能达到此目的。即使父母离世，诅咒也不会就此解除，大多数情况下，只会让它更持久。一旦孩子已适应编制的程序，没有了自由意志，不论父母布置的任务多困难，受脚本驱使的人都会去执行这一任务。不论需要做出多大牺牲，受人生脚本支配的人依然会去完成它。这种关系与皮条客和妓女的关系惊人地相似。她宁愿被压榨，宁愿受苦，也不愿失去他的庇护，独闯未知的世界。

火星人根据结果来阐释父母语言的真正含义，根据"最终结果"而非其表面意图来评判别人。一位少年不小心撞坏了车，高昂的修车费让他父亲很是头疼。这位"好"父亲时不时地与少年"交流"这个问题，一次谈话中他委婉地抱怨："这笔账单确实令人头疼，不过不要太担心。"父亲假装的宽宏大量让儿子自然地将这句话理解为"一定要担心"。可是如果他告诉父亲自己正为此担忧或为了弥补错误而有所行动，父亲很可能会责怪他："我跟你说了不要太担心。"火星人这种看似"友好"的态度的解读是："不要太担心"意为"要一直担心，直到我告诉你担心过头了"。

下面是一位女服务员的例子，这个例子更戏剧性。她端盘子的技巧很熟练，能在繁忙拥挤的饭店熟练穿梭于餐桌之间，胳膊和手上满是装满热菜的盘子。老板和顾客都对她优秀、稳定的表现赞不绝口。直到有一天，她父母来这家饭店吃饭，这次该轮到他们欣赏她娴熟的技艺了。像往常一样，她端着一堆盘子穿梭于餐桌间。路过父母所在的餐桌时，她那过于担忧的母亲喊道："小心！"然后，自进入职业生涯以来第一次，女服务员……好吧，即使是最"地球人式"的读者也可以不费力气地预料这个故事的结局。简而言之，"小心！"通常的含义是"你犯了错，我便可以说'我跟你说了要小心'"。这就是最终结果。"小心，哈哈！"更多的是一种刺激。"小心！"作为直接的成人式指令还有些价值，但作为"父母"的过度担忧或"儿童"的"哈哈"就完全是相反的效果了。

布彻的例子中，酗酒的母亲说"你太小了，不能喝酒"，意为"快开始喝酒，这样我就能反对了。"这就是她的话语的最终结果。布彻知道，想要获得母亲对他不情愿的关注，他迟早必须得喝酒。这种关注勉强代替了母亲的爱。布彻解读到的母亲的愿望成为他必须完成的任务。平时辛勤工作，周末酩酊大醉的父亲是他的好榜样。16岁时，他开始经常喝醉。17岁时，他的叔叔叫他坐在桌前，桌上放着一瓶威士忌，叔叔说："布彻，我来教你怎么喝酒。"

父亲曾带着轻蔑的笑对布彻说："你好蠢。"那几乎是父亲为数不多和他讲话的时候，所以他早早就决定，要变得蠢一点。这个例子再次体现了火星人式思维的价值，因为布彻父亲明确表达了家里不需要"耍小聪明的混蛋"。他父亲真正想表达的是："我在家的时候，你最好给我表现得蠢一点。"布彻也明白这一点。这就是火星人式思维。

很多孩子在这样的家庭长大，父亲努力工作又严重酗酒。努力工作是为了填补不喝酒时的空闲时间。然而喝酒会影响工作，喝酒是工作者的诅咒。工作也会影响喝酒，工作是酗酒人士的诅咒。喝酒和工作是相互背离的两件事。如果喝酒是人生规划或人生脚本的一部分，那么工作就是应该脚本。

布彻人生脚本的指令见图6中的"脚本模型"。图上方父亲易怒的"父母"说："男人一点，但别耍小聪明"，而底部他嘲讽的"儿童"说："表现得蠢一点，哈哈。"图上方母亲溺爱的"父母"说："男人一点，但你现在喝酒还太小"，而底部她的"儿童"在使用激将法："别像个娘娘腔一样，

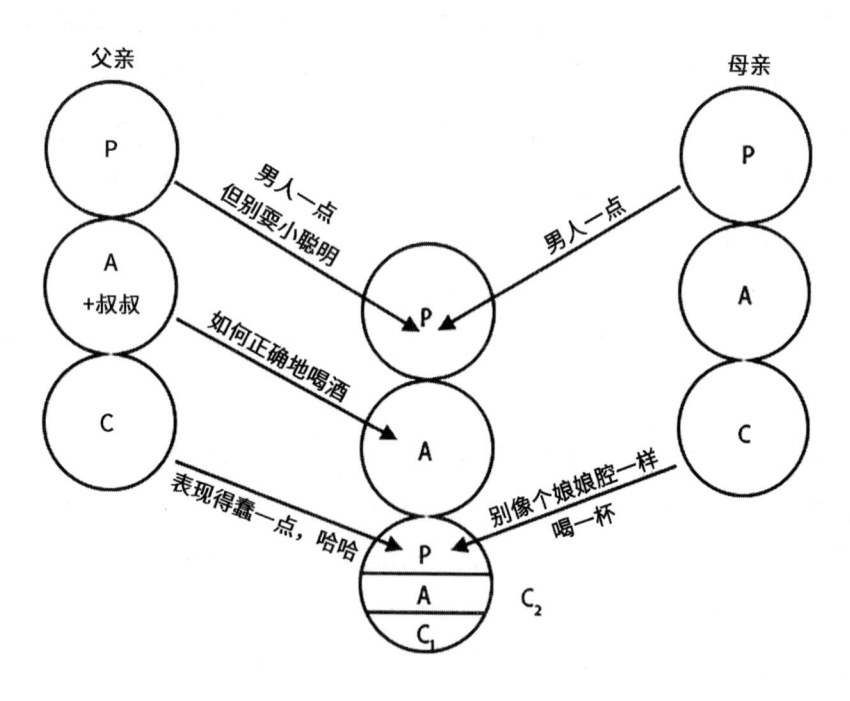

图6 喝酒的年轻人

喝一杯。"中间部分，父亲的"成人"和孩子叔叔一起，在向他展示如何正确地喝酒。

C. 小律师

火星人式思维能使孩子弄清楚父母"真正"想要什么，即他们给出最积极反应的东西。孩子通过熟练运用这一思维来保证自己的生存，来表达对父母的爱。他通过这一方式建立起适应型"儿童"。适应型"儿童"想要、也需要以适应父母的方式约束自己的行为，同时避免非适应性的行为甚至是情感，因为这些东西无法帮助他获得周围人最积极的反应。同时，他必须控制自我表现或放养型"儿童"。儿童的"成人"（见图7，AC）控制这两者间的平衡，它必须如高度灵敏的计算机一般，时常在不同情境中决定什么是必须做的，什么是允许的。儿童身上的"成人"在揣测周围的人想要什么和可以容忍什么方面变得非常娴熟，或者至少清楚什么最能让他们

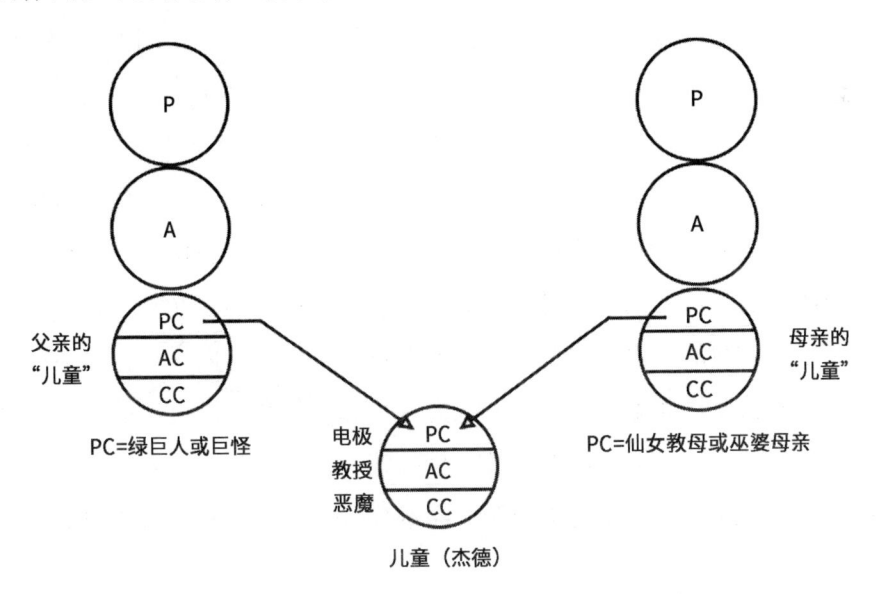

图7 脚本中禁止信息的起源及植入

兴奋、生气、愧疚、无助、害怕或者受伤。它能敏锐地洞察人性，因此被称作"教授"，事实上，他比任何真正的教授更懂实用的心理学和精神病学。即使经过多年的训练和有经验的真正的教授，也只不过能获得他们4岁时就知道的知识。

在学习火星人式思维并形成良好的适应型"儿童"后，"教授"将其注意力转向合法性思维，为自然型"儿童"寻求更多表达自我的机会。合法性思维出现于可塑期，但在童年后期达到最充分的发展，如果得到父母的鼓励，可能会持续到成熟期，从而引导他成为律师。合法性思维俗称躲避式思维①，在个人性伦理中尤为常见。如果父母要求女儿不要失去贞操，她可能会和性伙伴相互抚慰、口交或进行各种其他类型的性行为，以遵守父母定下的规矩，尽管她可能知道父母真正的指令是要她不要有性行为。如果父母警告女儿不要有性行为，她可能会在性交中避免性高潮。经典的躲避式思维来自20世纪初巴黎的妓女们。她们去教堂忏悔时，如果声称自己性交时没有性兴奋，牧师便会赦免她们，因为这只是交易而已。只有当她们享受性交时，才会被看作是罪行。

父母给出自认为考虑周全的禁令，却忽略了孩子有精明的诡计。而这些通常是父母自己教给孩子的。因此，当父母告诉男孩"不要和女人鬼混"，他可能把这句话当作是和其他男孩儿（有时甚至是和牛羊）的许可。以合法性思维来看，男孩是无罪的，因为他没有做任何父母禁止做的事。如果父母告诉女孩儿"不要让男孩子触碰你的身体"，她会认为自己触碰自己是可以的。通过躲避式思维，她的适应型"儿童"服从母亲的愿望，而她的自由型"儿童"享受着自慰的快乐。同样地，男孩被警告"不要和女孩儿鬼混"时，他认为这是对自己和自己鬼混的许可。以上这些例子中，大家都没有违反父母的禁令。因为孩子像律师一样，通过寻找躲避式方法对待此类限制。脚本分析中，我们常以法律用语"禁

---

① "躲避"包含好几种含义：躲避被抓捕；获得较少的刑罚（通过避重就轻）；背信弃义（食言）；寻找托词或钻空子。此处使用最后一种词义。

令"来称呼它们。

有些孩子喜欢顺从父母的感觉，从不寻求躲避方法。另一些孩子则找到了有意思的事做。正如很多人致力于钻法律的空子，很多孩子喜欢研究如何在不违反父母禁令的前提下，做淘气的事。不管是钻法律空子还是钻父母禁令的空子，这种精明的诡计都是父母自己传授和鼓励的，是父母编程的一部分。有时候这还会导致反脚本的形成，即孩子在不违背原脚本指令的情况下，成功翻转整个人生脚本的意图。

D. 脚本装置

人际沟通分析师起初并不知道人生规划的建构与神话传说和童话故事类似。他们只是观察到，孩童时期的决策（而不是成年时期的规划）似乎决定了个体的终极命运。不论人们对自己的人生怎么想怎么说，他们都在某些内在冲动的驱使下，努力追求某一最终结局。这一结局与他们在自传或应聘简历里写的完全不同。想赚钱的人赔了钱，而他周围的人都变富了。想寻爱的人甚至从爱他的人身上寻到了恨。声称为孩子幸福付出一切的父母，却抚养出了瘾君子、服刑犯和自杀者。正直的圣经学者犯下谋杀和强奸儿童罪。这样的矛盾现象自人类文明伊始就存在，常常是歌剧表演和新闻报纸的热门内容。

人们慢慢意识到，从成人的角度，这些都难以理解，但是对人性格中的"儿童"部分而言却是说得通的。这正是和神话传说和童话故事相似的地方，是世界曾经的模样或可能成为的模样。因此，孩童根据他们喜爱的故事中的情节来规划自己的人生就不足为奇了。令人惊奇的是，这些规划会持续20年、40年或者80年，最后通常变成人们习以为常的事。如果回访这些遭遇自杀、车祸、精神错乱、犯罪入狱或者离婚的人的人生，忽略所谓的"诊断"来探究到底发生了什么，很快你就会发现，这些结果几乎全部在他们6岁前就已注定。这些规划或脚本存在共有的特定元素，即"脚本装置"。创造者、领导者、英雄、可敬的祖父和各行各业的杰出代表等优秀的脚本中运行着同样的脚本装置。这一脚本装置与整个人生的时间被如何使用有关，童话故事中也是如此。

在童话故事中，编制程序的过程由男巨人、女巨人、食人魔、女巫、仙女教母、懂得感恩的野兽以及生闷气的男女魔法师等完成。现实生活中，这些角色都由父母来扮演。

相比"好"的脚本，心理治疗师对"坏"的脚本更了解，因为他们更具戏剧性，人们谈论也更多。比如，弗洛伊德在作品中曾援引众多历史上输家的案例，他笔下为数不多的赢家只有摩西、达·芬奇和他自己。只有少数赢家会花力气总结自己成功的原因，而输家总是急于寻找失败原因以改变现状。因此，下文我们先来看我们比较熟悉的输家脚本。它的脚本装置，通过孩童翻译成火星指令语后，包含以下内容：

1. 父母告诉孩子如何结束自己的生命。"走失！"和"去死吧！"是死亡指令，"富有地死去"也是。"你会和你的（酒鬼）老爸一个结果"是对人生的判决。这样的指令被称为脚本结局或诅咒。

2. 然后，他们向孩子发出不公平的负面指令，让他无法破除诅咒："别烦我！"或者"别耍小聪明！"（等于"走失！"）或者"别抱怨了！"（等于"去死吧！"）这是脚本禁令或制动器。禁令一般由专制的"父母"或不理智的"儿童"发出。

3. 他们鼓励能导致脚本结局的行为："喝一杯！"或"你不能就这么放过他！"这些被称作脚本刺激或"引诱"，来自于父母身上的"儿童"或"恶魔"。这类指令通常伴随着"哈哈"这样的表达。

4. 他们还教给孩子在导致结局的行为前，填补空闲时间的办法。这些都以道德格言的形式展示。如"努力工作！"可能意为"工作日努力工作，周六晚上就可以酩酊大醉了。""节约每一分钱！"可能意为"节约每一分钱，就可以一次性把他们全花掉了。"这些是反脚本口号，来自于抚育型"父母"状态。

5. 另外，他们还教给孩子现实生活中完成脚本所必需的知识：如何混合饮料，如何记账，如何骗人。这是一种模式或程序，是"成人"的指令形式。

6. 面对所有父母强加给他的脚本装置，孩子会有反抗的愿望和冲动。"敲门"（对应"走失"）、"聪明（机灵）点""休假！"（对应"努力点"）、"现在都花掉"（对应"节约每一分钱"）、"搞砸"等这些行为被称作脚本化的冲动或"恶魔"。

7. 要摆脱这一诅咒的秘籍就藏在某个地方。"你40岁后就能办到了。"这个破咒者被称作反脚本或内部解除。可是很多时候，唯一的反脚本是死亡。"你会在天堂得到奖励"。

神话传说和童话故事中有着完全相同的脚本装置。其中，结局或诅咒是："走失"（汉斯和格莱泰①）或"去死吧"（白雪公主和睡美人）。禁令或制动器是："不要太好奇"（亚当和夏娃、潘多拉）。刺激或引诱是："拿那个纺锤戳你的手指，哈哈"（睡美人）。应该脚本的口号是："在遇到你的王子前努力工作"（木桶裙凯丽②）或"在她说爱你前保持绅士风度"（美女与野兽）。程式是："对动物要友好，它们会在你危难时出手相助。"（漂亮的金发姑娘）。冲动或"恶魔"："我就看一眼！"（蓝胡子③）。反脚本或破咒者："她把你摔到墙上的时候，你就不用当青蛙了"（青蛙王子），或者"12年

---

① 汉斯和格莱泰是《格林童话》中《糖果屋》里的主角。故事讲述汉斯和格莱泰被继母丢到森林，迷路后找到一个糖果屋，因为偷吃糖果差点被女巫吃掉的故事。——译者注
② 木桶裙凯丽来自《朗格童话》，她被继母排挤，离家出走后，穿着丑陋的木桶裙在别国的皇宫假扮作仆人，后来与该国王子结婚了。——译者注
③ 在法国民间故事中，蓝胡子连续杀害了好几任妻子。传说他的最后一任妻子被蓝胡子警告千万不要打开城堡里的一间房子，她忍不住趁蓝胡子不在家打开了房间，才发现了他谋杀前几任妻子的真相。——译者注

苦役后，你就自由了"（赫拉克勒斯①）。

以上为对脚本装置的剖析。诅咒、制动器和引诱形成脚本控制，另外四项可用来对抗脚本控制。因为孩子生活在或美好，或平凡，或恐怖的童话世界，对魔法抱有信心，他会通过迷信或幻想找到神奇地解决问题的办法。如果此路不通，他只能求助"恶魔"。

但是"恶魔"有一个特点。当孩子的"恶魔"说："我要反抗你，哈哈！"父母的"恶魔"就会说："我就想让你这么干，哈哈。"这样一来，在脚本刺激和脚本冲动，即引诱和"恶魔"共同作用下，输家的悲剧命运便产生了。父母赢了，孩子便输了；孩子在试图赢的过程中输了。我们将在第七章详细探讨这些脚本元素。

---

① 赫拉克勒斯是希腊神话中最伟大的英雄，天生力大无穷。由于其出身被宙斯的妻子赫拉诅咒，导致其在疯狂中杀害了自己的孩子。为了赎罪，他完成了12项"不可能完成"的任务。——译者注

第七章　脚本装置

要理解脚本的工作原理以及如何在治疗中处理它，我们须对目前所知的脚本装置进行深入细致的了解。我们对脚本装置基本框架的认识还有空白，对脚本传递仍存在不确定性。不过，这一概念从首次提出到现在，在短短十年间，我们已发展出一套相当复杂的模型。当时这一概念就如同1893年的单缸杜里埃汽车，而现在它已经是相当先进的福特T型车了。

从上文给出的简要例子，我们可以总结出7类脚本装置。其中，结局（或称诅咒）、禁令（或称制动器）和脚本刺激（或称引诱）共同控制着脚本朝预定命运发展，因此被称为脚本控制。多数情况下，孩子6岁以前，它们就已被编程到他们身上。如果存在反脚本（或称破咒者）的话，也是一样。之后，应该脚本的口号或生存法则、父母的行为模式和指示开始发挥的作用越来越牢固。"恶魔"代表了人格中最古老的部分（孩子的"儿童"），它是与生俱来的。[1]

A. 脚本结局

临床实践中遇到的脚本结局一般概括为4种：成为孤独的人、成为流浪汉、精神失常和死掉。吸毒或酗酒都容易导致其中任何一种结局。孩子可能会通过火星人思维或合法性思维理解指令。他一般以对自己有利的方

---

[1] 这里需要再次提醒读者朋友，"父母""成人"和"儿童"指的是自我状态，而父母、成人和儿童指现实中的人。

式理解指令。比如，母亲告诉所有的孩子，他们最后都会进精神病医院，结果也确实如此。女儿们成了医院的病人，而儿子们成了心理医生。

暴力是一种特殊的脚本结局，在"躯体脚本"中出现。躯体脚本不同于其他脚本，原因在于这种脚本流通的"货币"是人的肉、血和骨头。看到过、造成过或遭受过暴力或杀戮事件的儿童很可能与其他儿童不同，且永远不可能再相同。如果父母在孩子很小时就迫使他自己照顾自己，他自然会非常关心钱，而钱往往成为他的脚本和结局中的主要"货币"。如果父母呵斥他，告诉他去死，话语就可能成为他的脚本"货币"。脚本"货币"必须与脚本主题区分开来。人生脚本的主要主题与童话故事的主题相同：爱、恨、感恩和复仇。任何一种"货币"都能用来表达任意一种主题。

对于脚本分析师，这里最主要的问题是："父母能以多少种方式告诉孩子要长寿或者快死掉？"他可以以字面意思，在祝酒或祷告时说"长寿"，或者在吵架时说"去死吧"。人们很难意识到或者承认，母亲的话对孩子有多么不可思议的影响（妻子的话对丈夫的影响也是如此，反之亦然）。以我的经验，很多人在所爱之人（甚至是所恨之人）对他说出"去死吧"不久，便进了医院。

很多时候，是祖父或祖母直接或间接地（通过孩子父母）控制着孩子的脚本结局。祖母可能通过"生存指令"，从父亲的死亡指令下挽救孩子的生命，也可能通过给孩子母亲美狄亚式脚本（或"过度脚本"），强迫她推动孩子以各种方式死亡。

所有这些都会进入小男孩或小女孩的"父母"，并可能保留一生。有人温柔地祝福他永生，有人用刺耳的声音催促他快死。有时死亡指令中没有仇恨，只有徒劳无望或绝望。由于他从出生起就接受了母亲的祝福，通常是母亲为他做决定。之后，父亲会加入其中，支持或反对她：通过增加或减少诅咒的分量。

患者通常都记得自己童年时期对结局指令的回应，只是不愿意说出来。

母亲:"你和你爸一个德行。"(父亲离婚后独居)儿子:好样的。爸你做得真棒!

父亲:"你会和你姨妈一个结果。"(母亲的姐妹,住精神病院或自杀了)女儿:如果你这样说的话(那我就这么做)。

母亲:"去死吧。"女儿:我不想死,不过你既然这样说了,我可能只能去死了。

父亲:"就你这脾气,总有一天得杀人。"儿子:好,杀不了你,那我就杀别人。

孩子是非常宽容的,只是在几十次甚至几百次以后,他才决定听从这些指令。有一位来自混乱家庭的女孩儿,几乎得不到父母的关怀。她详细地描述了她最终做了决定那天的情形。她13岁时,哥哥带她去了谷仓,强迫她展示各种各样的性表演,她为了取悦在场的人照办了。结束以后,他们开始嘲笑和评论她,最终得出她要么会当妓女要么疯掉的结论。当天晚上,她仔细地思考了这两种可能性,第二天一早她做好疯掉的决定。她确实很快疯掉了,并持续了很多年。她的理由很简单:"我不想当妓女。"

虽然脚本结局是由父母给予孩子的,但是如果他不接受,就无法生效。孩子接受脚本结局后不会大张旗鼓宣布开始,也不会如麦迪逊大街上总统就职演说那样喧闹,但是他至少会清楚大胆地表达一次。"我长大后,要像妈妈一样"(=结婚,生小孩),或者"我长大了,要做爸爸做过的事情"(=死在战场),或者"真希望我死了"。我们可以问患者:"你小时候决定,将来怎么过自己的人生?"如果他给出比较常见的回答("我想当一名消防员"),我们可以让问题更明确一些:"我的意思是,你认为自己的人生会如何结束?"因为患者初次决定脚本结局是在记事前,所以他可能无法给我们想要的回答。不过我们可以根据他之后的经历推断出答案。

B. 禁令

现实生活中，禁令并不像魔法般神奇地奏效，而是依靠人类头脑的生理特性。只说一次"别吃那些苹果！"或者"别开那个箱子！"是不够的。"火星人"都知道，这样下达禁令只会让孩子想要去挑战禁令。要使一条禁令深深刻在孩子脑中，就必须经常地重复，并且违反行为必须受到处罚。不过也有例外情况，比如打孩子一顿，这样令人难过的经历会让他对这条禁令终生难忘。

禁令是脚本装置最重要的部分，其强度各有不同。因此，同心理游戏一样，禁令可分为一级、二级和三级。不同级别的禁令会塑造不同类型的人格：赢家、非赢家或输家（后文会有这些术语的详细介绍。非赢家是指既没赢也没输，最终获得平局）。一级禁令（被社会接受的、温和的）是通过允许和阻止来强化的直接指令。"你很乖很安静""不要太雄心勃勃"这样的指令还是有可能让孩子成为赢家。二级禁令（含蓄的和强硬的）是通过诱人的微笑和威胁的皱眉来胁迫孩子的隐晦指令，最易培养出非赢家，比如"不要告诉你爸""闭嘴"。三度禁令（非常粗暴和严厉的）是不合理的脚本制动器，通过让孩子恐惧来实施。话语变成尖叫，面部表情变成噩梦般的扭曲，肉体惩罚变成恶毒的伤害。"我要揍得你满地找牙"这种指令注定会培养输家。

大多数孩子有两位父母，这让禁令和脚本结局变得更为复杂。一个说"别耍小聪明！"另一个说"别装傻！"如此矛盾的禁令使孩子陷入困境。不过多数结为夫妻的人有着相似的禁令，如"别耍小聪明！"和"保持安静，否则我就敲碎你的脑袋！"这样组合的禁令令人可悲。

孩子被植入禁令时，正处于非常善良又敏感的幼年。因此，在小男孩或小女孩看来，父母就是魔法师般的神奇人物。母亲发出禁令的那部分（她的专制型"父母"或"儿童"）如果是慈爱的形象，俗称为"仙女教母",如果不是,便是"巫婆母亲"。在某些情况下,称其为"母亲疯狂的'儿童'"似乎最恰当。同样,专制型"父亲"被根据不同情况分别称为"快乐的绿巨人""丑陋的巨怪"或"父亲疯狂的'儿童'"。

C. 引诱

刺激或诱惑会培养出淫棍、瘾君子、罪犯、赌徒和其他拥有输家脚本的人。对小男孩而言,他就像尤利西斯①,需要应付真正的《奥德赛》②式场景:母亲是引诱他走向灭亡的女妖塞壬③,或是把他变成一头猪的瑟茜④。对小女孩来说,引诱她的父亲是老色鬼。一开始父母只是笼统地邀请人成为输家:"他确实笨手笨脚的,哈哈"或者"她走路的样子确实丑,哈哈"。然后它变为更具体的嘲笑和调侃:"他总是撞着自己的头,哈哈"或者"她的裤子总是丢,哈哈"。到了青春期,引诱就变得比较针对个人。"好好看看吧,宝贝"(带着偶然或故意的感觉),"喝一杯","现在是你的机会","都投进去,没有什么区别",每句都带着"哈哈"。

引诱是"父母"的声音在关键时刻对"儿童"的低语:不要停止思考性或金钱,不要让他们就这么逃脱。"来吧宝贝。你有什么好损失的?"这是"父母"的"恶魔",回应它的是"儿童"的"恶魔"。然后,父母迅速地转变态度,而杰德(Jeder)一败涂地。"你又来了",幸灾乐祸的"父母"说。杰德带着俗称"吃了苍蝇的微笑"回答:"哈哈!"

---

① 尤利西斯来自罗马神话,对应希腊神话中的奥德修斯,是荷马史诗《奥德赛》中的主角。——译者注

② 荷马史诗《奥德赛》讲述的正是奥德修斯参加完特洛伊战争后,在海上漂泊十年,经历各种磨难才回到家乡的故事。——译者注

③ 女妖塞壬来自希腊神话,用美妙的歌喉吸引海上的船员,致其翻船后便吃掉他们。《奥德赛》中奥德修斯命令船员们堵上耳朵,还将自己绑在船桅杆上,才躲过了塞壬歌声的诱惑。——译者注

④ 瑟茜是希腊神话中的巫术女神,曾将奥德修斯的手下船员变为猪。——译者注

引诱会增加孩子的情绪困扰，因为这个原因，必须尽早开始这一过程。父母把孩子对亲密关系的渴望变成对其他东西的渴望。一旦这种病态的爱被固定下来，就变成了情感障碍。

D. 电极

引诱是源自父亲或母亲一方的"儿童"，并被嵌入孩子的"父母"，如图7中的杰德PC。它像一个电极的"正极"，给出自动的反应。当他脑袋里的"父母"（PC）按下按钮，杰德就会马上行动，不管身体其他部分是否愿意。他会说蠢话，举止笨拙，再喝一杯酒，或者把所有钱押在下一场比赛上，哈哈哈。禁令的起源并不总是很清晰，但它们也会被嵌入孩子的"父母"（PC），起着"负"电极的作用。禁令使杰德不能做某些事情，比如思路清晰地说话或思考，或者让他在性兴奋或大笑的时候偃旗息鼓。许多人都见过在性兴奋的过程中突然不再兴奋的人，也见到过突然展现又突然消失的微笑，就像有人在那人脑袋里按了一下微笑的开关。因为这些效应，孩子的"父母"（PC）被称作"电极"。

电极得名于一位叫诺维尔（Norvil）的患者。他在团体治疗期间一直非常安静、非常紧张地坐着，除非有人跟他说话。这时他立刻用一堆陈词滥调来回答（"诺维尔终于说话了，哈哈"），然后他又畏畏缩缩恢复原样。我们很快发现，原来他脑中有一个严格的"父亲"，用"安静坐好"的关闭按钮和"说话"的开启按钮控制着他。诺维尔自己就在实验室工作，他对自己与脑中带电极的动物非常相似感到非常震惊。

电极是治疗师所面临的巨大挑战。他必须和患者的"成人"一起去抵制电极，即使父母编制了反程序，不服从就会受到威胁。只有这样，患者的"儿童"才能自由自在地生活，自发地做出反应。就算面对比较温和的脚本控制，要做到这点也很难。如果禁令是由女巫或巨人发出，他们因愤怒而五官扭曲、发怒的声音冲破孩子所有的防御，他们高举的手随时准备羞辱和恐吓孩子的身体和心灵，这时候治疗师就必须花费巨大力气去帮忙了。

E. 袋子和事物

如果施加给孩子的控制相互矛盾，他可能只有一条出路来实现一定程度的自我表达。即使它很不恰当，孩子依然会不情愿地进入这种活动或反应。在此情境下，周围人常常明显地发现，他在对自己脑中的东西而不是对外部情况做出反应，他被称作装在袋子里的人。如果他的袋子由某种天赋或能力支撑，由赢家的结局指令支撑，那么它可能是赢家的袋子。但大多数情况是，袋子里的人是输家，因为他们的行为是非适应性的。一个人从袋子（有时被称为"容器"）里跳出来，就会立即开始做他自己的事，即他一直最想做的事。如果这件事恰好是适应性的，并被"成人"的理性所控制，他可能会成为赢家，但如果太频繁太过火地沉溺其中，他最终会成为输家。事实上，当一个人从袋子里挣脱出来做他自己的事时，他的结局指令将决定他是明智地做，从而成为赢家，还是像输家一样做得太过火。然而，在某些情况下，他可以把结局指令和父母编程的其他脚本装置一起放进袋子，然后独立做主地决定自己的命运。但是，如果没有客观的局外人来评价，杰德很难确定他到底是真的特立独行、被解放了的人，还是一个愤怒的反叛者，甚至可能是从袋子里跳出来，又跳进了瓶子的精神分裂症患者（不管他有没有在瓶口塞上软木塞）。

F. 生存法则

母亲和父亲的亲密型"父母"（不同于专制型"父母"）在某种程度上是生物性编程，天生具备养育性和保护性。无论内心有什么问题，父母心底都希望杰德一切安好。他们可能没什么见识，但作为亲密型"父母"，他们带着善意或至少是无害的。他们从自己的世界观和人生哲学出发，以能为杰德带来幸福和成功的方式鼓励他。他们向他传授来自祖父母的生存法则，通常为地球人最重要的行为准则："努力工作""做个好女孩""要省钱"和"永远准时"都是中产阶级的常见例子。但每个家庭都有自己的特色："不要吃淀粉""永远不要坐公共马桶""每天服用通便剂"或者"手淫会榨干你的脊髓"就是这类例子。"永远不要卡中间牌"[1]是其中最好的例子，因为它类似禅语，同时运用了象征意义和字面意义，是很好的火星语，能在意想不到的时候派上用场。

由于生存法则来自亲密型"父母"，而脚本控制来自专制型"父母"或不理智的"儿童"，因此会引发很多矛盾。矛盾分内部和外部两种类型。内部矛盾来自同一位父母身上两种不同的自我状态。在上面的父亲的"父母"说"省钱"，在下面的他的"儿童"说："把所有钱都押在最后一注上。"如果父母一方说"省钱"，而另一方给出把钱赌博输掉的指示，这就是外部矛盾。

脚本控制在人生早期嵌入并生效，而应该脚本的口号是晚一些才起作用。杰德两岁就明白了"千万别碰它！"的禁令，但直到他十几岁，需要钱买东西的时候，他才明白"要省钱"这一训诫。因此，在幼小的他看来，脚本控制是由母亲这一神奇的人物发出的，拥有女巫诅咒的全部力量和持久力；而他的生存法则是由善意的、努力工作的家庭主妇给出的，只具有

---

[1] 源于扑克牌的习语，意为不要冒不必要的风险。"卡中间牌"指差一张中间的牌就能凑成顺子。——译者注

建议性。

两者间的竞争并不平等，如果正面冲突，脚本控制肯定会胜出，除非其他因素介入，比如治疗师。更为我们增加难度的是，脚本反映的是真实的情况：人们确实会笨手笨脚，小孩子们很清楚这一点；而就他的经验而言，无法判断应该脚本是否反映现实：他可能见过，也可能没见过有人通过努力工作、做个好女孩、省钱、守时或者不吃淀粉、不坐公共马桶座圈、服用通便剂和不手淫而获得了幸福。

当治疗师告诉病人其困惑始于他们童年早期，病人经常不明白为什么。原因就是脚本和应该脚本间的更替。"那我为什么整个高中都很正常呢？"他们会问。答案是，在高中时，他们在遵循应该剧本，然后发生了一些事，导致了"脚本的发生"。这是个"至少"式的回答；它并未解决问题，但至少表明了应从何处去分析问题。

当有人试图同时满足一个坏的脚本和一个善意的应该脚本时，可能导致奇怪的行为。比如，女孩父亲愤怒的"父母"经常告诉她"去死！"而她母亲焦虑的"父母"一直叮嘱她穿橡胶鞋，这样就不会把脚弄湿。所以当她从桥上跳下时，她穿着橡胶鞋（因此她活了下来）。

应该脚本决定了人的生活方式，而脚本控制着他的最终命运。如果它们和谐相处，就会像无人注意的报纸内页般被忽略，但如果它们存在冲突，可能会带来令人惊讶的后果并成为新闻头条。因此，"努力工作的教会执事"可能会成为"议会主席工作三十年后退休"，也可能"因挪用公款而入狱"，全心全意奉献的家庭主妇可能成为"年度最佳母亲"，最终"庆祝金婚纪念日"，或"从屋顶跳下"。事实上，世界上似乎有两种人：真实的人和虚假的人，正如佩花嬉皮士①所说的那样。真正的人自己做决定，而虚假的人由幸运饼干②支配命运。

---

① 原文为flower children。美国20世纪60年代的嬉皮士喜欢头戴花环或在身上装饰鲜花，还喜欢向行人派发鲜花，因此被称作"flower children"。——译者注
② 美国中餐馆里的一种小甜点，里面藏着纸条，随机写着一些箴言、预言或翻译成英文的中国成语和俗语。——译者注

根据人类的幸运饼干理论，每个孩子可以从家庭碗中拿出两块饼干：一块方形，一块锯齿形。方形的饼干里是口号，比如"努力工作"或"坚持下去"。而锯齿形的里边是脚本中的玩笑，比如"忘掉作业""蠢一点"或"去死"。除非他把这些都丢掉，否则他的生活方式和最终命运已然被决定。

G. 父母的模式

要培养一位淑女，就要从祖母开始，要培养一位精神分裂症患者，也要从祖母开始。只有当母亲教给佐伊（Zoe，杰德的妹妹）所有必要的知识时，她才能成为淑女。和大多数女孩一样，她必须很早就通过模仿来学习如何微笑，如何走路和如何就座。之后再通过口头指导，学习如何穿衣服，如何讨好周围人，以及如何优雅地说"不"。父亲可能会对这些事情发表意见，但如何与父亲相处也是女性需要学习的东西。他可能对佐伊施加控制，而母亲则给出模式和执行它们的"成人"指令。漂亮淑女佐伊的脚本模型如图8所示。佐伊是将成为淑女作为奋斗目标，还是最终反抗这一体系及其限制，既取决于她的脚本，也取决于自己的决定。她可能被允许表现适度的性感或适量饮酒，但如果有一天，她在这方面突然变得更加活跃，这是她摆脱了脚本，还是仅仅在听从要反抗的脚本刺激？第一种情况下，父亲会说（用火星语）："不，不，不要那么随性！"第二种情况（悄悄对自己说）："现在她终于有点精神了，哈哈。我的小姑娘一点儿也不古板！"

另一方面，如果佐伊的母亲坐姿不优雅，穿着不当，女性气质堪忧，佐伊很可能也这样。如果母亲患精神分裂症，或者母亲在女儿很小时便过世，女儿因为没有可遵循的模式，就会发生类似佐伊这种情况。"我早上起床后，连穿什么都决定不了。"一位偏执型精神分裂症患者说。她母亲在她4岁时就过世了。

对于男孩来说，脚本和父母模式更有可能影响他对职业的选择。小时候的杰德可能会说："长大后，我要像父亲一样当律师（警察、小偷）。"这种愿望不是都能实现。是否实现主要取决于母亲对孩子的编程。"像（不要像）你父亲一样，做风险很大（需要耍小聪明）的事情。"这些脚本控制，同其他所有脚本控制一样，与其说在讨论特定职业的选择，不如说在讨论特殊类型的沟通（在此例中，直接的或扭曲的，有风险的或安全的，等等）。无论母亲支持或是反对，父亲是提供这个模式的人。

杰德如果继承了父亲的职业，就明显违背母亲的意愿。这可能是一种真正的反抗，也可能只是反脚本。另一方面，母亲有三种自我状态："父母""成人"和"儿童"。他可能违背了母亲的"父母"或"成人"口头表达出的意愿，却服从了母亲的"儿童"并未言说、但显而易见很欢喜的愿望。当小男孩发现在父亲讲述最近的冒险时，母亲带着着迷的微笑全神贯注地聆听。这时，脚本控制便生效了。这也适用于父亲对佐伊的控制。他

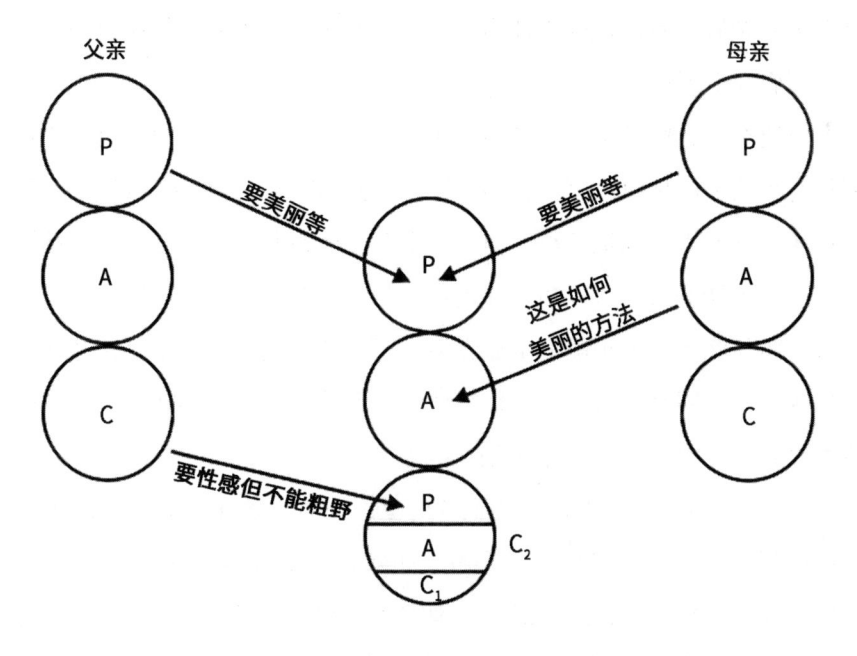

图8 漂亮淑女佐伊

的"父母"或"成人"可能不断警告她不要怀孕，但她有位同学怀孕时，父亲可能表现出孩子般的兴趣和喜悦。她很可能会服从这一脚本刺激，尤其当佐伊自己就是非婚生子女，母亲给了这一模式的情况下。

虽然脚本模型有时是颠倒的，但多数情况下，脚本控制来自于异性父母，而模式来自于同性父母。无论如何，模式是最终结局，是所有脚本指令的最终通用路径。

H. "恶魔"

"恶魔"是人身上爱开玩笑的部分，也是心理治疗中潜在的危险。无论杰德的人生计划多么美好，"恶魔"都会在关键时刻出现，通常是带着微笑和"哈哈"，扰乱所有的一切。无论治疗师的治疗计划有多好，病人总是占上风。当治疗师觉得有四张王牌时，杰德拿出了他的王牌，他的"恶魔"大获全胜。然后他高兴地溜走了，只剩医生在纸牌中埋头苦找，试图弄清到底发生了什么。

即使杰德有所准备，也可能会无力应对。医生早就知道，就在杰德快要把石头滚上山顶时，"恶魔"分散了他的注意力，石头又一路滚了下来。也许还有其他人也知道这点，但"恶魔"已经在起作用，他确保杰德远离任何想要干涉的人。所以病人开始错过预约的会谈，或者与医生疏远，如果有人向他施压，他干脆完全放弃治疗了。他可能会在受不了西西弗斯式的现状后再次回来，带着更悲伤的情绪，但并没有变聪明一些，甚至也没有意识到，不用心理治疗时自己的喜悦。

"恶魔"第一次出现是在儿童餐椅上，那时杰德正兴高采烈地把食物撒在地板上，等着看父母会怎么做。如果父母友善地对待"恶魔"，杰德以后会变得爱恶作剧，还可能变成幽默风趣和爱开玩笑的人。如果父母打压"恶魔"，它就会潜伏起来，准备在杰德毫无防备的时候跳出来，像最初搞乱他的食物一样，搞乱他的生活。

I. 许可

　　消极的指令通常声音响亮而清晰，被有力地执行，而积极的指令常像雨滴落在生命之流，很少发出声响，只激起一点涟漪。教科书里说"努力工作"，而家里人常说的是"不要游手好闲"，"永远准时"是个教育性的座右铭，而现实中听到更多的是"不要迟到"，人们更多地说"不要愚蠢"而不是"要聪明"。

　　因此，大多数编程都是负面的。每个父母都让孩子的脑海中充满这样的限制。但他也给了孩子许可。禁令阻碍对环境的适应（非适应性的），而许可提供了自由的选择。许可不会给孩子造成麻烦，因为不带强迫性。真正的许可只是许可证，就像捕鱼许可证一样。有捕鱼许可证的男孩不会被迫钓鱼。他能按自己的意愿使用许可证，他觉得想要钓鱼和情况允许的时候，就会去钓鱼。

　　这里需再次强调，美丽（就像成功一样）不是生理学的问题，而是父母许可的问题。生理特征能使人更漂亮或上镜，但只有父亲的微笑能使女人的眼睛闪烁美丽的光芒。孩子会为了某人而做一些事。男孩变得聪明、身体健壮或取得成功是为了母亲，而女孩变得聪明、漂亮或有生育能力是为了父亲。反过来说，只要是父母想要的结果，男孩也会变得愚蠢、软弱或笨拙，女孩也会变得愚蠢、丑陋或冷淡。另外，如果想做好这件事，必须向别人学习。为了某人而做和向某人学习是脚本装置的真正意义。如前文所述，孩子通常为了异性的父母而这样做，并从同性的父母那里学习怎么做。

　　许可是脚本分析员的主要治疗工具，因为它为局外人提供了唯一可以将病人从他父母诅咒中解脱出来的机会。通过对病人说"这样做是可以的"

或者"你不必这样做",治疗师给予其"儿童"许可。这两句话也在对病人的"父母"说:"别管他。"因此,许可分为积极的和消极的。在积极许可中,"别管他"意思是"让他去做",这是切断了禁令。在消极的许可,或外部解脱中,这意味着"不要逼迫他做了",这是切断了脚本刺激。有些许可可以同时具有积极和消极两层含义,尤其是在反脚本中。因此,当王子在树林里亲吻睡美人时,他给了睡美人醒来的许可,也给了她从女巫的诅咒中解脱的许可。

最重要的许可之一是停止愚蠢并开始思考。很多老年患者从小就没有任何独立的想法,他们已经完全忘记独立思考的感觉,甚至忘记思考意味着什么。然而,在适当及时的许可下,他们可以做到。对于能够在65岁、70岁时,第一次大声说出对成年生活睿智的观察,他们非常高兴。我们通常需要消除之前治疗师的影响,以给予病人思考的许可。他们有些人在精神病院或诊所待了多年,只要试图独立思考,就遭到医护人员的强烈反对。在那里,他们被教导说,思考实际上是一种叫"睿智化"的罪,必须马上认错并承诺不再犯。

许多上瘾和痴迷都是基于父母的引诱。"不要停止吸毒(否则你可能就不回家要钱了)。"一位吸毒者的母亲说。"不要停止思考性。"流氓或女色情狂的父母说。许可作为治疗工具的概念始于一个赌徒,他说:"我不需要有人告诉我停止赌博,我需要有人给我停止的许可,因为我脑海里有个声音说不能停。"

因此,许可让杰德灵活行事,而非以口号和脚本控制决定的固定模式做出反应。这与"许可式养育"不同,因为这种养育也充满了指令。最重要的许可是去爱、去做出改变和做好事情。得到许可的人和被束缚起来的人很容易区分。"他肯定有独立思考的许可""她肯定有变美丽的许可""他们肯定有享受人生的许可"。这些都是表达欣赏的火星语。

(脚本分析的前沿之一就是对许可的进一步研究,主要是通过观察幼儿眼睛的运动来了解。某些情况下,孩子斜着眼睛瞟他的父母,来确定他是否有做某事的"许可";而在其他情况下,他似乎"可以自由地追随自己的意愿,不用征求父母的意思"。这些观察结果,经过仔细的评估,也许有助于发现"许可"和"自由"之间的显著差异。)

J. 内部解除

"破咒者",或内部解除,是解除禁令的元素。它将人从脚本中解放出来,以便他实现自主愿望。这是个预先设定的"自毁",在一些脚本中很明显,而在另一些脚本中必须仔细寻找或解码,很像古希腊具有同样功能的德尔斐神谕[①]。临床治疗中,人们对它的了解不太多,因为人们来接受治疗就是因为自己找不到它,但治疗师不能等待内部解除或自己去做"破咒者"。例如,在"等待死亡"或"睡美人"脚本中,病人认为她见到带着金苹果的王子时,就会摆脱沉睡。她很可能会觉得治疗师就是那个王子。但他拒绝这样的荣誉,这主要出于道德原因,也因为她之前的(没有执照的)治疗师接受这一角色后,他的金苹果便化为了尘土。

有时,"破咒者"是极具讽刺性的。这是输家脚本中的常见情况:"你死了,情况就会变好的。"

内部解除可以事件为中心,也可以时间为中心。"当你遇到王子时""等你战死后"或"等你有三个孩子后"是以事件为中心的反脚本。"当你超过你父亲去世的年纪"或"当你在公司工作30年后"就是以时间为中心了。

以下是临床实践中内部解除如何出现的例子。

查 克

查克(Chuck)是落基山脉偏远地区的一名全科医生。方圆几公里没有其他医生。他日夜辛劳地工作,但无论多么努力,都没有足够的钱养活

[①] 传说中太阳神阿波罗在德尔斐圣地做的预言,多为一些模棱两可的回答。——译者注

一大家人，还总是欠银行的债。很长一段时间以来，他都在医学杂志上做广告，招聘一位助手以减轻他的压力，但他坚称并没有合适的人出现。他在田野、家庭、医院，有时甚至是悬崖峭壁上工作。他非常有本事，却也疲惫不堪，几乎筋疲力尽。他和妻子一起来接受治疗，因为他们的婚姻出现了问题，他的血压也升高了。

最后，他在不远的地方找到一家大学附属医院，那里为想成为专科医生的全科医生提供奖学金。这次，他终于找到人来代替他乡村医生的工作。他放弃了原先复杂但工资高的工作。他做了一名外科住院医师，拿着稳定的薪水，同时还发现自己的存款已经足够维持家人的生活。"我一直都想这样做，"他说，"但从来都觉得，只有我得了心脏病，才能离开控制我的'父亲'。而现在我没得心脏病，这是我一生中最快乐的时光。"

很明显，他的破咒者是心脏病，他认为这是摆脱困境的唯一办法。但在团体的帮助下，他成功退出了脚本，身体也健康。

查克以一种相对简单和清晰的方式展示了整个脚本装置的作用，详见图9中的脚本模型图。他的应该脚本来自父母："努力工作。"父亲给了他努力工作的医生模式。母亲的禁令是"永远别放弃，努力工作，直到你死为止"。但是父亲也给了破咒者："如果你得了心脏病，就可以放松下来了，哈哈。"治疗他的方法是进入他大脑发出这些指令的部分，之后给他许可，解除禁令："你不必患心脏病，就可以放松。"当这一许可穿过所有保护脚本装置的外壳和设备时，便打破了诅咒。

注意，如果对查克说"如果你继续这样，会得心脏病"是没用的。（1）他很清楚这样的危险，再次提醒他只让会他更痛苦；（2）他想得心脏病，以便以这样或那样的方式得到解脱。他需要的不是威胁，也不是命令（他脑海里已经有了足够多的命令），而是一张能把他从命令中解放出来的许可证。我们给他的正是这个东西。然后，他便不再是脚本的牺牲品，而成了能自己做主的人。他依然努力工作，依然遵循父亲的医生模式，但他不再因脚本的支配而过度劳累或因脚本的驱使走向死亡。50岁时，他终于能自由实现自主愿望了。

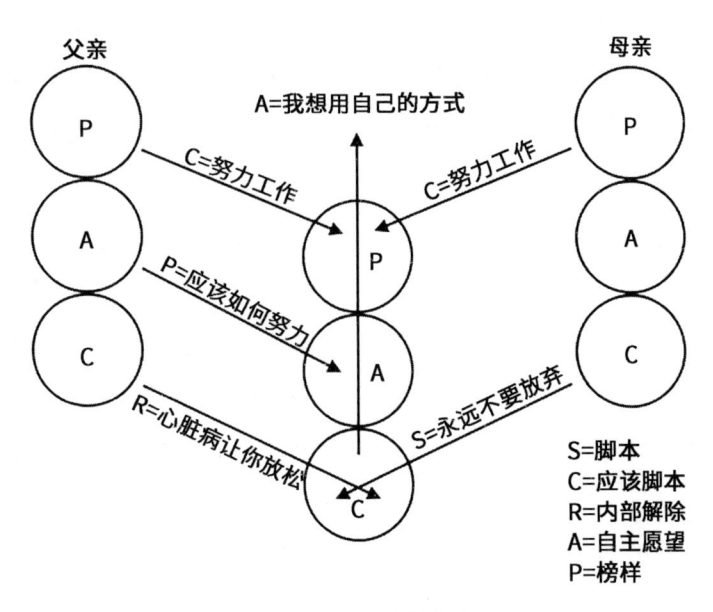

图9 一个努力的赢家

K. 脚本零件

脚本零件是构建脚本装置的螺丝和螺母。这个"自己动手"的套件一部分由父母提供,一部分由孩子自己提供。

克莱门汀

克莱门汀(Clementine)对一段不愉快的恋情感到沮丧。她害怕对她的情人坦白,因为可能会失去他。可是她又担心如果不坦白,也会失去他。她想坦白的其实也不是坏事。只是她不想让他知道自己性欲旺盛。这种矛盾使她时而冷淡,时而恐慌。当她谈论此事时,会感到很混乱,甚至开始抓头发。

她的父母会怎么说呢?父亲可能会说:"放松点。不要丧失理智。"母亲则说："他在利用你。别太依恋他，他迟早要离开。你对他来说还不够好。他对你来说不够好。"接着，她又讲了小时候的一次经历。

她5岁的时候，一位处于青春期的叔叔对她有了性欲，而她也有了同样的感受。她从来没告诉过父母这件事。有一天她洗澡时，父亲跟她说她很可爱。家里客人在，父亲把全身赤裸的她抱起来展示给大家看，其中就有那位叔叔。她是什么反应？"我想躲起来。我想躲起来。""天哪，他们会知道我一直在做什么。"你对你父亲这样做是什么感受？"我想踢他的生殖器。我见过叔叔勃起，所以我也知道生殖器长什么样。""你内心有'哈哈'的感觉吗？""有，内心深处有。我内心深处有一个秘密。最糟糕的是，虽然我内心五味杂陈，但我喜欢这种感觉。"

根据这些反应，克莱门汀建立了脚本，那就是找到充满激情的爱情，然后离开。而与此同时，她还想结婚，维持婚姻，并生孩子。

1. 她父亲提供了两个应该脚本的口号："放松点"和"不要丧失理智"。这些都符合她结婚和组建家庭的愿望。

2. 母亲提供了五项禁令，都能精简为"不要依恋任何人"。

3. 叔叔提供了让她变得有激情和性感的强烈诱惑，并通过她父亲给的裸体刺激加强。

4. 这些"父母"的"恶魔"发出的诱惑和刺激伴随她一生，并强化了她自己的"恶魔"。

5. 这里，内部解除有强烈的暗示：我们熟知的拥有金苹果的王子——不能像父亲；如果她能找到就好了。

有趣的是，所有这些都是在一次治疗中呈现出来的。正如有人评论的，她很高兴把它们展示给大家看。

L. 愿望和对话

与此同时，困在脚本装置中的杰德也有自己的自主愿望。这些愿望通常出现在他闲暇时的白日梦中，或是他睡着前的幻觉中：他今天早上本应有的勇敢行为，或者他所期待的晚年宁静时光。所有男人、女人都有自己的秘密花园，他们守卫着花园的大门，防止粗俗的人群亵渎入侵。花园里用图像展示了如果能随心所欲，他们想要去做的事。幸运的人找到了合适的时间、地点和人，然后去做了这些事，而其他人不得不在自己筑起的墙外惆怅地徘徊。这就是本书的内容：墙外面发生了什么，墙外与他人的沟通能让墙里的花朵变得干渴或得到滋润。

人们想做的事都以视觉图像的形式展现，这是发生在他们头脑里的家庭录像。而他们真正在做的事是由脑海里的声音来决定的，即脑袋里发生的内部对话。他们说的每句话和每个脚本化的决定都是这样一次对话的结果："母亲"和"父亲"以及"成人"都在说"你最好……"，而"儿童"被包围其中，试图突出重围得到他想要的东西。没人能知道在他内心昏暗的洞穴里储存着大量的、令人惊奇的、接近无限数量的对话。对那些他甚至做梦都想不到的问题，这里都有完整的答案。如果按下正确的按钮，它们有时简直如诗歌一般倾泻而出。

用左手抓住你的右手食指，你的手在对手指说什么，手指对自己又在说什么？如果做得对，你很快就能发现他们之间正进行一场生动而有意义的对话。令人惊叹的是，这对话一直存在，其他的身体部分也是如此的。如果你感冒了，胃部不适，你的胃会对充血的鼻子说什么？如果你坐着的时候晃着脚，你的脚今天有什么要对你说的？你问它，它就会回答。对话就在你的脑海中。所有这些都是由格式塔疗法的创始人弗雷德里克·S.皮尔斯发现的，或者至少是由他完整揭示出来的。同样，你所有的决定都由头脑中的四或五个人做出。如果你太骄傲，可能会忽略他们的声音，但只要你愿意听，他们下次还会在那里。脚本分析师就是学习如何放大和识别这些声音，这是治疗的重要内容。

脚本分析的目的是解放杰德和佐伊，这样就可以向世界打开他们的愿望花园。脚本分析能斩断他们脑海中的嘈杂的声音，直到"儿童"能说："但这就是我想做的，我宁愿用我自己的方式去做。"

M. 赢家

赢家也是编程的结果。只不过他们获得的不是诅咒，而是祝福："长寿"或"做一个伟人"。禁令是适应性的，而不是限制性的："不要自私"，引诱是"干得好"虽然有了这样善意的脚本控制和所有的许可，他仍然得和潜伏在心灵阴暗洞穴里的"恶魔"做斗争。如果他的"恶魔"是朋友而不是敌人，那么"恶魔"就会去助他成功。

N. 人人都有脚本吗

目前，我们还无法肯定地回答这个问题，但可以肯定的是，每个人幼年早期都在某种程度上被编程了。如前文所述，人们变得独立自主的方式各有不同，有些通过极端的外部环境，有些通过内部重组，而有些则是通过反脚本。许可是其中的关键因素。杰德拥有的许可越多，他受脚本的约束就越少。另一方面，脚本控制越加强，他受脚本的约束就越多。人类整体很可能形成了一条曲线，一端是那些通过某种方式实现独立自主的人，另一端是那些被脚本约束的人，大多数人处在中间，受环境或观点变化的影响。被脚本约束的人分两种类型。受脚本驱使的人是那些拥有很多许可，但必须满足脚本要求才能享受许可的人。一个很好的例子就是那些能在休息时间享受快乐的辛勤工作者。受脚本支配的人获得的许可很少，但必须花费尽可能多的时间来完成脚本。一个典型的例子是酗酒或吸毒者，他必须尽快走向自己的厄运。受脚本支配的人都是悲剧式或"哈马提亚"①式脚本的受害者。另一方面，几乎所有人时不时就会听到脑海里"恶魔"的声音，在应该卖的时候让他买，在应该沉默的时候让他讲话。

O. 反脚本

有些人反抗他的脚本，明显做着与他们"应该"做的正相反的事。常见的例子是"叛逆的"青少年和说着"我最不愿做的就是变得像我母亲一样"的女人。这种情况必须进行非常仔细的评估，因为存在很多种可能性：（1）他们一直按应该脚本生活，而明显的反叛只是"脚本的爆发"。（2）正好相反，他们一直按脚本生活，然后转变到了应该脚本上。（3）他们已找到破咒者，并从脚本中解脱。（4）它们有来自父母双方各自不同的脚本指令，或者是来自两对父母的不同脚本指令，并且正在从一组转移到另一组。（5）他们只是在遵循要他们反抗的特殊脚本指令。（6）这个人是"脚本失败者"，对执行脚本指令丧失信心，直接放弃了。这是许多人患抑郁症和精神分裂症的原因。（7）还有一种情况是，他通过自己的努力或心理治疗解放了自己，并"摆脱了脚本"。（8）但是这类情况必须与"进入反脚本"仔细区分。脚本分析师（和他的病人）要正确地理解某些行为变化的根源，就必须非常细致全面地理解以上所有可能性。

反脚本非常像埃里克森所说的"同一性混乱"。如果将脚本比作电脑穿孔卡片②，那么通过翻转卡片就可以获得反脚本。这是一个非常简单粗暴

---

① 意为"过失"。来源于亚里士多德关于悲剧产生原因的"过失说"，悲剧人物由于无心之过，导致一连串的厄运降临。他将这种无心的过失称为"哈马提亚"。——译者注

② 早期数字计算机用来输入和存储数据的设备。——译者注

的类比，但它解释清了这个概念。母亲说"不要喝酒"，杰德便喝酒。她说"每天要洗澡"，他便不洗澡。她说"不要思考"，他便思考。她说"努力学习"，他便辍学了。简而言之，杰德有针对性地进行着反抗。但是，由于他必须借助于他的编程，以准确地知道如何以及在哪里反抗，那么不遵守每个指令同遵守所有指令一样，也是一种编程。因此，杰德认为这种"自由"是真正的反抗，其实它只是一种幻觉。反转了编程的他仍然是被编程的。所以这种翻转卡片而不是撕碎卡片的反转，被称作反脚本。反脚本为我们进一步的研究提供了广阔的空间。

P. 总结

输家脚本的脚本装置一方面由禁令、刺激和诅咒组成，这些都属于脚本控制，到孩子6岁时已被牢牢地植入。为了对抗这一编程，他有一个内在"恶魔"，有时还会附带内在解脱。之后，他开始明白口号，并由此形成应该剧本。自始至终，他都在学习行为模式，这一模式同时服务于脚本和应该脚本。赢家拥有相同的脚本装置，但其编程更具适应性，而且因为有更多许可，他通常拥有更多的自主权。而所有人类身上都有"恶魔"，并为他们带来突然的喜悦或悲伤。

注意，脚本控制是一种参数或限制，只对杰德能做什么设置限制，而他从父母那学到的行为模式及心理游戏才能告诉他如何实际分配自己的时间。因此，脚本是一个提供了限制和构造的完整人生计划。

第八章　童年晚期

A. 情节和英雄

童年晚期，从6岁到10岁，被精神分析称为"潜伏期"。这是一个"运动的"阶段，孩子会在附近走动，自己观察周围的世界。到目前为止，对于如何把脚本零件安装起来，让他成为有人生目标的人这件事，他只有粗略的想法（或称草案）。他准备从吃人的动物或像人一样行事的动物变成真正的人。

孩子刚刚开启人生之旅时，可能想要永生或得到永远的爱，然后会在五六年的时间里被迫改变主意。基于有限的人生经验，他决定英年早逝或永远不再冒险去爱任何人。或者他可能从父母那里学会，为生命和爱去冒的所有风险都是值得的。一旦做出了决定，他便知道了自己是谁，并带着这样一个问题看待外部世界："像我这样的人会发生什么事？"他知道应该迎来的脚本结局，但并不知道它意味着什么，会带来什么感受，或者如何抵达结局。他必须找到与他的脚本零件都匹配的情节或模型，或者找到某种英雄式的人物来向他展示人生的道路。他还渴望找到脚本零件与自己相似，却能沿着不同的、也许更幸福的道路前行的英雄。他希望这样就可以为自己找到出路（或者说这样一条道路的入口）。

这些脚本模型和英雄都来自他在书中读到的故事，或者是可靠的人读给他或告诉给他的故事：比如母亲、祖母、街上的孩子，或者一个细心教导的幼儿园老师。这些故事的讲述过程本就是一个故事——比被讲述的故事更真实和迷人。例如，从母亲对杰德说："你刷牙后，我会给你读一个故事",到她笑着说"就这样了!"然后给他盖好被子,这之间发生了什么?他最后问的问题是什么?她怎么把他放进被子里的?这些帮助他形成了人生规划的血肉,而讲述的故事或书本故事给了他骨骼。他最后得到骨骼包括:(a)英雄——他想成为的人;(b)恶棍——他可能会找的借口;(c)榜样——他知道自己必须成为的类型;(d)情节——让他从一个切换到另一个的一系列事件模型;(e)演员——其他促成他转变的人;(f)精神——一套道德标准,证明他感到愤怒、伤害、内疚、正义或胜利是合理的。如果外部环境允许,他的人生道路将与他围绕这个支架或模型形成的人生计划一致。因此,了解他小时候最喜欢什么故事或童话很重要,因为这将是他脚本的情节,其中包括了他所有难以实现的幻想和可以避免的悲剧。

B. 扭曲情绪

在这一阶段,杰德对他将努力感受何种情绪做出明确的决定。他之前分别尝试感受了愤怒、受伤、内疚、恐惧、自卑、正义和胜利,并发现他的家人对其中一些漠不关心或坚决反对,而对其中某一个表示接受,并做出回应。这一感受便成为他的扭曲情绪。这个受偏爱的情绪将成为条件反射,并伴随他一生。

我们可以使用轮盘法理论来阐释这点。假设有一个住宅开发项目,36栋房子围绕中心广场而建,有一个小孩将在其中一栋房子中出生。负责此事的大计算机操纵轮盘进行旋转,并让球最终落在17号槽,随后它宣布"下一个孩子将去17号房子"。接着,它又转了5次轮盘,选出了23号、11号、26号、35号和31号,接下来的5个小孩也分别去了带这些号码的房子。十年后,每个孩子都清楚了应该展现何种情绪。17号小孩清楚:"在这个家里,生活变得艰难时,我们会感到愤怒。"23号小孩清楚:"在这个家里,生活变得艰难时,我们会感到受伤。"11号、26号和35号小孩清楚,当生活变得艰难时，他们各自的家庭分别会感到内疚、恐惧或自卑。31号小孩清楚："在这个家里，生活变得艰难时，我们清楚该怎么做。"很明显，17、23、11、26和35号小孩可能会成为输家，31号小孩更有可能成为赢家。

但是假设大计算机旋转轮盘时，出现了其他数字，或者相同的数字以不同的顺序出现了呢？也许A小孩没有去17号，而去了11号，他学会的是内疚而不是愤怒。23号的B小孩可能与31号的F小孩交换了位置。然后，B小孩不再是输家，F小孩不再是赢家，两人的情况反了过来。

也是就说，除了基因影响（还不确定如何影响）之外，人们还从父母那里获得了最受偏爱的情绪。最易感到内疚的病人如果出生在另一个家庭，他可能会最易感到愤怒。在特定情境下，每个人都会为自己出现这种情绪而辩解，认为这是最自然的、不可避免的。这也是需要团体治疗的原因之一。如果这6个孩子20年后加入了这样的团体，A小孩讲述了一件事，最后说："我自然是很生气！"B小孩会说："我会感觉受到了伤害。"C小孩："我会感到内疚。"D小孩："我会感到恐惧。"E小孩："我会觉得自卑。"F小孩（这时可能已成为心理治疗师）："我会找到解决办法。"哪个孩子是对的？他们每个人都相信自己的反应是"自然"反应。而事实是，这些反应没有一个是"自然的"，每种反应都在他们童年早期就学会了，或者更确切地说是被决定了。

简单地说，几乎所有的愤怒、受伤、内疚、恐惧和自卑的感受都是扭曲情绪，在组织良好的治疗团体中，从这些情绪中识别出少数真正恰当的情绪并不难。所以，扭曲情绪是人们从所有可能的情绪中选择出来，习惯性地选择为其游戏结局的情绪。团体成员很快就能意识到这点，并预测某位病人何时会收集一张愤怒的点券，另一位病人何时收集受伤的点券。收集这类点券的目的是兑换相应的脚本结局。

每位团体成员在得知自己偏爱的情绪并不是应对某一情境自然、普遍和必然的反应时，都会感到震惊。尤其是处于愤怒情绪的人，他们的感受被质疑时，会变得更加愤怒，正如处于受伤情绪的人感到更加受伤了一样。

C. 点券

　　心理学中"点券"的概念来自于现实生活中的点券，因为其使用方法与人们在购买食品杂货或汽油时赠送的蓝色、绿色或棕色的小邮票一样。以下是关于商业点券特征的一些总结：

　　1. 它们通常是在合法的商业交易过程中获得的奖励；也就是说，人们必须购买了商品才能获得点券。

　　2. 大多数收集点券的人都有一种偏爱的颜色。如果给他其他颜色的点券，他们可能懒得拿，或直接送给别人。还有人会收集所有类型的点券。

　　3. 有人每天都把获得的点券贴到自己的小本中，有人是定期粘贴一次。还有人将点券随手丢在家里，直到有一天感到无聊、无事可做时，才把它们全都粘贴起来。有人本来完全忽略了这些点券，直到他们需要买什么东西的时候，才想起来清点数目，希望能有足够的点券从商店兑换到免费商品。

　　4. 有人喜欢讨论点券，一起浏览目录，夸耀自己有很多点券，或者讨论哪种颜色的点券能兑换更好的商品或更便宜的商品。

　　5. 有人只攒了几个，便去兑换小件的商品；有人攒了更多，兑换了更大的商品；还有人则为了真正的大奖努力收集点券。

　　6. 有些人知道用点券并不是真正的"免费"，因为它们的成本早已加到你所买商品的成本中；有些人根本不会停下来去思考这个问题；有些人知道这件事，却假装不懂，因为他们既享受收藏的乐趣，也享受免费得到东西的错觉（在某些情况下，点券的成本并没有加到商品成本中，这时候卖家不得不自己承担点券成本。但总体来说，点券成本基本由消费者负担）。

　　7. 有些人更喜欢去没有点券的超市，只需支付商品的价格；节省下来的钱，他们可以随心选择什么时候在什么地方购买自己想要的商品。

　　8. 非常想要"免费"商品的人，很可能会购买假冒的点券。

9. 认真收集点券的人通常很难放弃这一爱好。他可能会把收集的点券放进抽屉里，遗忘一段时间。但如果在某些交易中突然得到一大把新的点券，他会再次把积攒的点券拿出来数一数，看看可以兑换什么。

心理点券是沟通"扭曲情绪"的货币。杰德小时候，父母教他如何应对困境：最常用的是愤怒、受伤、内疚、恐惧或自卑；有时候是愚蠢、困惑、惊讶、正义或胜利。为了尽可能多地收集他喜欢的点券，杰德学会利用它们玩心理游戏，此时这些感受便变成了扭曲情绪。这么做的部分的原因是随着时间的推移，人们偏爱的情绪具有了性的特征，或者成了性的替代品。例如，许多成年人的"正当的"愤怒就属于这类，它通常是"抓到你了，你个混蛋"这类游戏的回报。病人的"儿童"充满着被压抑的愤怒，他等待有人做错事，这样就能为他表达愤怒提供正当的理由。这意味着，他的"成人"和"儿童"对他的"父母"说："在这种情况下生气，没人有理由责怪我。"这样，他就解除了"父母"对他的指责，转变为冒犯者形象，说"哈！没人能责怪我，所以现在我抓到你了"，等等。用沟通分析学的话说，他获得了"免费"生气的机会，没有必要内疚。有时候运作方式会有所不同。"父母"对"儿童"说："你不会就这么放过他，对吧？""成人"支持"父母"："在这种情况下，谁都会生气。"而"儿童"可能非常乐意遵从这些要求；另一方面，他可能像公牛费迪南德①一样不愿意战斗，却不得不参与其中。

心理点券与商业点券遵循相同的模式。

1. 它们通常是合法交易后获得的副产品。例如，婚姻中的吵架常始于一些实际的问题，即"商品"。"成人"在购物，"儿童"则急切地等着领取赠品。

2. 收集心理点券的人有自己偏好的"颜色"，如果给他其他颜色的点

---

① 公牛费迪南德来自1938年美国同名动画短片。该片讲述了出生在农场的公牛费迪南德热爱宁静安逸的生活，却阴差阳错被人发现它具有非常好的斗牛的资质。人们把它带到了斗牛赛场，强迫它参与斗牛比赛。——译者注

券，他可能懒得拿。还有人会收集任何类型的点券。收集愤怒的人可能会忽略内疚和恐惧，或者把它们丢给别人。事实上，在配合默契的婚姻游戏中，一方会收集所有的愤怒，而另一方则收集所有的罪恶或自卑，他们都"赢"了，都增加了自己的点券。然而有些人会收集所有类型的点券。他们非常渴望情绪，会玩"温室"心理游戏，愉快地炫耀着出现的任何一种情绪。心理学家尤其擅长捕捉稍纵即逝的情绪，如果他们是团体治疗师，就会鼓励病人也这样做。

3. 有些人每晚睡前都会复习一遍他们受伤和愤怒的情绪；另一些人这样做的频率较少；还有人只有在无聊、无事可做的时才这样。有些人一直等待，直到找到非常正当的理由，然后就会清点所有的受伤和愤怒，他们认为自己有足够的理由来为"免费"的愤怒爆发或其他一些剧烈的情感展现正名。有些人喜欢积攒点券，有些人喜欢消费点券。

4. 人们喜欢向别人展示他们收集的感受，并讨论谁的愤怒、受伤、内疚、恐惧等更多或更好。事实上，许多酒吧变成了感受陈列室，人们去那里夸耀自己的心理点券："你觉得你妻子不可理喻，听听我的例子！"或者"我懂你的意思，这比我经受的受伤（害怕）差得多了。昨天……"或者"尴尬（内疚，自卑）？我比你要惨得多！"

5. 兑换心理点券的"商店"拥有与商业点券兑换中心相同的奖品：小的、大的，非常大的。攒够一两本点券的人，可以得到一个小奖品，比如"免费的"（即"有正当理由的"）醉酒或性幻想；攒够十本，可以得到一次玩具（不成功的）自杀或通奸；攒够一百本的就可以得到大奖："免费的"放弃（离婚、放弃治疗、辞职），"免费"去精神病院（通俗地说就是"免费的"疯狂），"免费"自杀，或"免费"杀人。

6. 有些人知道心理点券并不是真的免费，收集到的情绪必须用孤独、失眠、血压升高或胃病来支付，所以不再收集。而有些人从来不知道这一点。还有人知道，但会继续玩游戏和收集，否则生活就太乏味了：由于他们觉得自己的生活方式没有合理的理由，他们必须为小的活力爆发收集小的正当理由，来让自己感到满意。

7. 有些人更喜欢直言不讳而不是玩心理游戏：也就是说，他们不会为了获得点券而采取煽动行为，也拒绝对他人虚假的挑衅行为做出回应。节省了力气，他们就能准备好在合适的时间和地点，遇见合适的人，以表达更正当的情绪。（人们有时会毫不费力地收集心理点券，而由别人来付出代价。所以，一名抢劫犯可能享受着抢劫银行的所有乐趣，而不会感到愧疚或不会被抓；显然，一些专业骗子和耍老千的人如果不是太贪婪，太用力，就能以这种方式过上非常幸福的生活。一些青少年喜欢惹长辈生气，自己却没有任何悔恨或者任何不良后果。但一般而言，收集点券的人通常迟早要为此买单。）

8. 有些人，尤其是偏执狂人士，会收集"伪造的"点券。如果没有人挑衅，他们就会想象自己被挑衅了。如果他们不耐烦了，就会"免费"自杀或"免费"杀人，而不必依赖事件的自然发展过程来形成足够的愤怒，为情感爆发提供合理性。在这方面，偏执狂分为两种。"儿童"偏执狂收集伪造的错误，然后说"看看他们对我做了什么"，而"成人"偏执狂收集伪造的权利，然后说"他们不能对我这样做"。事实上，偏执狂中有"升高面额型"和造假型两种。前一种有妄想症，他们到处收集小额点券，并把每个提高到非常大的面额，以便很快获得大量的回报。后者患有幻听，他们在脑海中永无止境地制造点券。

9. 对病人来说，放弃一生辛苦挣来的心理点券就像让家庭主妇烧掉她辛苦攒来的商业点券一样困难。这是阻碍病人康复的一个因素，因为要治愈他，不仅要强迫他停止玩游戏，而且必须让他放弃使用以前收集到的点券所获得的乐趣。对之前错误的"宽恕"是不够的：如果他真的放弃了脚本，过去这些错误必须与他未来的生活毫无联系。根据我的经验，"宽恕"的意思是把点券放抽屉收起来，而不是永远地扔掉；如果一切顺利，它们就会待在抽屉里，但如果有新的冒犯，它们会被取出，添加到新的点券中兑换更大的商品。因此，一个"原谅"了妻子的酒鬼，如果妻子再次出点小差错，他不会稍微喝酒放纵一下，而是可能将结婚以来从妻子的错误和辱骂中获得的所有点券拿出来发泄，并继续酗酒，最后可能得震颤性谵妄。

目前为止，我们还未讨论诸如正义、胜利和快乐等"好"的情绪。正义点券是由"愚人金"①制成的，除了在愚人天堂之外，其他地方不会流通。胜利点券虽然闪着金光，但收集此券的人品位往往有问题，因为它们只是镀金的。然而，他们可以兑换"免费"的庆祝，因此可以为很多人带来乐趣。像绝望一样，快乐是一种真实的感觉，而非心理游戏的回报；因此，我们可以说"金色的快乐"，就像我们说"黑色的绝望"一样。

关于"好"情绪的重要临床意义是，那些积攒"棕色"点券（也就是收集"坏"情绪）的人，往往不愿意接受以赞美或"安抚"形式给他们的"金色"点券。他们觉得熟悉的、坏的、旧的情绪很舒服，不知道在哪里放置好情绪，所以假装没听到赞美或"安抚"，从而拒绝或忽略它们。事实上，狂热的"棕色"点券收集者会把最真诚的赞美变成隐晦的侮辱，所以他不会拒绝或假装听不见，而是把它们变成伪造的"棕色"点券。最常见的例子："天哪，你今天看起来不错！"得到的回答则是："我就知道你不喜欢我上周的样子。"另一个例子："我的天，这裙子真漂亮！"引出回答："所以你不喜欢我昨天穿的那件！"通过练习，任何人都可以学会把赞美变成侮辱，在令人愉快的金色点券上喷一点粪便，它就会变成令人讨厌的棕色。

下面的轶事说明了火星人是多么容易理解心理点券的概念。一天，一位女士参加团体治疗，第一次听说了心理点券。回到家中，她向12岁的儿子解释了一下什么是心理点券。他说："妈妈，你等我一下，我一会儿就回来。"等他回来时，他做了一小卷打孔的点券，一个小分割器和一个书页上划分成很多块区域的小本子。他在第一页写道："这页贴满点券，你就有

---

① 黄铁矿的俗称。黄铁矿带有黄铜色的金属光泽，常被人误认为黄金，故得名"愚人金"。——译者注

权获得一次'免费'的痛苦。"他完全理解了这个概念。如果人们没有主动激怒你，侮辱你，引诱你，或吓唬你，那你就开始一场心理游戏，让他们这样做。这样，你就获得了"免费"的愤怒、伤害、内疚或恐惧，这些加起来就是一次"免费"的痛苦。

心理点券和商业点券的另一相似之处是，一经使用，立马失效。但是人们仍喜欢怀旧地讨论兑换过的点券。这里的关键词是"回想起（recall）"。人们在日常谈话中通常会说："你还记得（remember）……吗？"但当人们谈论的是很久以前已经使用过、早已失效的点券时，则会说："你还能回想起……吗？"比如："你还记得我们在约塞米蒂的美好时光吗？"这是回忆，而"你还能回想起在约塞米蒂发生了什么吗？一开始，你撞坏了车子的挡泥板，而且你忘了……然后，我记得，你又……还有……"这是翻旧账式的责备，不能再兑换合理的愤怒了。律师们在工作中习惯使用"回想起"而不是"记得"一词，来向法官或陪审团展示原告通常已褪色的、有时是伪造的心理点券。律师其实是集邮家，是收集心理点券的行家。他们可以查看大大小小的收藏，并在法院这个大当铺里估计其目前的价值。

关系扭曲的配偶通过使用过的或伪造的心理点券来互相欺骗。弗朗西斯科发现妻子安吉拉和她的雇主有外遇，雇主用暴力威胁她时，弗朗西斯科救了她。一次激烈的争吵后，妻子感谢了他，他也原谅了妻子。可是后来，只要他喝醉，就会旧事重提，爆发另一场争吵。以心理点券的语言来理解，第一次争吵中他获得的是合理的愤怒，她真诚致谢，他慷慨原谅。这是个体面的解决方案，所有点券失效。

但是如前文所述，"原谅"实际意味着将点券收进抽屉，直到再次需要，即使它们已被兑换过。弗朗西斯科每周六晚上都会拿出失效的旧点券，在安吉拉面前挥舞。安吉拉没有指出点券已失效，而是垂下头，让弗朗西斯科再次拥有"免费"的愤怒。作为回报，她拿虚假的致谢点券应付他。第一次感谢他时，她真诚地给了他金色的致谢点券。但那之后，她的感谢是疲于应付的、虚假的，是"愚人金"制的点券。喝醉的丈夫愚蠢地将它们视为珍宝。等他清醒的时候，夫妻二人坦诚相待，认为此事已尘埃落定。他一喝醉，两人又彼此欺骗。他用虚假的点券重复地勒索她，她也以同样方式回应。

因此，商业点券和心理点券间的类比非常贴切。基于他的家庭教育，每个人都倾向于以相同的方式对待这两样东西。有些人从小学会的是兑换点券，然后忘记它。有些人被教导要收集起来，慢慢品味；他们细心保存这些纸券，得意扬扬地期待有天能兑换大奖；他们以同样方式保存愤怒、受伤、恐惧和内疚，将它们封存，直到足够兑换丰厚的回报。还有些人被允许弄虚作假，并灵活运用自己的聪明才智。

心理点券以情感记忆的形式存在，可能类似持续的激动状态下的分子模式，或约旦曲线（若尔当曲线）①上一圈又一圈的电流；在堆积的能量释放之前，它们都不会耗尽。分子模式或电流衰退的速率部分取决于基因，部分取决于"早期训练"（early conditioning），按沟通分析的术语，这属于父母编程的范畴。无论如何，如果一个人一次又一次拿出同样的点券展示给他的观众，它们就变得陈旧不堪，同样观众也变得越来越疲惫和不耐烦。

D. 幻觉

童年的幻想主要与"好"所获得的奖励和"坏"所获得的惩罚有关。"好"主要指不要生气（"注意脾气，脾气！"）或不要有性冲动（"下流，肮脏！"），但可以表现出害怕或羞愧。也就是说，杰德既不能表达他"自我保护的本能"（这种表达能令人心满意足），也不能表达他"保护物种延续的本能"（即使孩子很小的时候他就会表达这种本能了，这种表达能令人身心愉悦）；但他却可以随心所欲拥有不满意、不愉悦的情绪。

---

① 数学概念，简单来说，指平面上一条连续的简单曲线。——译者注

有许多制度制定奖惩的正式规则。除了各地都有的法律制度，还有宗教和意识形态制度。世界上一半人是"真正的信徒"（约10亿基督徒和5亿穆斯林），对他们来说，关于死后的规则最为重要。另外一半"异教徒"在地球逗留期间，由当地的神或他们的国家政府来评判。然而，对于脚本分析师来说，最重要的法则是每个家庭所特有的、非正式的、隐藏的规则。

对于小孩子来说，通常会有某种圣诞老人似的人物，观察和记录他们的言行。但圣诞老人是给"小孩子"的，"大孩子"并不相信他的存在，至少不相信在特殊的日子穿着圣诞老人服假扮他的人。事实上，不相信这种圣诞老人和知道小宝宝从哪里来是区分大孩子和小孩子的标志。大孩子和成年人有他们自己的圣诞老人，而且各不相同。有些成年人对圣诞老人的家人比对圣诞老人本身更感兴趣。他们坚信，如果表现得体，迟早有机会和他的儿子白马王子或他的女儿白雪公主，甚至和是他的妻子"更年期"太太在一起。事实上，大多数人一生都在等待圣诞老人或他的家人。

还有一位和圣诞老人完全相反的人物。圣诞老人是穿着红色西装的快乐男人，从北极为我们带来礼物。他的对手是穿着黑色斗篷的冷酷男人，带着一把镰刀从南极而来，他的名字叫死神。因此，人类在童年晚期被分成两组：生命之群，他们花一生等待圣诞老人；死亡之群，他们花一生等待死神。所有脚本都基于这些基本的幻想：要么圣诞老人最终为赢家带来礼物，要么死神最终为输家解决所有的问题。因此，关于幻想要问的第一个问题是："你在等待圣诞老人，还是等待死神？"

在获得最终的礼物（不朽）或最终的解决方案（死亡）之前，我们还能得到其他的礼物。圣诞老人会赠予一张中奖彩票、终身养老金或延长的青春。死神会造成永久性残疾，性欲中断或早衰，每种残疾都减轻了这个人的一些职责。例如，死亡之群中的女性相信更年期会提供帮助和歇息：即所有性欲消失，由潮热和情绪抑郁取而代之，成为她们不想活下去的更好的借口。这个悲伤的神话，即更年期夫人将拯救他们的想法，被脚本分析命名为"木制卵巢"（男人也有类似的男性更年期神话，即"木制睾丸"）。

每个脚本都基于一些这样的幻想，打破它是脚本分析最艰巨但又必须完成的任务。要以最迅速和痛苦最少的方式完成这一点，就要直言不讳地指出它是幻想。这种幻想在沟通中的重要性在于，它提供了积攒点券的原因。等待圣诞老人的人要么积攒赞美显示他们有多好，或积攒各种各样的"痛苦"以引起同情，而等待死神的人积攒内疚或徒劳无望的点券，以表明他们值得死神的眷顾或者会心怀感激地欢迎他。但无论交给圣诞老人或死神哪种点券，都是希望通过高超的兜售技巧，马上获得所需的商品。

因此，这种幻想与兑换点券的商店有关，两家不同的店，有着不同的规则。通过做足够的好事，或忍受足够的痛苦，杰德可以收集足够的金色或棕色点券来兑换圣诞老人商店的免费礼物。通过收集足够的内疚或徒劳无望，他可以从死神商店得到免费礼品。实际上，圣诞老人和死神并不经营商店，他们更像沿街售卖的小贩。杰德必须等待圣诞老人或死神的光临，不知道他们什么时候会来。他必须收集点券，随时准备好，因为他永远不知道下次机会什么时候来。如果要积攒快乐，他必须时刻积极思考，因为如果他有片刻放松，就可能刚好遇到圣诞老人到来的时刻。同样地，如果他在积攒痛苦，就绝不能有开心的样子，否则被圣诞老人发现，他就会失去机会。死亡之群中的人也是如此。他们每一刻都必须有内疚或徒劳无望，因为死神可能正好这时候来访，然后宣告他们不得不活到下一轮——嗯，只有死神知道这次会持续多久。

幻想是大多数人赖以生存的"只要"和"有一天"。在有些国家，政府彩票为杰德提供了实现梦想的唯一可能性，而成千上万的人还在日复一日等待他们的幸运数字出现。目前来说，确实有位圣诞老人，他每抽一次奖，就有人中奖，梦想成真。但奇怪的是，多数情况下，这并没有给中奖的人带来幸福。许多人让奖金从指间溜走，回到他们原来的状态。这是因为整个幻想系统都是一种奇迹：不仅奖励会神奇地到达，它本身也是一种奇迹。一个听话的孩子知道，真正的圣诞老人会在他睡着时从烟囱爬进来，留下一辆红色小马车或一颗金橙。但它不会是一辆普通的红色小马车或橙子；而是神奇而独特的、镶满红宝石和钻石的马车或橙子。当杰德发现送来的马车或橙子和别人的一样普通时，他失望地问道："就这些吗？"而父母对此很困惑，他们以为已经给了杰德他想要的东西。同样，中彩票的人发现他买到的东西和别人一样时，经常会说："就这些吗？"然后将奖金挥霍一空。他宁愿回到过去，坐在树下，继续期待奇迹的出现，也不愿享受他已经拥有的。也就是说，幻想比现实更有吸引力，即使现实再诱人，依然有人为了最缥缈虚幻的幻想而抛弃它。

这一点最显著的例子是拥有"永不放弃"脚本的人。他们不愿放弃的事物之一是大肠蠕动，所以会患慢性便秘。他们的幻想是，如果坚持足够久，圣诞老人一定会来，如果他没有，至少他们会获得些东西来补偿得不到的礼物。其中一些人完全可能在现实中获得丰厚的回报，但他们宁愿"坐"在家里，等待不知道什么或谁来拯救他们。有位这样的女士，即使她平躺在心理咨询师办公室的沙发上时，也会说："我正在坐着思考。"在家里时，她花了很多便秘的时间做这件事。她发现自己很难与人交流，因为无论走到哪，她都带着一个心理厕所，无论她的"成人"在做什么，她的"孩子"都坐在它最喜欢的马桶座圈上待着。

事实上，这个"儿童"几乎从不放弃它的幻想。正如弗洛伊德指出的那样，其中一些幻想是人类共有的，在出生后最初几个月出现，甚至在子宫里就已出现。子宫是一个神奇的世界，人长大后只能通过爱、性或毒品（或者，邪恶的人，可能通过大屠杀）找到这样的世界。弗洛伊德命名了最早的三个幻想："我不朽、我全能、我不可抗拒。"当然，这些原始的幻想在婴儿面临以下现实后不会持续太久：母亲、父亲、时间、重力、未知和可怕的景象和声音，以及饥饿、恐惧和痛苦等内在感觉。条件式幻想会取代这些原始的幻想，它们对脚本的形成产生深刻的影响。在脚本中，它们以"只要"的形式出现："只要我表现得好，圣诞老人就会来。"

世界各地的父母在幻想方面都是一样的做法。如果孩子相信父母是魔术师，部分的原因是父母自己也相信。每个父母都以某种方式告诉后代："如果按我告诉你的做，一切都会好起来的。"对孩子来说，这意味着："如果我按他们说的做，我会被魔法保护，我所有的美梦都会成真。"他非常坚定地相信这些，几乎没有什么能动摇他的信仰。如果他没有成功，那不是因为魔法消失了，而是因为他违反了规则。如果他反抗或放弃了父母的指令，也不是因为失去了对自己幻想的信仰，可能只是因为他忍受不了这些要求了，或者认为自己永远无法达到。因此，有人会对遵守规则的人嫉妒和嘲笑。他们内心的"儿童"仍相信圣诞老人，但反叛的一面却说："我可以从他那里一次性批发到很多礼品（通过毒品或革命）。"而绝望者则喊道："谁需要他的酸葡萄呢？死神的葡萄更甜。"随着他们年龄渐长，一些人能够自己放弃幻想，而且不会嫉妒或嘲笑没有这样做的人。

父母最好的训诫是："做正确的事，厄运就不会降临！"从五千年前古埃及普塔霍特普[1]所写的已知最古老的书面指示开始，这句座右铭就是人类历史上各个国家道德体系的基础。最坏的训诫是："如果你杀了某些人，世界会更美好，你会获得永生，变得全能，获得无人能敌的力量。"奇怪的是，从"儿童"的观点来看，两种都是为爱而发出的口号，因为都基于同样的"父母"式承诺："如果你按照我说的做，我会爱你和保护你，没有我，你什么也不是。"在书面承诺中，这一点显示得更明显。最好的训诫是上帝爱你和保护你，就像《圣经》写的那样；最坏的训诫是希特勒，就像《我的奋斗》和他的其他作品所写的那样。希特勒承诺的千年帝国，其实就是永生，他的追随者在种族灭绝的集中营中迫害波兰人、吉普赛人、犹太人、画家、音乐家、作家和政治家时，确实体验到了全能和无人能敌的力量。然而，这种状态被现实以拿破仑式的步兵、炮兵和空中支援的方式改变了，数百万希特勒的追随者变成凡人、变得无能和可抵抗。

粉碎这些原始幻想需要巨大的力量，而原始幻想最常发生在战争时

---

[1] 古埃及第五王朝杰德卡拉统治时期的贤者，著有以教育即将担任高级官员的权贵子弟为目的的《普塔霍特普箴言录》。——译者注

期。当托尔斯泰的伯爵①参战时,他愤怒地大喊:"他们为什么向我开枪?大家都喜欢我的(=我不可抗拒/无人能敌)。"条件式幻想也是如此:"如果我按照父母说的做,一切都会好起来。"有一张臭名昭著的照片为我们提供了武力打破这种信念的可怕例子:一名9岁男孩站在波兰一条街道中央,尽管人行道两旁站着许多旁观者,但却没人想上来帮他。而一名全副武装的德国士兵居高临下地看着他。男孩脸上的表情显然在说:"可是母亲告诉我,如果我是个好孩子,一切都会好的。"人所能承受的最残酷的心理打击便是他的好母亲欺骗了他,这也是德国士兵对被他截住的小男孩强行施加的毁灭性折磨。

心理治疗师充满人性又很尖锐,在病人明确和自愿的同意下,他可能必须执行类似任务:但他给予病人的不是折磨,而是手术。为了改善病人的状况,必须摧毁其一生都坚信的幻想,让他可以活在当下的世界,而不是活在"要是"或"有一天"中。这是脚本分析师必须完成的最痛苦的任务:最终告诉他的病人没有圣诞老人。不过经过仔细的准备,这种心理打击可以被缓和,病人也会在一段时间后原谅他。

当杰德知道了婴儿是从哪里来时,他童年晚期最喜欢的幻想之一被动摇。为了维持父母在其心目中虚构的纯洁性,他不得不保留意见:"好吧,但我父母没有这样做。"治疗师告诉杰德他的出生并不是圣洁的,父母至少有过一次性爱或者更多次时(如果他还有兄弟姐妹的话),很可能看似有点粗俗和愤世嫉俗。这相当于告诉他的母亲背叛了他。任何人都不该告诉他这件事,除非他付钱让人家这样做。有时,治疗师有着相反的任务:将母亲本人或外部环境造成的堕落形象恢复到某种体面的状态。对数百万儿童来说,母亲是神圣纯洁的这一幻想是种奢望,它们对孩子的身心发展存在影响深远。

对圣诞老人、死神和母亲童贞的信仰可以是正常的,只有这样迫不及待地抓住它们,才能让理想主义的或不够坚强的灵魂得到精神滋养。而另

---

① 指托尔斯泰作品《战争与和平》中的主人公皮埃尔。——译者注

一方面，困惑的人之所以感到困惑，是因为他们自己特殊的幻想。例如，"如果你每天灌肠，就会健康快乐""如果你生病，就可以阻止父亲死去。如果他死了，是因为你病得还不够严重"。还有人和上帝签订私人合同，不过合同从没咨询过上帝的意见，也更不可能得到同意。上帝其实会拒绝签署此类合同，如很常见的"如果我牺牲掉孩子，我母亲就会保持健康"，或者"如果我没有任何性高潮，上帝就会赐给我神迹"。如前所述，后者已被巴黎的妓女制度化，"无论和多少男人上床，甚至感染疾病，只要它是商业交易，只要我没有享受其中，我仍然可以去天堂"。

在童年早期，孩子们神奇的幻想被以它们最浪漫的形式接受。童年晚期，现实的考验迫使人们放弃其中一部分，只留下最隐秘的核心来形成生命的存在基础。只有最坚强的人在面对生活的荒谬冒险时才不会有任何幻想。人们最难放弃的，即使到了晚年还存在的幻想之一是独立自我和自主权。

这点如图10所示。真正的自主区域代表真正理性的"成人"发挥作用，不受"父母"的偏见和"儿童"的主观想法的影响，标记为 A_1。人个性中的这部分可以基于谨慎收集的知识和细心观察自由地做出"成人"判断。可能在某一行业或职业中，它会很有效，如机械师或外科医生使用基于之前的教育、观察和经验的良好判断力。标记为P的区域显而易见是"父母"的影响：如，从父母那继承的关于食物、穿着、礼仪和宗教的想法和偏好，人们可能称其为他的"教养"。C区域属于主观愿望或早期品位，来自他的"儿童"。从目前他的认识和对这三个区域的划分来说，他是自主的，因为他知道什么是"成人"的和实用的，什么来自他人而被他接受，什么是早期冲动而非实际思考和理性所决定的行为。

标记为"错觉"（Delusion）和"幻想"（Illusion）的区域代表了他人生中出差错的地方。错觉是那些他误认为是自己基于观察和判断的想法，而实际上是由父母强加给他的。因为它们如此根深蒂固，以至于被他误认作他真实自我的一部分。同样，"幻想"来自"儿童"，他接受了这些想法，并认为他们是"成人"的和理性的，还试图为其正名。错觉和幻想可以被称为"污染"。因此，自主的错觉是基于这样一种错误的想法，即图10所示的A_1整个区域都是未受污染和自主的"成人"，而它实际包含了"父母"和"儿童"的大片区域。真正的自主是指承认"成人"的边界确实如图11所示，而阴影区域属于其他自我状态。

事实上，图10和图11给了我们一种自主的测量标准。图11中的A_2面积除以图10中的A_1面积，可以称为"自主度"，其中A_1大，A_2小，即自治小和错觉大。如果A_1小（虽然它总是比A_2大），而A_2很大（虽然它总是小于A_1），错觉会更少，而自主权更大。

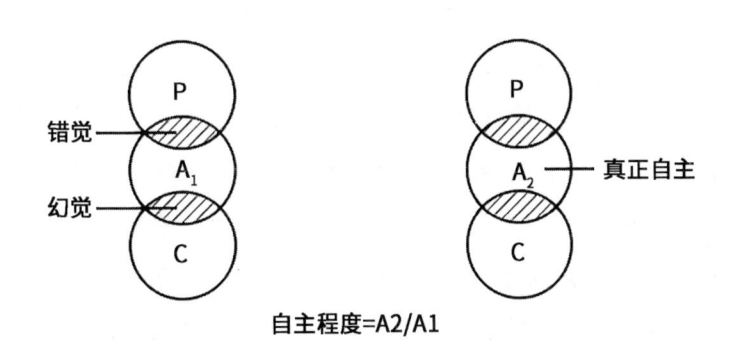

自主程度=A2/A1

图10 幻想的自主　　　　图11 真正的自主

E. 心理游戏

孩子在婴儿早期，从"我好—你好"的心理定位出发，对事物的看法很直接。但是很快，这种想法被动摇了。他发现自己的"好"不是完全无可争议、与生俱来的自然权利，而是某种程度上取决于他的行为，尤其是他如何回应母亲。在学习餐桌礼仪的过程中，他发现母亲对他无可指摘的"好"竟然有所保留，这让他伤心。因此他做出回应，否认母亲的"好"。尽管晚餐结束后，他们会亲吻对方来修复关系；不过，这已经为心理游戏奠定了基础。在如厕训练中，这种游戏发展起来，而孩子占据上风。吃饭时，孩子肚子饿，想从母亲那里得到食物；而如厕训练时，母亲想让孩子排便。餐桌上，他得以正确的方式回应母亲，以保持自己的"好"；现在轮到母亲得用正确的方式待他，才能保持自己的"好"。极少数情况下，双方都还是原本真诚、直接的状态，而大多数时候，母亲已开始用一点孩子的把戏来欺骗他，孩子也反过来这样对母亲。

等孩子上学时，可能已经学会几个简单的温和游戏（soft games），或是几个复杂的游戏（hard games）；最糟的情况是，他已完全受游戏支配。到底是哪种情况，主要取决于他父母有多聪明和多强硬。他们游戏"玩得越好"，孩子就越狡猾；他们越强硬，孩子为了生存就越努力地游戏。临床经验显示，腐化和约束孩子最有效的方法是违背其意愿地频繁给他用通便剂，正如最有效的让他腐化和崩溃的方法是在他痛哭时残忍地打他。

上了小学，孩子有机会在同学和老师身上试验从家里学来的游戏。之后，他对这些游戏加以改进，有的增强，有的减弱，有的直接放弃，然后再从别人那里学习新游戏。他也有了机会测试自己的信念和立场。如果他认为自己是好的，老师帮助他更加确定这一信念或通过贬低他而动摇他的信念。如果他相信自己不好，老师能帮他更加确信这一点（这只是他所期望的），或者试图改造他（这可能让他不安）。如果他认为别人都是好的，一定会将老师包括其中，除非老师自己证明了她不是。如果他相信别人都不好，就会通过惹老师生气来证明这一点。

孩子和老师都有无法预见或应对的特殊情况。老师可能会玩一种名为"阿根廷"的游戏。"阿根廷最有趣的事情是什么？"她问道。"潘帕斯。"有学生说。"不对。""巴塔哥尼亚。"另一名学生说。"还不对。"又一名学生说："阿空加瓜。""还是不对。"这时候他们明白是怎么回事了。说出书中学到的地点或者他们感兴趣的地点没有用，他们得猜出她在想什么。她让学生们陷入困境，然后学生便放弃了。"没有其他人愿意回答吗？"她用虚伪而温柔的语气问道。"高乔人！"她得意扬扬地宣布答案，这让学生们都觉得自己很愚蠢。大家无法阻止她这么做，即使最宽容的学生也很难喜欢她的做法。另一方面，即使最厉害的老师，也很难向在家时被"灌肠"侵犯的学生保持她"好"的一面。这样的孩子会拒绝回答问题，如果她试图强迫，就是在强奸他的思想，这证明她并不比他父母好多少。对此，老师也无能为力。

每一种较低的心理定位都有其相应的游戏，通过和老师一起玩游戏，杰德看出来哪些游戏能骗到老师，并提升了自己的技能。在第二种傲慢的心理定位中（＋－），他可能会玩"抓到你啦"的游戏。第三种抑郁的心理定位（－－），他会玩"踢我"。第四种绝望的心理定位（－－），玩"让老师难过"。如果她拒绝某个游戏，他要么舍弃这个游戏，要么采用完全相反的游戏。他也可能会在同学身上尝试。

从很多方面来说，第四种心理定位都是最难处理的。但如果老师保持冷静，用明智的话语（既非甜言蜜语、也不是指责或是道歉）安抚杰德，她可能会松开他紧抱"绝望"之石的手，带他去往感受"好"的阳光。

因此，童年晚期决定了家庭中哪些游戏成为孩子固定的最爱，哪些游戏会被放弃（如果有的话）。这里要问的最重要的问题是："在学校里，老师和你相处得怎么样？"之后是："其他孩子在学校和你相处得怎么样？"

F. 人格面具

到童年晚期结束时，有一样东西已经发展完善，它能回答以下问题："如果你不能直接表达真实的想法，那最舒服的扭曲方式是什么？"杰德从父母、老师、同学、朋友还有敌人那里学到的一切都能用来回答这个问题。最终，他形成了自己的人格面具。

荣格将人格面具定义为"一种特别的态度"，一种能让他"与自己的意图一致，同时也符合他所处环境的要求和观点"的面具。因此，"相对他真实的人格来说，他欺骗了别人，也经常欺骗自己"。所以，这是一种社会性人格，大多数人的社会性人格类似于潜伏时期孩子（大约六到十岁）的性格。这是因为人格面具是由外部影响和孩子自己的决定所形成的。当成年的杰德展现社会行为时，会表现出善良、坚强、可爱和热爱挑战的一面，此时他不需要（尽管他可能会）处于"成人""父母"或"儿童"自我状态的任何一种。他可能表现得像小学生，在他的"成人"自我的指导下，在不违反"父母"指令的情况下，改变自己以适应所处的社交状况。这种改变以人格面具的形式出现，且符合他的人生脚本。如果是赢家脚本，其人格面具会很有魅力。如果是输家脚本，其对应的面具则是令人厌恶的，虽然真实的他并非如此。人格面具通常是仿照他的英雄而设计。隐藏在人格面具之下的，是人们真正的"儿童"自我。它潜伏在此，伺机而动。如果积攒了足够的心理点券，有了正当理由摘下面具，它就会出现。

这里要问病人的问题是："你是什么样的人？"或者更好的问题是："其他人是怎么评价你的？"

G. 家庭文化

所有的文化都是家庭文化，是人们幼年时学到的东西。这些文化的细节或技巧可以从别处获得，但其价值由家庭决定。脚本分析师只需通过一个尖锐的问题，就能触及其核心："你和家人在餐桌上聊什么？"他希望通过此问题确定家庭文化的主题。主题是什么可能重要，也可能不重要，但沟通交流的类型一直都很重要。一些儿童和家庭关系治疗师甚至会到病人家里用餐，因为这是短时间内获得最多可靠信息的最佳方式。

脚本分析师的口号之一应该是"想想括约肌"！弗洛伊德和亚伯拉罕最早阐述了人格结构围绕身体孔洞中心的观点。心理游戏和脚本是一样的，构成每个游戏和脚本重要特征的生理体征和症状通常围绕着特定的孔洞或括约肌，正如餐桌上所展现的家庭文化往往围绕着"家庭括约肌"展开。知晓其家庭最喜欢哪类括约肌对治疗患者大有用处。

四个外括约肌与口腔、肛门、尿道和阴道相关，而更重要的是与它们相关联的内括约肌。还有一种精神分析中虚构的括约肌，称为泄殖腔括约肌。

口腔的确有自己的外括约肌，口轮匝肌，但这通常并非"口腔"家庭关心的括约肌，尽管他们确实有"闭嘴"这样的座右铭。"口腔"家庭主要谈论食物，相关的括约肌主要与喉咙、胃和十二指肠有关。这种家庭的成员通常是典型的饮食爱好者和胃痛患者，这些也是他们晚餐时谈论的话题。在这些家庭中，"歇斯底里"的人会有喉咙肌肉痉挛，"身心失调"的人会有食道、胃和十二指肠痉挛；或许，他们还会呕吐或害怕呕吐。

肛门是最优秀的括约肌。肛门家庭谈论排便、泻药和灌肠剂，或者更高级的结肠灌洗。对他们来说，生活是一连串有毒物质，必须不惜任何代价迅速摆脱。他们对排泄物着迷，当自己或孩子的大便又大又结实，而且成形时，会很骄傲。他们通过排泄量来判断腹泻，对黏液性或血性结肠炎永远感兴趣，并能清楚地区别两者。在座右铭"收紧肛门，否则会被骗"中，这一家庭文化与性欲（或反对性欲）融合在一起。这也意味着他们会摆出一张扑克脸，这种人生哲学在赚钱方面大有益处。

尿道家庭很善言谈，他们的想法倾泻而下，只在最后几句带点结巴。其实他们从来没有真正地结束谈话，因为只要有时间，总能挤出来最后几句。有些人精力充沛（full of piss and vinegar），当他们被惹怒（piss off）时，就会对人不敬（piss on），至少他们是这么说的。一些孩子通过收紧尿道括约肌来反抗对他的控制，他们尽可能久地憋尿，从不舒服的感觉中获得相当大的快乐，当他们最终尿出来时，他们能获得更多的快乐。有时候，还会在夜里尿床（请不要通过打孩子来尝试治愈尿床）。

有些家庭吃饭时谈论性的邪恶。其座右铭是"在我们家，女人们保持双腿交叠"。即使腿不交叠，也会把阴道括约肌收紧。他们认为其他家庭的女性阴道括约肌完全放松，双腿松弛，餐桌上的谈话粗俗又色情。

以上都是说明括约肌理论的常见例子，它更常见的叫法为"婴儿期性欲理论"。埃里克森对这一理论做了最充分和清晰的阐释。他探讨了五个发展阶段，每个阶段围绕一个特定的生理区域（口腔、肛门或生殖器）展开。每个部位可以通过五种不同的方式或模式"使用"，包括吸收式（1型和2型）、保留式、消除式和侵入式，最终形成25种可能的基本模型。他将其这些模型与特定的态度和特征，以及特定的人格发展线联系起来，类似于脚本化的人生道路。

用埃里克森的话说，父母的禁令"闭嘴"是口腔保留式；"夹紧屁股"是肛门保留式，"保持双腿交叉"是生殖器保留式。饮食爱好是口腔吸收式，呕吐是口腔消除式，淫秽的谈话是口腔侵入式。因此，关于餐桌谈话的问题通常可以把家庭文化非常精确地定位到区域和模式上。这一点很重要，因为特定的游戏和脚本以及伴随的物理症状都基于适当的区域和模式。例如，"笨手笨脚"对应肛门区，而"我只是想帮助你"对应侵入式模式，而"酗酒者"是口腔吸收式。

虚构的"泄殖腔括约肌"存在于困惑者的头脑中，他们的"儿童"自我认为男女的下身都只有一个开口，可以随意关闭。这导致了理智的人难以理解的脚本，尤其是把嘴巴也包括在内时。因此，紧张型精神分裂症患者可能会立即关闭一切：他压制所有的括约肌，任何东西都不能进出他的嘴、膀胱或直肠，他只能通过定期营养管喂养、插导管和灌肠来保证身体的健康和存活。这里的脚本口号是"死亡比让它们进去好！"这是控制括约肌的"儿童"对口号的字面理解，而它对括约肌的构成和工作原理一窍不通。

然而，大多数脚本主要围绕着一个特定的括约肌展开，而脚本心理学则与这一生理区域有关。所以脚本分析师要"想想括约肌"。一个括约肌的持续收紧会影响身体所有的肌肉，而这种肌肉状态与个人的情绪态度和兴趣有关，也影响他人对他的回应方式。这就是"受感染的括约肌"模式。

如果杰德的右大脚趾上有一小块感染了的碎片，他会开始跛行。这会影响他腿部的肌肉，为了抵消这种损伤，他的背部肌肉会收紧。一段时间后，肩膀上的肌肉也受到影响，很快颈部肌肉就会参与其中。如果他经常走路，这种肌肉平衡的障碍会持续下去，直到最终他头部和头皮肌肉也受到影响；然后他可能会头痛。随着行走越来越困难，身体越来越僵硬，感染进一步发展，血液循环和消化出现问题。到这时候，有人可能会说："这是一种非常难治愈的疾病，因为它涉及内脏、头部以及身体所有肌肉。这是整个机体的疾病。"

但是一位外科医生说："我可以治愈所有的毛病，包括发烧、头痛和所有的肌肉紧张。"他拔出碎片，感染消失，杰德不再一瘸一拐，头皮和颈部肌肉放松，头痛也消失了；随着他身体其他部分放松，一切都恢复正常。因此，尽管这种情况涉及整个身体，通过在正确的地方寻找碎片并去除它，就可以治愈。不光杰德，他周围的人都松了一口气。

当一个括约肌被收紧时，也会发生同样的一系列事件。为了给予括约肌牵引和支撑，周围的肌肉会收紧。为了抵消这一点，更远处的肌肉受到影响，最终整个身体都参与其中。要证明这一点很容易。假设读者正坐着阅读，收紧肛门，他立即注意到，他腰部和腿部的肌肉也参与其中。如果他现在从椅子上站起，收紧肛门，他发现自己必须抵住嘴唇，这又会影响头皮肌肉。换句话说，保持肛门肌肉收紧会改变他全身的肌肉动态。这正是被"收紧肛门，否则会被骗"这一脚本要求的人身上会发生的事。他们身体每一块肌肉都参与其中，包括面部表情的肌肉，而面部表情会影响别人对他们的回应。这相当于给另一人（即脚本对抗者）的"儿童"自我一个引诱，最终会导致脚本的切换。

我们来看看其具体工作原理。假设我们把那个收紧肛门的人叫安格斯（Angus），他的对手，即脚本对抗者叫拉娜（Lana）。拉娜正在寻找一个安格斯这样的人，而安格斯也正在寻找一个拉娜这样的人。拉娜从他的面部表情立刻知道她发现了自己所找的人。她在与安格斯谈话过程中证实了她的"儿童"直觉判断，因为他展现了自己的态度和兴趣。拉娜在安格斯的脚本中的角色是带来脚本切换。安格斯的应该脚本是时刻保持收紧，但他的脚本却并非如此。无论他多么努力地按照父母的训诫保持收紧，迟早会有放松警惕的时候，这时他的脚本就会接手。在这个脆弱的时刻，他完全放松了：这正是拉娜一直等待的时机。她以某种方式按了开关，完成了她的任务，安格斯"被骗"。只要安格斯试图收紧肛门，他就会"一次又一次地被骗"。这就是脚本的工作原理。如果脚本要求他成为赢家，那他就是那个欺诈别人的人，就像一些来自肛门家庭的金融家那样。

　　因此，脚本分析师必须考虑括约肌，这样他才会知道自己在处理什么问题。放弃脚本的病人全身肌肉都很放松。例如，从前肛门收紧的女人会停止在椅子上扭来扭去，而从前阴道收紧的女人不会再在坐着的时候，双臂和双腿紧紧交叉，右脚紧贴在左脚踝内侧。

　　父母是餐桌上的独裁者，他们教会孩子这一生要用哪些肌肉控制身体。以上是我们关于童年晚期最重要的一些影响因素的阐释，接下来我们将讨论脚本发展的下一阶段。

第九章　青春期

青春期意味着高中和大学时光、驾照、成年礼，意味着正式开始做某事，意味着自己做主和有了自己的烦恼。青春期意味着这里或那里长毛，意味着戴胸罩、来月经和剃胡须，也许还意味着令你心烦意乱的青春痘。青春期意味着你要决定余生做什么，或者至少在做出决定前，如何打发空闲时间，它意味着（如果你真的想弄清楚它的含义）阅读关于此话题的300多本在版书籍和一些已绝版但非常值得读的好书，阅读杂志和科学期刊上的几千篇文章。对于脚本分析师来说，青春期是对脚本的排练，或者脚本上演前的试演。它意味着你现在终于到了回答这个问题的时候："说完'你好'，说什么？"或者"当父母和老师不再完全规划你的时间时，你如何规划自己的时间？"如果这时候不回答，你的人生可能会出问题。

A. 闲聊

进入青春期，人们通过闲谈来打发时间。比如谈论汽车或运动，这通常是一种炫耀，懂得最多的人得分。脚本此时的作用是通过讨论成功或不幸表现出我比任何人知道的都多，或比任何人知道的都少。"我比你开心多了"或"我比你更不幸"。有些人是输家，甚至他们的不幸也不值一提，无论如何都赢不了。另一个讨论的方面是想法和感觉，比较彼此的人生哲学，"我也是"或"我不一样"。赢家会更高贵或更坚强，而输家会更自卑和更痛苦；这两者中间是非赢家，他只会陷入平淡的情绪。第三个常讨论的话题是"家长教师会":"你如何应对失职的老师、父母或者失职的男朋友、女朋友?"这是等待圣诞老人的生命之群,他们会等圣诞老人送给他们更好的车,更好的足球队,更好的时光,或者更好的老师、父母、男孩或女朋友。死亡之群对此嗤之以鼻,他们以更脚本化的方式虚度时光:吸食大麻、吃迷幻药、声称一起旅行,其实是一起玩说唱①。无论将追随哪群人,杰德都会学到:什么样的话能被接受、什么样的话不能被接受,以及该怎么说,学会了和自己的同类比较心理点券。

B. 新的英雄

从这样的闲谈、阅读和所见之中,杰德用更可行的人物、真实的当代人物或历史人物取代他脚本草案中的神话或魔法英雄。他还了解了真正的恶棍是什么样,以及他们如何行事。同时,他有了一个昵称或特别的名字(弗雷德里克、弗雷德或弗雷迪;查尔斯、查理或查克)。这些名字让他知道别人如何看待他,他必须与什么形象对抗或成为什么样子。被叫胖子、马脸、眨巴眼或笨蛋的人都得加倍努力才能有幸福的人生。大胸妹和毛猴发现他们很容易找到性伙伴,但如果他们想要别的东西呢?

C. 图腾

很多人的梦中反复出现一种动物或者一样蔬菜,这就是他们的图腾。女性喜欢的图腾有:鸟、蜘蛛、蛇、猫、马、玫瑰、香草和卷心菜等。对男人而言,狗、马、老虎、蟒蛇和树是他们的最爱。图腾以多种形式出现,有时是可怕的,比如蜘蛛和蛇;有时是仁慈的,比如猫和卷心菜;如果一位图腾

---

① 早期的说唱往往被认为与叛逆乃至犯罪有关,歌词中也充满脏话。——译者注

是猫的女人经历了堕胎或流产，死去的小猫就会出现在她梦中。

现实生活中，患者对图腾动物的反应同他在梦中的反应几乎一样。消极的图腾通常与过敏反应有关，积极的图腾一般与喜爱反应有关，通常为最受喜爱的宠物，尽管它们也会引起过敏。有些人羡慕自己的图腾，并想成为他们。许多女人想成为猫，也经常口头表达这种愿望。女性腿和手臂的运动方式在社交环境中通常是高度程式化的，但通过观察其头部的动作，可以推测出她们的图腾动物。女性会模仿猫、鸟或蛇，我们通过观察这些动物的动作就可以证实这点。男人的四肢和身体动作更随性，有些人像马一样跺脚，或像蟒蛇一样伸出手臂。这不是观察者的臆想，通过听他们用的隐喻和他们对梦的描述就可以证实。

通常在16岁前，人们会放弃对图腾的崇拜。如果它以梦、恐惧症、模仿或爱好的形式持续到青春期后期，那就一定要在治疗中考虑这一因素。如果图腾表现得不明显，我们很容易通过以下问题得到答案："你最喜欢的动物是哪种？"或者"你想成为哪种动物？"这是询问积极的图腾。"你最害怕哪种动物？"这是询问消极的图腾。

D. 新的情绪

手淫是青春期孩子自己的小秘密。他不知该如何处理这种与性有关的新情绪，也不知该如何将它融入自己的人生计划，因此他运用比较熟悉的情绪来做出反应，即他的扭曲情绪。手淫也可能让他经历真正的存在主义危机：这是他在特定时刻决定做或不做的事情，而且完全是（或应该是）他自己的决定；一旦做了，他必须独自承担后果。后果可能是一些私人的情绪，比如内疚（因为手淫是邪恶的），恐惧（因为他认为这会损害他的健康），或者自卑（因为他认为手淫会削弱意志力）。所有这些都是他脑中的"父母"和"儿童"在交流沟通。另外，他可能会基于别人的反应而产生相应的沟通情绪，不管这种反应是真实的还是他想象出来的。这些情绪有：受伤、愤怒或尴尬，因为他认为别人终于有了真正的理由取笑、讨厌或羞辱他。无论是哪种情形，手淫为他提供了一种方法，让他将与性有关的新情绪融入小时候学到的旧情绪中。

同时，他也学会了更灵活地应对情绪。从同学和老师那里，他得到"许可"来以相应情绪做出反应，而不是以家庭教育鼓励他应该产生的情绪。他也学会了冷静：不是每个人都担心他的家人担心的事情。他情绪系统中的转变逐渐与家庭分离，让他更接近自己的同龄人。他调整脚本以适应新的情况，并让它更"拿得出手"。他甚至会将自己的角色从一败涂地变成部分的成功，从输家变成非赢家，或至少是获得平局的人。如果他拥有赢家脚本，他开始发现需要客观地对待它。他现在处于竞争中，胜利不会凭空而来，而是要经过一定的计划和努力。他也学会了经历挫折而不动摇。

E. 身体反应

在所有这些压力和变化下，以及为了得到他想要的东西（好的或坏的）而保持冷静的要求下，他会越来越注意到自己的身体反应。父母无法再用爱和保护来守护他，或者另一方面，他不再仅仅在他们的愤怒、酗酒、哀号或争吵的时候退缩。无论家里有什么情况，他在外面都是独立的。他必须在同伴面前站起来背诵文章，在其他男孩和女孩审视的目光下走过漫长而孤独的走廊，这些人很多已经知道他的弱点。所以有时他会出汗，手抖，心脏怦怦跳；女孩们会脸红，衣服变湿，胃咕咕作响。在两性中，各种内括约肌和外括约肌都有各种各样的放松和收紧。从长期来看，这种身体的改变可能决定了哪些"心身"疾病将在他们的脚本中发挥重要作用。杰德已经被括约肌化了。

F. 前厅和后屋

下面这个故事说明,"前厅"和"后屋"发生的事可能完全不同。卡桑德拉(Cassandra)是一名牧师的女儿,她穿着随意,但又带着奇怪的性感风格。她的生活也是这样的特点:随意但具有奇怪的性感。很明显,父亲以某种方式要求她要性感,而母亲并未教她变性感的传统技巧。她说母亲确实没有教她如何打扮或保养身体,但她一开始否认父亲要求她要性感:"他是个非常得体的男人,是牧师该有的样子,非常重视德行。"然后治疗师和其他团体成员进一步询问了她父亲对女性的态度。她说总体而言,父亲的态度非常得体,令人满意。除了某些时候,他会和几个朋友坐在后屋讲一些黄色笑话,大多数对女性都不友好。所以,她父亲在"前厅"很得体,但在"后屋"却展示了个性中的另一面。换句话说,父亲在"前厅"表现自己的"父母"或好孩子的一面,而在"后屋"展露他淘气的"儿童"。

孩子们很早就意识父母的人格有很多面,但直到青少年期,他们才对此有了自己的判断。如果他们父母有"前厅"行为和"后屋"行为,他们可能会很厌恶,觉得这是世界虚伪性的体现。一位女士带她18岁的儿子去吃饭,他刚从大学放假回来。女士为自己点了杯马提尼酒,却告诉儿子不许喝酒,尽管她知道儿子喜欢酒,而且喝得很凶。她曾向小组其他成员们抱怨了好几小时她儿子酗酒,现在他们都认为,如果当时她自己不喝酒,或者让儿子和她一起喝一杯会更好,而这位女士的做法其实是为儿子安排了酗酒的脚本。

在脚本语言中,"前厅"代表反脚本,即父母的训诫起作用的地方,而"后屋"则代表脚本,是人展示真实行为的地方。

G. 脚本和反脚本

青春期是杰德在脚本和反脚本间游移或痛苦挣扎的时期。他试图遵循父母的指令，然后反抗这些指令，最后发现，自己还是遵循了父母编程的脚本。他发现反抗徒劳无益，于是再次回归到遵循父母的指令。例如，青春期结束时，他大学毕业或从部队退伍。此时的他已做好决定，要么安定下来，遵守父母的指令；要么摆脱指令，向下滑向脚本结局。他很可能沿着这条道路一直走下去，直到40岁，经历人生第二次痛苦期。如果此前他遵守了父母的指令，这时就会试图反抗：他离婚、辞职、携款潜逃，或者至少会染个头发，再买把吉他。如果此前任由脚本操控，这时他就会通过参加匿名戒酒会或咨询心理医生来尝试改变。

但是，青春期是他第一次感到可以自主做出选择的时期。不幸的是，这种自主的感觉可能只是幻觉。大多数时候，他只是在父母的"父母"给出的训诫和"儿童"给出的刺激间激烈地交替，只是激烈程度或高或低。青少年吸毒者并不一定是在反抗父母的权威，而是在反抗"父母"的口号，但这样一来，可能只会听从恶魔，即同样来自于父母的"不理智的儿童"的引诱。"我不想让我儿子喝酒。"一位母亲喝着酒说道。如果儿子不喝酒，就是个好孩子，因为遵守了母亲的指令。如果他喝酒了，就是个坏孩子——但他其实还是遵守了母亲的指令。"别让任何人掀你的裙子。"父亲盯着女服务员的裙子对女儿说。不管女儿做出何种选择，她都是在遵循爸爸的指令。她可以高中时与人同居，失去处女身，或将其保留到结婚，然后产生婚外情。但这些选择过程中，男孩和女孩都可以自己做决定，摆脱脚本，以自己的方式生活，特别是他们有了自主决定的许可时，而不是"可以自己做决定（只要做出的决定按我的方式来）"。

H. 世界的形象

孩子眼里的世界图景与父母眼中截然不同。在孩子眼中，这是一个童话世界，充满了怪物和魔法。这种想法贯穿其一生，并形成他的脚本中最原始的基础。一个简单的例子就是孩子在夜晚的恐惧。杰德喊着房间里有一只熊。父母进了他房间，打开灯，告诉杰德没有熊。也可能父母会生气，叫他安静点，去睡觉。不管父母作何反应，孩子知道房间里就是有一只熊，或者曾经有一只熊。像伽利略一样，他喊着："但它确实在动。"① 两种不同的处理方式并没有改变熊存在的事实。父母使用理智的方式时，能够让孩子感到当有熊时，他们会保护你，熊就会躲起来；而父母采用愤怒的方式，则意味着有熊时，你只能靠自己解决。但不管怎样，这只熊都存在。

等杰德长大后，他眼中的世界形象或脚本变得更加具体，也更为隐晦，除非它以错觉（反映出他对世界最初的曲解）的形式再次出现。然而多数情况是，人们发现不了其踪迹，直至它出现在梦中。然后突然间，病人许多的行为变得连贯和可以理解。一位名为旺达（Wanda）的女士正为金钱问题发愁，因为她丈夫与几位雇主陷入了复杂的经济纠纷。但是当其他组员质疑其丈夫某些行为时，旺达会生气地为他辩护。她还非常关注家人的饮食质量。事实上，她没有必要发愁，因为她父母很富裕，她总是能跟他们借钱。大约两年的时间里，治疗师始终无法在脑中构建出一幅连贯的画面，无法搞清楚旺达为什么这样。直到有天晚上，她做了一个"脚本梦"。她"住在一个由山上的富人看管的集中营里"。得到足够食物的唯一方法就是，要么是取悦这些富人，要么是欺骗他们。

这个梦让人们更容易理解她的生活方式。她的丈夫和雇主们一起玩

---

① 原文为拉丁文"eppur si muove"。伽利略支持哥白尼的日心说，即地球围绕太阳旋转。据说教会要求他放弃这种观点，他说"eppur si muove"，即"它确实在动"。——译者注

"让我们骗骗乔伊"的游戏，这样旺达就可以玩"维持生计"的游戏。如果他赚了点钱，他必须一有机会就想办法弄丢这些钱，这样游戏才能继续。当情况变得很糟糕时，旺达介入其中，并帮丈夫狠狠地骗她的父母。从长远来看，让他们非常懊恼的是，他的雇主和她的父母最后总是设法控制了局面。她愤怒地否认这一分析，显然是因为承认这点对她没有好处。一旦承认，游戏就会被打破（最终也确实被打破了）。因此，她实际上过着梦中的生活，她的父母和丈夫的雇主是住在山上的富人，她必须取悦或欺骗他们才能生存。

这里的集中营是她的世界形象或脚本场景。她以活在梦中集中营里的方式过着现实中的生活。这种方式是她在集中营生活不得不采取的方式。在她讲出这个梦之前，对她的治疗一直是典型的"有好转"。她已经取得了很大的进展，但现在看来，很明显，这一进展仅仅意味着"如何在集中营里生活得更好"，对她的脚本没有任何影响，只是让她按脚本生活得更舒服。想要康复，她必须离开集中营，进入现实世界。对她来说，这才是一个舒适的世界，或者在家庭事务解决以后，会变成一个舒适的世界。有趣的是，她和丈夫正是基于互补的脚本才选择了彼此结为伴侣。他的脚本需要一些被欺骗的山上的富人，以及一位害怕的妻子。而她的脚本需要一个骗子，让她更容易实现被奴役的生活。

脚本场景通常与病人的现实生活相差甚远，无法仅仅通过观察或解释来重建它。想要清楚地了解它，最好的办法是通过梦。"以脚本设定的梦"很容易辨认，因为一旦病人讲出这个梦，很多事情就有了头绪。从图像来看，它与病人实际的生活没有相似之处，但从沟通交际来看，它们完全相同。一位总在"寻找出路"的女人梦见自己被追赶，她发现一条向下倾斜的隧道。她爬进隧道，追她的人进不去，便守在外边等她出来。然而，她发现隧道另一端还有一群危险的人等着她，所以她既不能向前也不能后退；与此同时，如果她放松下来，就会滑落到下面等着的人怀里。因此，她不得不拿手撑住隧道两侧，只有这样，她才是安全的。

用脚本语言来说,她这一生都以这样难受的姿势困在隧道中。从她的态度和过往历史能清楚看到,脚本要求她放弃坚持、滑入死亡的怀抱。到此时为止,她在治疗期间取得了相当大的"进展"。换句话说,这一进展意味着"如何在撑住隧道两侧等待死亡时更舒适"。脚本疗法旨在让她走出隧道,进入现实世界,一个对她来说舒适的世界。这里的隧道就是她的脚本场景。当然,就算是初学心理学的人都知道,对于这个梦还可以有许多种解释。但从脚本角度出发的阐释很重要,因为它能告诉治疗师、其他组员,以及病人和她的丈夫,他们面临着什么问题,必须做什么,以及只强调取得"进展"是不够的。

隧道的场景可能从幼儿早期就已固定,因为病人做过多次这种梦。但是集中营的场景显然经过后来的改编,它源自旺达无从忆起的童年噩梦。它明显是基于旺达的早期经历,后来的阅读和青少年期的幻想对其做了修改。因此,青春期是将婴儿期害怕的隧道以更现实和现代的形式体现,来为病人的人生计划建立适合的脚本。旺达不愿深究她丈夫的"把戏",表明人们会非常固执地抓着自己的脚本,同时又抱怨自己有多不快乐。

可以一生不变的脚本场景之一是卫生间。上一章中,我们举了一位女士的例子,她的"儿童"一生都坐在马桶上,即使她的身体躺在沙发上。在此例中,"进展"意味着"如何在随身带着马桶的同时,拥有更丰富的社交生活和享受派对",而康复意味着她必须起身出门,把安全马桶抛在脑后,而她不愿这样做。另一个女孩抱怨自己和别人在一起会很不自在。她的脚本是蜷缩在悬崖峭壁的一小块岩石上生活。她有一块便携式悬崖,去哪里都带着。"取得进展"对她而言是更快乐地蜷缩在悬崖上,而康复则意味离开悬崖和他人相处。

I. T 恤衫

到目前为止，本章讨论的所有内容都能总结为病人的举止以及他与人交流的方式，即他的"T恤衫"。T恤衫会印上一两个非常有创意、有艺术感和简洁实用的短语。在有经验的人眼里，T恤衫展示出病人最喜欢的闲聊、游戏、情绪、昵称、前厅和后屋做的事、心里的世界形象和脚本结局。有时还会展示对他来说最关键的括约肌、英雄和图腾。

人们通常在高中或大学早期使用T恤衫，这正是T恤衫比较受欢迎的时候。之后，它可能被加上装饰或稍微改变措辞，而其主要内涵将保持不变。

所有优秀的临床治疗师，无论毕业于哪所学校，都是敏锐的观察者。因为他们都在观察人类行为，所以观察结果及如何整理和解释观察结果必然有相似之处。因此，精神分析学的"人格防御"或"角色装甲"、荣格的"态度"、阿德勒的"生活谎言"或"生活风格"，以及沟通分析学的"T恤衫"描述的都是相似的现象。[1]

现实生活中的T恤衫（"地狱天使""失败者""黑豹党""哈佛田径队"，甚至"贝多芬"）说明了某人属于哪个群体，并暗示了他的人生哲学及他对某些刺激作何反应；但这并不能确切说明他将如何欺骗某人，以及他预期收获怎样的人生结局。例如，前面提到的前三类群体，他们的成员会一起乘坐写着"去你的"有轨电车，但并不认识同一群体的其他成员（从临床意义上来说），因此不可能预测谁想被杀而成为殉道者，谁只是想被粗暴对待、然后就可以喊"警察太暴力了"，谁是真实地表达想法的人。T恤衫表明了他们的集体态度和共同的游戏，但每个人都有着各不相同的脚本和结局。

---

[1] 很多精神分析学家认为"沟通游戏"是"角色防御"的同义词，其实不然。"T恤衫"才是"角色防御"，它属于开放的社会心理学系统，而非弗洛伊德描述的封闭的能量系统。

沟通分析T恤衫或脚本T恤衫是一种通过行为来明确宣扬的态度，就像他正穿着一件正面印有脚本口号的T恤衫一样。常见的脚本T恤衫有"踢我""别踢我""我是酒鬼我自豪""看我多努力""走开""我很脆弱"和"想被收拾？"有些T恤衫正面是信息：例如，一位女士胸前印着"我在找一个合适的丈夫"，但当她转身时，背后却印着："但你不合适"。正面写着"我是酒鬼我自豪"的男人，背上可能写着"但记住这是种病"。变性者穿着特别艳丽的衣服，正面的口号是"你不觉得我很迷人吗？"，而背面写着"这还不够吗？"的字样。

有些T恤衫则描绘了一种更"俱乐部式"的生活方式。"没人知道我经历过多大麻烦"（NOKTIS）是个有许多分会的兄弟会，其中之一是忧郁俱乐部。火星人可能将其想象成这样的画面：一座木制小屋，很少的几样破旧家具。墙上没有画，只有一幅镶了框的座右铭："今天何不自杀呢？"其中有一个小图书馆，收藏着由悲观哲学家所作的报告和书籍。NOKTIS的问题不是麻烦有多大，而是"没人知道"。NOKTIS也要保证没人知道，因为如果有人知道了，他便不能说"没人知道"，T恤衫将失去意义。

T恤衫通常源自父母最喜欢的口号，例如"世上没人会像父母那样爱你"。这件展示悲观的T恤衫是分离性的，只会让穿它的人和周围人分开。而通过简单的转换，它可以变成连接性的，会吸引而不是推开别人。它会让人们讨论"是不是很糟糕"，玩"没人像我父母那样爱我"的游戏。它吸引别人的是背面，上面写着："你会爱我吗？"

让我们来详细探讨一下两种常见的T恤衫，来证明T恤衫的概念在预测重要行为方面的作用。

你不能相信任何人

有些人很快就决定，他们不能信任任何人。不过虽然他们这样说，但行为与他们的言语并非完全一致。他们实际上一直在"信任"人，但是结果通常很糟糕。T恤衫的概念比"人格防御""态度"和"生活风格"这类概念更具优势，因为此类方法倾向于从表面理解事物，而沟通交际分析师习惯于首先寻找骗局或矛盾。一旦找到，他的反应不是惊讶，而是满足。因为这正是他在T恤衫中寻找的，能让他的治疗方法产生优势的东西。换句话说，人格分析师对T恤衫正面的分析非常有效，却发现不了背面的游戏口号或信息，或者至少要花很长时间才能发现，而心理游戏分析师从一开始就关注这些。

因此，对"你不能相信任何人"T恤衫（或"你现在不能相信任何人"，YOCTAN）的理解不能止于表面。它并非表明其穿戴者因不信任人会避免与他人纠缠。恰恰相反，他们会寻求与人纠缠的机会，以证明其口号，加强其心理定位（我好，他们不好）。因此，因此YOCTAN玩家选择不值得信任的人，与他们签订模棱两可的合同，然后感激地甚至高兴地收集棕色点券，从而证实自己的立场："你不能相信任何人。"在极端情形下，他可能觉得自己有权"免费"杀人，理由是那些他精心挑选的不可信之人一次次地背叛了他。一旦为此结局收集到足够的棕色点券，YOCTAN玩家可能选择素未谋面之人作为受害者，比如暗杀公众人物。

其他YOCTAN玩家可能借此类事件来证明"权威"（如逮捕暗杀者的警察）的不可信。当然，警察在YOCTAN游戏中的本职就是不被信任，这是他们工作的一部分。因此，业余或半职业的YOCTAN选手与职业选手的对决开始了。这类比赛的战斗口号是"陷害""密码"和"阴谋"。它可能持续多年甚至几个世纪，目的是证明这样的主张"霍墨不是霍墨，而是另一个同名的人""拉苏里（Raisuli）爱帕迪卡瑞丝（Perdicaris）①"和"加夫里洛·普林西普②不是真正的加夫里洛·普林西普，而是另一个同名的人"。

"YOCTAN"T恤衫展示了其穿戴者的以下信息。他最喜欢的闲聊是

---

① 美国电影《狂飙与怒狮》（*The Wind and the Lion*）中的角色。描述阿拉伯酋长拉苏里（Raisuli）劫持侨居摩洛哥的美国人帕迪卡瑞丝（Perdicaris）一家，老罗斯福（Theodore Roosevelt）总统如何应对的故事。——译者注

② 刺杀奥匈帝国皇储弗兰茨·斐迪南大公的塞尔维亚民族主义者。该刺杀事件史称"萨拉热窝事件"，是第一次世界大战的导火索。——译者注

谈论出卖和欺骗，最喜欢的游戏是YOCTAN，证明其他人不值得信任。最喜欢的情绪是胜利："抓到你啦，你个混蛋。"他的绰号是"狡猾的小子"，关键的括约肌是肛门（"收紧屁股，小心被骗"）。他的英雄是证明了"权威"不可信的人。在前厅，他温和、正直、天真无邪，而在后屋，他诡计多谋，不值得信任（就像女房东自以为是地说："你现在不能相信任何房客。就在前几天，我翻了翻其中一人的桌子，你绝对猜不到我找到了什么！"）。他的心理世界是自以为是的，他有权做各种不光彩的事，只要目的是揭露他人的不可信。脚本要求他被信任的人出卖，这样他才能在临终时喊出口号："我就知道，现在你不能相信任何人。"

因此，他的T恤衫正面写着："现在你不能相信任何人。"这是温和地邀请对他友善的人（比如不够警觉的治疗师）来证明他们是例外，如果这些人没有提前观察，他们只能在战斗尘埃落定，胜利的玩家离开时，看清他的T恤衫背面写着："现在你应该会相信我了。"而如果治疗师够警觉，他也得小心不要走太快，否则病人会说："看，我连你也不能相信。"然后他转身离开，背面的信息仍然有效，所以两种情形他都赢了。

大家不都这样吗？

这种生活方式的主张是："得了麻疹没关系，因为每个人都这样。"麻疹可以是很危险的疾病，所以得麻疹当然有事。当一位对灌肠上瘾的女士来到治疗小组，就出现了经典例子："大家不都这样吗？"她讲述自己在灌肠门诊的经历，大家都耐心聆听，直到有人问："什么是灌肠？"这位女士得知在场有很多人没做过灌肠后，非常惊讶。"大家不都这样吗？"她的父母都灌肠，她大部分朋友也都是在灌肠门诊认识的。她在桥牌俱乐部聊天的主要话题就是比较不同的灌肠门诊。

T恤衫"大家不都这样吗？"在高中最受欢迎，尤其是在啦啦队女队长、鼓乐队女领队和野心勃勃的男孩中。如果家里父母和学校老师强化了这一理念，它可能会带来很糟糕的后果。它对商业也有好处，殡仪馆会大量使用它，保险销售人员次之。有趣的是，许多几乎和殡仪馆从业者一样保守的股票销售人员却对此很谨慎。它具有强大影响力的关键词是"每个人"。每个人是谁？对于穿这件T恤衫的人来说，每个人是指"我说他们好的人，我希望也包括我"。因为这个原因，他们通常还有另外两件T恤衫用来在合适的场合穿。当他们和陌生人在一起时，会穿上"大家不都这样吗？"但当他们和钦佩的人在一起时，会穿"我怎么样？"或者"我认识杰出的人物"。他们是辛克莱·刘易斯笔下的巴比特①，是艾伦·哈林顿讽刺为"集权主义"的信徒，认为最安全的地方就是在最中心的位置；哈林顿的英雄是一个彻底的"集权主义者"，他每三十秒钟就能卖出一份保险。

这件T恤衫的穿着者最喜欢的闲聊是"我也是"，最喜欢的游戏是"发现"其实"每个人"都不是（实际上他一直都知道）。因此，他最喜欢的情绪就是（虚假的）惊讶。他的绰号是"爱讨好他人的家伙"，他的英雄是让大家守秩序的人。在前厅，他做他认为好的人正在做的事情，并明显地避免不好的事情。而在后屋，他行为古怪，甚至令人感到恐惧。他生活在一个除了密友外别人都误解他的世界里，他的脚本要求他为自己的秘密罪行而筋疲力尽。结局到来时，他不会抗议，因为根据他的口号，这是他应得的："违反'每个人'规则者必须受苦。"他的T恤衫背后写着："他跟别人不一样——他一定是怪人或是别的什么人。"与T恤衫密切相关的是墓碑，我们将在下一章讨论它。

---

① 《巴比特》，美国作家辛克莱·刘易斯的小说，反映了美国商业文化繁盛时期城市商人的生活。主角巴比特是宣扬道德伦理以牟取更多利益的成功商人。后来多用"巴比特"来形容市侩虚荣、自以为是的商人。——译者注

第十章　成熟与死亡

A. 成熟

成熟可用四种不同的方式来定义。（1）法律规定；人心智健全达到21岁即为成熟。根据希伯来律法，男孩在13岁时变成男人。（2）父母的偏见；以我的方式做事，就是成熟，如果以他自己的方式做事，就是不成熟。（3）正式开始某事：一个人通过某些考验就是成熟了。在原始社会中，这些考验是艰难的和传统的。在工业化国家，通过驾照考试就是获得了成熟的证书。特殊情况下，他可能需接受心理测试，他成熟与否由心理学家证明。（4）生活的考验。对脚本分析师来说，成熟与否是通过外部事件来测试。当人们即将离开有人监护和保护的环境，自己独立面对世界时，测验开始。大学最后一年、学徒最后一年、在晋升或假释期、蜜月结束：这些都是当脚本失败或成功的机会第一次以公开竞争或合作的方式的呈现，都是生活考验的开始，也都代表他成熟了。

从这个角度来看，生活中常见的成功和失败取决于父母的许可。杰德可能有或没有从大学毕业、完成学徒生涯、维持婚姻状态、停止喝酒、获得晋升、当选、假释、离开精神病院或者去看精神病医生后康复。

小学、高中和大学早期，你犯了错误有可能被原谅，也不用进少管所和少年感化院，特别是在美国，青少年总能得到一次改过自新的机会。然而，在青少年中仍有少数人自杀、杀人和吸毒，还有更多人为的车祸和患精神病的案例。在不那么宽容的国家，未被大学录取或有犯罪记录真的很严重。这样的记录足以决定他往后的人生道路。但对大多数人而言，早年的失败只是排练而不是最终演出，而真正的演出直到20岁才开始。

B. 抵押

为了真正地演出脚本，让自己接受考验，知道自己是谁，杰德必须得进行抵押。在美国，只有当你付了房子首付，开始偿还巨额债务，或者为抚养孩子而劳动时才成为一个男人。人们认为没有抵押的人是无忧无虑、美丽或幸运的，但不是真正的人。银行家的电视广告展示了杰德人生中伟大的日子：他将接下来二三十年的收入抵押，用来买房子。还清抵押贷款那天，考验结束，他也该去养老院了。要避免这种危险，人们可以申请更大额的抵押贷款，买更大的房子。在世界有些地方，人们可以抵押自己来迎娶新娘。就像美国的年轻人如果努力工作，可以成为价值5万美金房子的"主人"一样，新几内亚的年轻人可以迎娶价值5万个土豆的新娘。如果抵押提前偿还完毕，他就能朝着买更大的房子、迎娶价值10万个土豆的新娘这一目标而去了。

大多数组织良好的社会，以这样或那样的方式，为年轻人提供了一种抵押自己的方式，从而赋予他们人生的意义。否则，他们可能只会把时间花在玩乐上，有些地方的年轻人仍然在这样做。如果是这样，便很难区别赢家和输家。有了抵押贷款制度，人们被自然地划分为赢家和输家。那些甚至没有足够勇气去申请抵押的人都是输家（管理这个制度的人这么认为）。那些一生偿还贷款而永远无法摆脱债务的人，是大多数沉默的非赢家。还完抵押贷款的人都是赢家。

对抵押贷款或土豆不感兴趣的人，可以实现另一种方式——变为成瘾者。这样，他们用身体做了永远无法还清的抵押，所以他们终生都在脚本中。

C. 成瘾行为

成为真正的输家最简单、最直接的方式是通过犯罪、赌博或吸毒。罪犯分为两种类型：赢家是内行，很少进监狱；而输家遵守禁令"不要过得开心"在逍遥法外时尽情玩乐，之后却遵照脚本在监狱里待了几年。如果他们被释放、假释或因法律技术性细则的原因被释放后，很快又会设法再次入狱。

赌徒可以是赢家，也可以是输家。赢家赌博时小心谨慎，会节省或投资赢到的钱。他们喜欢在有点宽裕时适可而止。输者则靠运气和直觉，如果他们偶然赢了，会尽快挥霍掉。他们也许是在遵循著名的口号："这可能是骗人的，但除了这个也没啥可玩的了。"如果有成为赢家的许可，他们就会赢，否则必然会输。赌博成瘾者需要的不是分析他赌博的原因，这种方法很难奏效；他需要的是停止成为输家的许可。如果他得到此许可，要么会停止赌博，要么会继续赌博，但是却会赢钱。

母亲的影响在某些类型的吸毒者中最为明显。如上文所述，这些口号这样鼓励吸毒者："只要他爱母亲，海洛因和面粉有什么不同？"这些人需要的是停止吸毒的许可，这意味着被允许离开母亲，自力更生，这正是非常成功的锡南浓运动①所提供的。当母亲的脚本禁令写着"不要离开我"时，在锡南浓的人说："不离开你，就要待在这里。"

酗酒者和匿名戒酒会也是一样的道理。克劳德·M.斯坦纳发现，几乎所有酗酒者都经历过关于饮酒的分析、劝告或威胁，但从没有人简单地告诉他："停止喝酒"他们以前与治疗师的斗争都是基于这样的口号："我们分析一下你为什么喝酒。""你为什么不戒酒"或"如果你继续喝酒，你会伤害自己"这些的效果都比不上简单的命令"停止喝酒"。"酗酒"玩家很愿意花多年时间分析自己为何喝酒，或者带着悔恨解释自己

---

① 美国一种戒毒模式。——译者注

如何再次重蹈覆辙，而与此同时，他还在喝酒。威胁他说喝酒伤身是最天真和无效的办法，因为这正是他想做的：遵循脚本禁令"杀死自己"！威胁只会让他更满意，因为它细致提供了他死亡的可怕细节，还确保了他将成功完成母亲所为他设定的命运。如果可以，酗酒者首先需要的是停止喝酒禁令。然后签订一份明确但无条件限制的"成人"契约来停止喝酒，如果他可以这样做的话。

D. 戏剧三角

在成熟时期，脚本的戏剧特质发展完善。我们生活中的戏剧，如同剧院上演的戏剧一样，都是基于"转换"的。斯蒂芬·卡普曼（Stephen Karpman）用一个简单明了的图表恰当地总结了这些转换，即"戏剧三角"，如图12所示。戏剧或生活中的每个英雄（主角）都以这三个主要角色之一的身份开始：拯救者、迫害者或受害者，另一主要角色（对手）扮演三个角色中的另一角色。当危机发生时，两人围绕着三角移动，以转换角色。其中最常见的转换发生在离婚中。例如，婚姻过程中，丈夫是迫害者，妻子是受害者。一旦起诉离婚，双方角色就会互换：妻子成为迫害者，丈夫变为受害者，而他们双方的律师则扮演相互竞争的拯救者。

事实上，生活中所有的挣扎都是努力按照脚本的要求绕着三角形移动。因此，罪犯迫害受害者；受害者提出诉讼，成为原告或迫害者，而罪犯变为受害者。如果他被抓住了，警察也成为迫害他的人。这时，罪犯聘请专业的拯救者——一名律师，来迫害警察。在一次强奸未遂中，所有人也围

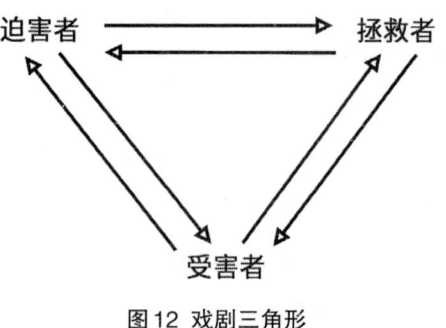

图12 戏剧三角形

绕三角转换角色。拯救女孩的警察一来，迫害女受害者的罪犯便成为受害者。罪犯的律师也试图通过迫害女受害者和警察来拯救罪犯。从戏剧角度分析童话，也展示出完全相同的特点。例如，小红帽就是被狼迫害的受害者，直到猎人拯救了她，然后她马上转换为迫害者，把石头放在狼的肚子里，狼变为受害者。

脚本中的次要角色是"供应者"和"糊涂虫"，可以扮演前述三个主要角色中的任意一种。供应者提供转换所需的东西，通常是为了获得利益。他清楚地知道自己的角色：出售酒、毒品、影响力或枪支的人。例如，枪常被称为"均衡器"，会把懦夫（受害者）变成狂妄的人（迫害者），或将防御者转换为进攻者。糊涂虫被骗去阻止转换，或加速转换。典型的糊涂虫是陪审团，最悲惨的糊涂虫是那些花钱阻止儿子入狱的母亲。糊涂虫有时是被动的，只是充当转换的诱饵，就像小红帽的祖母一样。应当注意的是，这里提到的转换与第二章的游戏公式中的转换相同。

除了角色转换外，卡普曼的整套理论中还有许多有趣的内容。例如空间转换（私人—公共、开放—闭合、近—远）还有脚本速度（一定单位时间内角色转换的数量）。空间转换出现在角色转换之前或之后，有可能导致角色转换的生效。因此，他的观点远远超出对"酗酒者"游戏中所描述的原始角色，还对生活、心理治疗和戏剧的许多方面带来非常有启发性的见解。

E. 预期寿命

最近一项对死亡原因的研究发现，许多人做好准备死亡时就会死亡，例如，冠状动脉血栓的形成几乎能由意志决定。大多数人对自己的寿命都有确定的计划。这里要询问患者的关键问题是："你将活多久？"通常，寿命中有一个竞争因素存在。例如，如果一位男士的父亲在40岁时去世，他的"儿童"可能没有"比父亲活得更久"的许可，因此在他人生第四个十年的大部分时间，他都处于一种隐隐的担忧状态。他越来越意识到自己将在40岁前死亡，最艰难的阶段是39岁和40岁生日之间。此后，他的生活方式可能经历以下四种变化：（1）他以更轻松的生活方式安定下来，因为已经度过危险年龄，幸存了下来。（2）他陷入抑郁状态，因为违反了脚本禁令，因此失去了母亲的爱。（3）他开始更忙碌地生活，因为现在的时间都是借来的，死亡可能随时到来。（4）他开始退缩，因为对他的缓刑是有条件的，如果被发现正快乐地生活，缓刑就会被撤回。很明显，（1）如果他活了下来，就能拥有"比父亲活得更久"的许可。（2）没有许可。（3）有逃脱惩罚的许可。（4）有讨价还价讲条件的许可。事实上，（4）是之前提到过的与上帝订立单方面契约的好例子，因为（4）在没有询问上帝的情况下订立契约，还认为自己知道如何平息上帝的办法。

然而更好胜的人会决定比父亲活得更久，而且可能真的做到这点。然而，他想比他母亲活得更久，这一点很难，因为很少有人愿意与自己的母亲竞争。同样地，女儿也会比母亲更长寿，但如果她的父亲年纪较大，她可能会发现很难比他活得更久。无论如何，一个比父母都长寿的人在晚年往往会感到不安。他们要克服的下一个障碍可能是比他的脚本英雄更长寿。例如，一名医生在37岁时来接受治疗，因为父亲是37岁去世的，他很害怕自己会死去。他在38岁生日后不久就停止了治疗，因为这时候他"安全"了。他变得更好胜，他的目标是活到71岁。很长一段时间，他都说不清为什么选择这个年龄。治疗师后来了解到，他的英雄是威廉·奥斯勒爵士，他想追随他的脚步，而威廉爵士是70岁时过世的。这位病人读过几本奥斯勒爵士的传记，他回想起来，自己多年前就已下定决心要比他活得更久。

对此类与寿命有关的精神障碍的治疗方法非常简单。治疗师只需要给予病人比父亲活得更久的许可。这类病例中，精神分析法可能会成功。原因并不是解决了冲突，而仅仅是因为分析患者的情况在最关键的时期为其提供了保护。事实上，这里没有需要解决的冲突，因为比父亲长寿而感到难过的"儿童"并不是病态的。这只是"生存神经官能症"的特殊例子，当别人死亡而自己幸存时，每个人身上都会不同程度地体现这一神经症。这是"战争神经症""广岛神经症"和"集中营神经症"的主要影响之一。幸存者几乎总是心怀愧疚，因为他们活了下来，而别人则在他们幸存的地方死去了。因此，目击过别人被杀的人会与普通人完全不同。其"儿童"的愧疚感不会被"治愈"。最好的办法是将它限制在"成人"的控制之下，他就可以过上正常的生活，并得到许可在某种程度上享受生活。

F. 老年

老年期活力取决于三个因素：（1）体质健壮程度；（2）身体健康；（3）脚本类型。老年期的开始也由这三个因素决定。因此，有些人80岁时依然充满活力，而有些人40岁就丧失了活力。体质健壮程度由不可抗力决定，也就是说，它不能通过父母的编程改变。身体残疾有时来源于不可抗力，有时源于脚本结局。在"残疾"脚本中，两者都有。致残本身可能源于不可避免的身体疾病，却被欣然接受，因为它是脚本的一部分，并遵循了母亲"要成为残疾人"的禁令。这种情况也会偶尔发生在得小儿麻痹症的年轻人身上。一位坐轮椅的男士说："当我知道自己患了小儿麻痹症时，我几乎要欢呼起来，就好像这是我一直等待的事情。"如果脚本要求他变跛，而老天并没有帮他，他可能会经历车祸。老天解决问题的方案总是很简单。

老年人可能也会欢迎中风或心肌梗死，但不是因为它是脚本的一部分，而是因为它能让他们不再有继续实践脚本的冲动。对他们身上的"儿童"来说，这些灾难成了"木头腿"或"木头心"，这样他们就能在脑海中对"父母"说:"你不能指望一个拥有木头腿或木头心的人继续执行你那女巫的诅咒。"面对杰德大脑或心脏中的血块,只有最无情的父母才不会承认失败。

如果残疾发生在人生早期,它可能非常契合母亲的脚本,或是完全与之相反。如果契合脚本,孩子将作为专业残疾人士长大,有时会有致力于帮助残疾儿童(只要他们保持残疾)或智障儿童(只要他们保持智障)的机构(如果孩子恢复,政府补贴就会停止)。在这种情况下,母亲学会了"接受它",并教孩子也这样做。如果它不符合母亲的脚本,她就不会学着接受它。她一直努力改变,孩子也学会了这样做,所以他最终变成了单腿的舞蹈家、畸形足的跳远运动员,或者大脑损伤的骨科专家(这种例子现实生活中都存在)。帮助残疾儿童和智障儿童的组织也参与其中,如果被他们帮助的人取得成功(在外部帮助下),他们会感到很高兴。如果母亲的脚本不需要一个身体或精神残疾的孩子,同时孩子的残疾非常严重,是永久性的,那么她的生活就变成了一场无法实现脚本的悲剧。如果脚本确实需要一个残疾的孩子,而孩子残疾是可治愈的,孩子的生活便成了一场不必要的、被脚本造成的悲剧。

再回到关于老年的话题。即使是身强体壮、没有残疾的人(或者只有轻微或臆想的病症),如果他们有"开放型"脚本,也可能很小就丧失活力。这些通常都是靠养老金生活的人。其"父母"的训诫是"努力工作,不要冒险",而结局是"在那之后,放弃"。一旦杰德这样过了二三十年,圣诞老人为他举办了退休宴,送了金表,他就不知道接下来该做什么了。他习惯了遵循脚本指令,但现在它们已被执行完毕,他脑子里没有了新的程序。因此,他只能坐等什么事发生:比如死亡。

这引出了一个有趣的问题:圣诞老人来过之后你该做什么?对拥有"直到"脚本的人,他从烟囱爬进来,拿来了自由证书。杰德现在已完成他的脚本要求,摆脱反脚本的诅咒,终于能自由地做他一直想做的事。但正如许多希腊神话所证明的,走自己的路充满危险。虽然他摆脱了女巫式父母，但他也同时失去保护，容易受到伤害。童话故事中也有同样的情形。诅咒在带来考验和苦难的同时，提供了保护，因为施咒的女巫要确保受害者在诅咒下继续活着。因此，睡美人被荆棘森林保护了百年，而当她醒来，能让女巫走开时，她的麻烦也开始了。比较方便的情况是使用双脚本：来自父母一方的"直到"脚本和另一方的"之后"脚本。最常见的例子是"直到你抚养了三个孩子，你才能自由"（来自母亲），"在你自由了以后，你会变得有创造力"（来自父亲）。因此，生命前半段，佐伊由母亲控制和保护，而后半段由父亲控制和保护。对于男孩儿来说，双脚本指令可能与上文相同，但控制和保护他的人是相反的：第一阶段是父亲，第二阶段是母亲。

没有了活力的老人可分为三类。在美国，这三类人的标志与经济状况有关。拿输家脚本的人，独自住在出租屋或破旧的旅店，被称为老人和老妇人。拿非赢家脚本的人住在自己的小房子里，他们可以自由地发展自己的爱好，被人们称为老派人物。拿赢家脚本的人住在有住房补贴的养老院，被称为"资深公民"或纳税人先生、纳税人夫人。他们写给编辑的信中，也这样署名。

治疗失去脚本的老人，方法是提供许可，但他们很少使用这些许可。每个大城市里都有成千上万的老人住在小房间里，希望有人为他们做饭、和他们说话、听他们讲话。同时，有成千上万的老妇人是同样的境况，希望有人为她们做饭、与她们交谈、听她们倾诉。即使两者碰巧相遇，他们也很少抓住这样的机会。每个人都宁愿待在自己熟悉的单调环境中，守着一杯饮品或一台电视机，或者双手交叉地坐着，等待一场没有风险、无罪的死亡。这些都是小时候母亲给的指令，70年后仍然被遵循的指令。他们从来没有过冒险，除了在赛马场或体育场的一次小赌注。所以为什么现在要去冒险呢？脚本因为已实现而自动消失了，但旧的口号还在，当死亡来临，他们会很高兴地迎接。他们会在墓碑正面刻上："去和他的祖先休息了。"墓碑背面刻上："我过得很好，从未冒过险。"

据说到了下个世纪，小孩将在瓶子里长大，根据国家和父母提出的具体规格，他们会被基因编程。但其实孩子们已经按国家和父母的规定，在瓶子里长大了，他们是通过脚本被编程的。脚本编程比基因编程更容易摆脱，但很少有人使用这一特权。这样做了的人，其墓碑碑文会更鼓舞人。几乎所有虔诚的墓志铭，翻译成火星文就是"瓶子里长大，瓶子里待着"。他们就这样坐落在墓地里，一排又一排的十字架或其他符号，刻着相同的碑文。偶尔有一两个惊喜："在瓶子里长大，但我跳了出来。"可惜很多人拒绝这样做，即使那瓶子没有软木塞。

G. 临终场景

对那些死亡的人来说，死亡不是一种行为，甚至也不是一个事件。这两者都是为活着的人准备的。它可以是，也应该是一种交际沟通。毒气室里的心理恐惧以及尊严、自主和自我表达的丧失加重了对纳粹集中营的生理恐惧。没有眼罩和壮行的香烟，没有公开的反抗，没有著名的临终遗言：总而言之，没有关于死亡的交际沟通。只有垂死者的沟通刺激，但没有杀手的回应。因此，死亡的不可抗力让脚本中有了最令人悲伤的时刻：临终场景。从某种意义上说，人类生命的全部目的就是构建这一场景。

在脚本分析中，这样的问题能勾勒出临终场景："你临终时谁会在那儿？你的最后一句话是什么？"另一个问题是："他们最后一句话是什么？"对于前一问题的答案通常是这样的模式："我让他们知道……""他们"是父母，对男孩来说是母亲，对女人来说则是父亲。答案的含义要么是"我让他们知道我做了他们想让我做的事"，要么是"我让他们知道我不必做他们想让我做的事"。

这个问题的答案实际是对杰德人生目标的总结，可以被治疗师作为打破游戏，让其退出脚本的强大工具："所以你的一生就是向他们展示你感到受伤、害怕、愤怒、自卑或内疚是对的。很好，那将是你最大的成就——如果你想保持这样的话。但也许你可以找到更有价值的生活目标。"

临终前的场景可能是婚姻中的隐藏契约或脚本契约的一部分。丈夫或妻子可能对另一半先死去的情形有非常清晰的图像。在这种情况下，配偶通常有互补的脚本，并很乐意按计划这样做。因此，他们相处得很好，一起度过了满意的时光。但是，如果他们两人都有对方死去的形象，两人脚本便产生了冲突，之前一起共度的时光就变得有争议，而非令人满足，即使双方脚本在其他方面是互补的。正是这种互补才导致婚姻的发生。当其中一人生病或处于痛苦中时，困难就会最明显地显现出来。基于死亡场景的常见剧本出现在年轻妻子和年长丈夫的婚姻中。即使愤世嫉俗的人说她是为了他的钱而结婚，但脚本场景也同样是个重要的原因。在危难时刻，她待在他身边，好的一面是为了照顾他，另一面也是为了不错过最后结局时的交际沟通。如果他从直觉上感知到这点，他们的婚姻便岌岌可危了，因为你很难和一个等待你死去的人相处。同样的情况，也可能出现在年轻丈夫和年长妻子的婚姻中，尽管这种情况不太常见。很明显，他们最初的脚本草案中，父亲是年迈的丈夫，或者母亲是年迈的妻子。

H. 绞刑架下的笑

实际的死亡场景是不可抗力或脚本指令的结果。由不可避免的命运造成的过早死亡——疾病、和平时期的暴力、战争，永远是彻头彻尾的悲剧。而脚本化的死亡通常以绞刑架下的笑或绞刑架幽默为标志。脸上带着微笑或嘴上讲着笑话死去的人，是死于他的脚本要求。他的微笑或笑话是在说："嗯，母亲，我现在正在遵循您的指示，哈哈。希望你快高兴。"18世纪伦敦的罪犯们是绞刑架幽默的真正门徒，他们经常在临死前说最后一句警句来取悦周围看热闹的人群，因为他们的死遵循了母亲的指令："你会像你父亲一样登上绞刑架，我的孩子！"许多名人的临终遗言也是笑话，因为他们也同样和母亲有关系："你死的时候会是个名人，儿子。"人类的不可抗力造成的死亡并没有带着这种轻浮，因为可能与母亲的指令"长寿"或者"快乐地死去"相矛盾。在德国集中营里则没有关于绞刑架幽默的故事（据我所知）。还有一个特别的禁令，"像享受生活一样享受死亡"，它允许人们讲临终笑话，即使死亡来得比母亲能承受的还要早。事实上，这样的笑话是为了减轻母亲的丧子之痛。

所有这些都意味着，多数情况下，女巫式父母计划杰德的寿命和他的死亡方式。除非有内部或外部的变故，他将自愿地决定执行父母的法令。

I. 死后的景象

在成功的脚本中，死后的景象通常具有良好的现实意义。杰德建立了一个庞大的组织，或留下了大量的著作，或养育许多孩子和孙子，他知道这些将延续他的生命，与之相关联的人们将送他安葬。然而，拿悲剧脚本的人，对他们死后会发生的事有着可悲的幻想。例如，不切实际的自杀者说"他们会后悔的"，然后想象人们会为他举办一场悲凉、感伤的葬礼（现实情况则是有可能会举行，也可能不会举行这样的葬礼）。愤怒的自杀者说"我死了他们会受到惩罚的"，而这个想法是错误的，因为大家可能很高兴远离他。"我要让他们知道"也是失败的，他的名字可能除了讣告文件之外，并没在报纸其他地方上出现。另一方面，绝望或沮丧的自杀者会悄悄地自杀，认为没人会真正注意或关心；实际上则可能因为一些不可预见的复杂情况而登上报纸头条。即使是为让妻子获得保险金而自杀的人，如果他没有仔细阅读保险单，这一目的可能也会落空。

一般来说，自杀的后果并不比杀死别人的后果容易预测。除了士兵和匪徒以外，死亡，无论是自杀还是杀人，都是一种想要解决生活问题的糟糕办法。当然，可能要自杀的人应该被明确告知以下两条不可侵犯的死亡规则：（1）所有孩子都超过18岁之前，父母不允许自杀。（2）父母任何一方还健在时，孩子不允许死亡。

没有未成年子女或没有父母在世的人，必须根据自己的得失来考虑自杀的问题。但是每位接受治疗的患者都必须做出坚定的承诺：不违反两条中的任意一条，如果两项规则都适用。某些病人也需要做出类似的承诺，即他们永远不会拿治疗师开的任何药物用作不正当目的（包括试图自杀）。

J. 墓碑

墓碑与T恤衫一样，有正反两面。这里要问的问题是："他们会在你的墓碑上写什么？""你会在墓碑上写什么？"典型的答案是："他们会说'她是个好女孩'。而我会说'我很努力，但没有成功'。"这里的"他们"通常指的是父母或父母式的人物。"他们"的墓志铭是反脚本，而病人自己写在墓碑上的是禁令："努力，但一定不要成功。"因此，墓碑上只写死者的好，因为一面说明他履行了反脚本的训诫，而另一面则表明他也是一个遵循母亲的脚本指示的乖孩子，无论指令是鼓励性的还是令人沮丧的。

如果病人不想说墓志铭，说自己不会有墓志铭，这个答案本身就具有意义。逃避死亡也是在逃避生活。但是治疗师应该询问这两个问题来获得墓志铭两面的内容："如果有的话，会是什么呢？"或者"嗯，你必须得有一个。"

K. 遗嘱

无论一个人对他死后的事如何幻想，他的遗嘱或他死后的文件都提供了令他获得结局的最后机会。他这一生可能都建立在一个谎言或隐藏的宝藏基础之上，只有在他死后，真相得到揭露后，才成为一次胜利——这是他和后代开的玩笑。这里有许多历史上的例子：只有当隐藏在壁橱里的手稿或画布被发现，或者是隐藏在纸张中的令人意外的作品被找到时，隐藏的才能才被曝光。隐藏的财富和贫穷通常是在遗嘱查证过程中被揭示出来的。遗嘱也是人们最喜欢的揭穿骗局的工具。最常见的例子之前已经提到：母亲把她的大部分财产留给了不孝顺的女儿，而把微薄的一小部分留给了悉心照料她的女儿。有时候是在读遗嘱时，重婚的罪行才被曝光。这里的问题是："你遗嘱中最重要的一条是什么？对那些你死后留下来的人来说，最让他们惊讶的是什么呢？"

我们已经根据杰德的脚本，讨论了从出生前一直到死后的情况。但在我们继续讨论治疗问题之前，还有很多有趣的事情需要探讨。

第三部分

脚本的运作

第十一章　脚本类型

A. 赢家、非赢家和输家

　　脚本是按一生来设计的。它们是基于童年期的决定和父母的编程，这些在之后的人生中不断强化。这种强化可能采取日常交流的形式，如为父亲工作的男人，或每天早上给母亲打电话八卦的女人。它也会以没那么频繁的、更微妙的偶尔通信来实现，但效果相同。在父母死后，孩子对其指令可能比以往任何时候都记得更清楚。

　　在脚本术语中，如前文所述，输家被称为青蛙，赢家被称为王子或公主。父母对孩子的期望是成为赢家或输家。他们希望孩子能在自己为之选择的角色中"快乐"。除非特殊情况，他们不希望孩子转变角色。以为养育青蛙的母亲希望女儿做一只快乐的青蛙，但她会拒绝女儿想成为公主的任何尝试。（"你以为你是谁？"）。一位抚养王子的父亲希望儿子快乐，但他常常宁愿看到他不高兴，也不愿让他变成青蛙。（"你怎么能那样对我们呢？我们已经给了你最好的一切。"）

　　关于脚本要确定的第一件事是，它属于赢家脚本还是输家脚本。通过听人说话通常可以很快发现其脚本类型。赢家会说"我犯了错误，但以后不会了。"或者"现在我知道正确的方法了"。而输家会说"要是……就好了""我原本应该……""是的，但……"他们是喜欢说"至少"的人："嗯，至少我没有"或者"至少，我有这么多值得感恩的事情"。非赢家会成为优秀的成员、雇员和奴隶，因为他们忠诚、工作努力、有感恩的心，不会制造麻烦。在社会上，他们讨人喜欢；在社区里，他们受人敬仰。输家只会间接地给世界带来麻烦，他们互相争斗时，就会牵连无辜的旁观者，有时是数百万人。输者给自己和他人带来最严重的苦难。即使站上顶峰，他们依然是输家。当脚本结局到来，他们会把其他人一起拖下去。

赢家是指履行了他与世界和他与自己的契约的人。也就是说，他开始做某事，声明他致力于做此事，而从长远结果来看他确实这样做了。他的契约（或者野心），可能是存10万美金、在4分钟内跑完一英里或者获得博士学位。如果他完成了目标，就是赢家。如果他最终负债累累，在淋浴时扭伤了脚踝或者大三时退学，显然就成了输家。如果他攒了1万美金，以4分5秒的成绩获得第二名，或者取得硕士学位后踏入职场，他就是"至少"的人：不是输家，而是非赢家。重要的是，他通常基于"父母"的编程来自己设定目标，而他的"成人"做出最后的承诺。请注意，以4分5秒为目标并达到目标的人仍然是赢家，而以3分59秒为目标却只取得4分5秒成绩的人是非赢家，尽管他的成绩高于野心较低的人。在短期内，赢家是指当上球队队长，与五月女王①约会，或在扑克牌游戏中获胜的人。而非赢家在球队永远接近不了球，与亚军约会，或者扑克游戏和人打成平局。至于输家，他进不入球队，没有约会对象，或者打牌会输掉。

另外，冠军队长与亚军队长处于同一级别，因为两人都有权选择自己的级别，并按自己制定的标准来进行自我评判。举个极端的例子，"比街上任何人的钱都少但没生病"是一个目标级别。无论谁做到这点，都是赢家。一个努力过却生病的人就是输家。典型的、经典的输家是那些没有正当理由却让自己遭受疾病或伤害的人（比如第三章中的黛拉）。如果他有正当的理由，他可能成为成功的烈士，这是通过失败而获胜的最好方式。

赢家知道如果他输了，接下来要做什么，但不会夸夸其谈；输家不知道输了以后该怎么办，但会喋喋不休谈论如果赢了他会做什么。因此，在赌桌或股票经纪人那里，在家庭辩论或家庭治疗中，只需要花几分钟就能

---

① 五月女王（may queen）是一项英国传统习俗。在五月时，人们会举行游行庆祝，并推选出一位女孩带上花冠走在游行队伍最前面。——译者注

快速分辨出赢家和输家。

基本的规则似乎是，赢家的脚本结局来自通过抗脚本口号的亲密型"父母"。非赢家的脚本结局来自控制型"父母"的禁令。而输家是在其父母不理智的"儿童"的刺激和引诱下，唤醒了自身自我毁灭的"恶魔"而慢慢走向糟糕的结局。

B. 脚本时间

无论输赢，脚本都是一种规划时间的方式，其跨度从在母亲胸前的第一次问候直到坟墓前的最后一次告别。人的一生时间被不做某事和做某事所耗尽或填满；从不做、总是做、以前不做、以后不做、一遍又一遍地做或做到没有什么可做。这些催生了"从不"和"永远"脚本、"直到"和"以后"脚本、"重复"和"开放"脚本。通过参考希腊神话更容易理解这些脚本，因为希腊人对这类东西很敏感。

"永远"脚本的代表是坦塔卢斯[①]，他要在看见食物和水的情况下永远忍受饥饿和干渴，再也不能吃饭喝水。有此类脚本的人，父母禁止他们做最想做的事，所以他们一生都被诱惑折磨和包围。他们顺应"父母"的诅咒，因为他们的"儿童"害怕自己最渴望的东西，所以备受折磨。

"总是"脚本遵循阿拉克涅[②]的故事，她敢于挑战女神密涅瓦的纺织技术，作为惩罚，她被变成了一只蜘蛛，余生都要在织网中度过。这样的脚本来自恶毒的父母，他们说："如果你想这样做，那你就这样过一辈子吧。"

[①] 希腊神话中宙斯之子，起初很受众神宠爱，后因骄傲自大侮辱众神，被打入地狱，永远受痛苦的折磨。因此，"坦塔卢斯"常用来比喻受折磨的人；"坦塔罗斯的苦恼"用来喻指看得见目标却永远不可能达到目标的痛苦。——译者注

[②] 罗马文学中的人物。她有高超的纺织技术，曾向女神密涅瓦挑战织布技巧，失败后自杀，密涅瓦将其救活，变成上半身为女人，下半身为蜘蛛的样子，在一张巨大的蜘蛛网里不停织布。——译者注

"直到"或"以前"的脚本遵循伊阿宋的故事，他在完成某些任务以前不能成为国王，到了一定的时间，他才得到奖赏，度过了幸福的10年。赫拉克勒斯也有类似的脚本：直到做满12年奴隶，他才能成为神。

"以后"脚本来自达摩克利斯①。达摩克利斯被允许享受成为国王的幸福，直到他注意到一把挂在他头上的剑，拴在一根马鬃上。"以后"脚本的座右铭是："你可以享受一段时间，但之后你的麻烦便开始了。"

"重复"脚本是西西弗斯的故事。他被判将一块沉重的石头滚到山上，就在马上到达山顶的时候，石头又滚落下来，他不得不重新开始。这是经典的"几乎成功了"脚本，跟着一个又一个"要是……就好了"。

"开放"脚本是非赢家或"天上掉馅饼"的场景，遵循菲利蒙和鲍西斯的故事，因为所做的善行，他们得到了奖励，即变成月桂树。执行了"父母"指令的老人不知道一切结束后该做什么，余生像植物一般单调无聊，或像树叶在风中沙沙作响一样闲聊。这是许多母亲在孩子们长大成人奔向各处后的命运。还有按照公司规定和父母指令工作30年后退休的男人，也是同样的命运。如前文所述，"资深公民"社区到处是已完成人生脚本的夫妇，在等待"应许之地"的时候，不知该如何规划时间。在"应许之地"，曾善待员工的人可以开着黑色大汽车慢慢沿左侧车道行驶，不会被一群没有教养的青少年开着旧车改造的高速汽车朝他们摁喇叭。"我十几岁的时候也精力旺盛，"爸爸说，"但是现在……"妈妈补充道："你绝对想不到他们居然……我们总是……"

---

① 来自于罗马传奇故事。他奉承自己的国王，认为身为国王非常幸运，国王便与他交换身份一天。达摩克利斯这一天都很高兴，直到他发现王座上方有一把仅用马鬃悬挂的剑。英文有"达摩克利斯之剑"的表达，喻指即将到来的灾难。——译者注

C. 性与脚本

所有这些脚本类型都有与性相关的一面。"从不"脚本可能禁止爱情或性爱，或两者都禁止。如果他们禁止爱情而不是性爱，那就是滥交的许可证。一些水手、士兵和流浪者会充分利用这一许可，妓女和风尘女子靠此来谋生。如果他们禁止性爱，但不禁止爱情，就会培养出牧师、僧侣、修女和那些做抚养孤儿等善事的人，滥交的人不断被忠诚的爱情和幸福的家庭所吸引，而慈善家们则不断被诱惑做一些出格的事。

"总是"脚本的典型例子，是因某些罪行被父母赶出家门的年轻人。父母通过以下言语促使了此类事发生，例如："如果你怀孕了，就去流落街头"和"如果你想吸毒，就没人管你了"。把女儿变成这样的父亲可能从她10岁起就对她有了邪念，而因为儿子抽大麻而把他赶出家门的父亲，当晚可能通过大醉一场来减轻自己的痛苦。

在"直到"脚本中，父母的编程最明显，因为它通常包含直白的命令："你直到结婚才能有性爱。""直到你照顾好母亲（或者直到你完成大学学业），你才能结婚。""以后"脚本中的"父母"影响几乎同样直白，悬挂的剑上闪烁着明显的威胁："在你结婚有孩子之后，你的麻烦便开始了。"若将其转化为行动，则意为："结婚前，尽量多找几个女朋友。"婚后，它减缩为"一旦你有了孩子，麻烦便开始了……"①

"重复"脚本总是催生伴娘，而不是新娘，以及其他一次次努力却从未成功的人。"开放"脚本的结局是，年迈的男人和女人失去了活力，没有遗憾、心满意足地回忆曾经的辉煌。拿此类脚本的女人热切地期盼更年期，希望这能解决她们的"性问题"，男人们则将时间投入工作，同样是希望以此来摆脱性方面的义务。

---

① 本节内容的表达与我之前的作品（如上文所述）相同，因为我想不到比之更好的表述方式。许多脚本分析师应该都知道，我已在演讲中使用这些表述多年。

在更亲密的层面上，每一类脚本都对实际的性高潮施加影响。当然，"从不"脚本除了制造老处女、单身汉、妓女和皮条客，也培养性冷淡的女人。她一生中从未经历过性高潮。这一脚本还产生性无能的男子，他只有在没有爱情的情况下才能获得高潮。弗洛伊德曾描述过此类经典案例。男子与他妻子同房时性无能，与妓女行房却没有问题。"总是"脚本催生女色情狂和唐璜式的花花公子，他们一生都在不断地追求高潮。

"直到"脚本有利于苦恼的家庭主妇和疲惫的商人，在家里或办公室的每个角落都被整理好之前，他们不会有任何性欲。即使已经唤醒了性欲，他们也会在最关键的时刻被"冰箱门"和"记事本"游戏打断。他们必须跳下床去完成一些小事，比如检查冰箱门是否关好，或匆忙记下隔天早上去办公室要做的第一件事。"之后"脚本通过忧虑来干扰性爱。例如，对怀孕的恐惧会阻止女人拥有愉快的高潮，也会导致男人高潮来得太快。性交的中断会让性爱双方自始至终都处于紧张状态。如果这对夫妇因为太害羞而未使用其他方式来让妻子满足，就会使妻子滞留在兴奋的状态。事实上，人们常用"满足"一词来描述这一特殊问题，它已经说明存在着某种问题，因为良好的高潮应该比苍白的"满足"有意义得多。

"重复"脚本会为许多女性输家敲响警钟。她们在性交过程中越来越兴奋，就在即将达到高潮时，男人先达到了高潮（可能是在她的帮助下），之后她立马失去了兴奋感。这种情况可能会在很多年里夜复一夜地发生。"开放"脚本对那些认为性是一种努力或义务的老人产生影响。一旦翻过山，他们就"太老了"，不适合再有性爱。他们的身体因缺乏使用而枯萎，同时枯萎的还有皮肤、肌肉和大脑。现在他们无事可做，只能想办法打发时间，直到身体生锈。为了避免这种植物式的单调生活，脚本不应有时间限制，而应该设计成贯穿整个人生，无论寿命有多长。

人的性能力、性冲动和性力量在某种程度上取决于遗传和两人的化学反应，但它似乎更受到童年早期的脚本决定以及导致这些决定的父母编程的影响。因此，他一生中性行为的使用权力和频率，以及爱的能力和意愿，绝大部分是在6岁时就已决定。这一点在女性身上表现得更明显。有些女性很早就决定长大后要成为母亲，而另一些人则很早决定永远保持处女身。不论哪种情况，男女的性行为都不断受父母意见、成人预防措施、幼时决定以及社会压力和恐惧的干扰。因此，自然的冲动和周期被抑制、夸大、扭曲、忽视或污染。结果就是，任何所谓的"性"都成为游戏行为的工具。希腊神话中发生在奥林匹斯山的简单沟通，形成了脚本的原始形态，演化为民间故事里的诡计和花招。所以欧罗巴变成了小红帽，普罗塞皮娜变成了灰姑娘，尤利西斯变成了愚蠢的王子之后又变成了一只青蛙。

D. 时钟时间和目标时间

第二章讨论了短期社交内规划时间的方法，可用的选择是退缩、仪式、闲聊、活动、游戏和亲密。每一个都有开始和结束，即转换点。在较长的时间内，脚本也有切换点，即玩家在戏剧三角中从一个角色切换到另一角色。

理查德·谢克纳对戏剧中的时间模式做了详细科学的分析。这一分析同样适用于现实生活中脚本的戏剧化。其中两种最重要的时间模式，他称之为"设定时间"和"事件时间"。设定时间由时钟或日历运行。在某个时刻开始和结束动作，或者在给定的某时间段内完成动作，就像足球比赛那样。脚本分析中，我们称其时钟时间（Clock Time）。在事件时间内，活动必须要完成，就像一场棒球比赛，无论它需要多长时间，我们称之为目标时间（Goal Time）。有时两种时间会组合在一起。拳击比赛可以在所有回合完成后结束，这就需要设定时间或时钟时间，或者当一人被击倒时结束，即事件时间或目标时间。

谢克纳的理论对脚本分析师很有用，尤其是在处理"可以"和"不可以"脚本时。做家庭作业的孩子可以得到五种不同的指令。"你需要充足的睡眠,所以可以在九点钟停止写作业。"这叫作时钟时间的"可以"。"你需要充足的睡眠,所以九点钟以后你不可以写作业。"这是时钟时间的"不可以"。"你的家庭作业很重要,所以你可以熬夜完成。"这是目标时间的"可以"。"你的家庭作业很重要,所以在你在做完之后才可以上床睡觉。"这是目标时间的"不可以"。两个"可以"会解放孩子,两个"不可以"可能激怒孩子,但没有一个会做出严格的规定。"你必须在九点前完成家庭作业,这样你才可以睡觉。"这里,时钟时间和目标时间合二为一,可以称作"匆忙行事(Hurry up)"。很明显,每个指令都会对孩子的家庭作业和睡眠状况,以及他成年后的工作习惯和睡眠习惯产生不同的影响。从火星人的角度来看,它们对孩子脚本的影响可能与父母想表达的意思大有不同。例如,时钟时间的"不可以"可能会导致失眠,而目标时间的"不可以"终一天会导致自我放弃。(第六章提到的查克就是处于目标时间的"不可以",他最终求助于心理治疗而不是心脏病,而另外的人可能更喜欢心脏病。)

　　以上关于时间模式的清单很重要,因为它有助于说明在遵守脚本禁令的同时,人们选择如何规划时间。"你可以活到40岁。"(时钟时间"可以")他可能常常忙于做他想做的事;"你可以活到妻子去世。"(目标时间"可以")他可能会花更多时间考虑如何推迟这一事件,让他妻子好好活着。"在你遇到合适的男人之前,你不可以这样做。"(目标时间"不可以")她可能会花很多时间寻找男人。"直到你21岁前,你不可以这样做。"(时钟时间"不可以")她有时间做其他事情。它也解释了为什么有些人是由时钟控制的,而有些人则以目标为导向。

第十二章　典型脚本

脚本是限制自发的和创造性的人类愿望的人造系统，就像游戏是限制自发的和创造性的亲密关系的人造结构一样。脚本就像一块装饰过的磨砂玻璃，父母把它放在杰德和世界（以及他们自己）之间，然后杰德固定好它，并保持它良好的状态。他通过这块玻璃凝视世界，世界也通过玻璃凝视他，希望看到他真正的样子，或至少是一次人性的闪烁或爆发。但由于世界是在透过磨砂玻璃凝视，能见度并不比两个在浑浊河底带着面罩的潜水员好。火星人擦净了他面部玻璃上的雾气，这样就可以看得更清楚一些。以下是一些他所看到的东西的例子，能帮我们解释脚本如何在每种情况下回答这一问题："说完'你好'之后，说什么？"

A. 小粉帽或"流浪儿"

小粉帽是个孤儿，她曾经坐在森林里的空地上等待需要帮助的人经过。有时她会在小路上漫步，以防有人在树林其他地方需要她帮助。她虽然很穷，没多少东西，但她自由分享所拥有的东西。当人们需要帮助时，她总会伸出援手，她的脑子里充满了智慧的戒律，这是她在父母还活着时从他们那里学到的。她也有很多快乐的俏皮话，她喜欢让那些害怕在森林迷路的男人高兴起来。这样一来，她交了很多朋友。但周末她总是很孤单，因为那时每个人都在草地上野餐，只有她独自一个人在森林里，她有点害怕。有时他们邀请她一起去，但随着她年龄的增长，这种情况越来越少。

她的生活与小红帽不同,事实上,她们见面后相处得很不好。小红帽匆匆穿过森林,经过小粉帽坐着的空地。她停下来说"你好",她们俩彼此对视了一会儿,以为会成为朋友,因为她们看起来有点像,只是一位穿着粉红色的斗篷,一位穿着红色的。

"你要去哪里?"小粉帽问,"我之前从未在这里见过你。"

"我给我祖母带了些妈妈做的三明治。"小红帽回答说。

"哦,多好啊。"小粉帽说,"我没有妈妈。"

"而且,"小红帽骄傲地说,"等我到了我祖母家,我想我会被一只狼吃掉的。"

"哦,"小粉帽说,"嗯,每天吃个三明治就可以赶走狼。当聪明的孩子遇到她的狼时,能认出来。"

"我不觉得你那些快乐的俏皮话很有趣,"小红帽说,"再见了。"

"你怎么这么高傲?"小粉帽问道。但是小红帽已经走了。"她没有幽默感,"小粉帽想,"但我认为她需要帮助。"于是,小粉帽走进森林,寻找一位可以保护小红帽不受狼伤害的猎人。最后,她找到一位她的老朋友,告诉他小红帽遇到了麻烦。她跟着猎人走到小红帽祖母住的小屋门口,看到了那里发生的一切。小红帽躺在床上,狼正要吃掉她,猎人杀死了狼,他和小红帽一边笑着开玩笑,一边割开狼的肚子,把石头放进去。但小红帽却没有感谢小粉帽,这让小粉帽很伤心。一切结束后,猎人和小红帽成了更好的朋友,这让小粉帽更伤心了。她开始每天吃活力浆果,却因此睡不着觉。所以晚上她又吃瞌睡浆果。她还是个可爱的孩子,仍然乐于助人,但有时候她认为必须得吃过量的瞌睡浆果才行。

临床分析

主题:小粉帽是个孤儿,或者有理由感觉自己是孤儿。她是个可爱的孩子,脑袋里充满了睿智的训诫和快乐的俏皮话,但她总是把思考,组织和实施一些事的机会让给别人。她很认真,随时准备帮助别人,因此有很多"朋友"。但不知怎么的,她最终总是被冷落。然后,她开始喝酒,服用刺激药物和安眠药,并经常想到自杀。在她说了"你好"之后,她会说一些俏皮话,但只是为了打发时间,直到最后她有机会问:"我能帮你什么吗?"这样她就可以和一个输家建立"深厚"的关系,但和赢家在一起时,说完俏皮话以后她就不知道怎么办了。

临 床 诊 断:慢性抑郁反应

童 话 故 事:小粉帽

角　　　色:爱助人的孩子,受害者,拯救者

转　　　换:拯救者(建议者,亲密型"父母")到受害者(悲伤的孩子)

父母的训诫:"做一个乐于助人的好女孩"

父母的模式:"要这样帮助人"

父母的禁令:"不要拥有太多,不要得到太多,然后慢慢失去价值"

童年的口号:"履行你的职责,不要抱怨"

心 理 定 位:"我不好因为我抱怨了"

　　　　　　"他们好,因为他们可以拥有一些东西"

决　　　定:"我会因为抱怨而惩罚自己"

脚　　　本:慢慢失去价值

反　脚　本:学习如何帮助人

T　恤　衫:正面——"我是一个可爱的孩子"

　　　　　　反面——"但我是个孤儿"

游　　　戏:"无论我有多努力"

心 理 点 券:抑郁

脚本回报/结局:自杀

墓　志　铭:"她是个好孩子"

　　　　　　"我尽力了"

对立主题：不要再做个可爱的孩子了

许　　可：用她的"成人"来得到有价值的东西

分　类

小粉帽是输家脚本，因为她得到的一切都失去了。这是一个目标结构的"不可以"脚本，标准口号是"除非你遇到王子，否则你无法成功。"它基于"从不"脚本："永远不要为自己要求任何东西。"在她说"你好"以后，她会证明自己是个乐于助人、可爱的孩子。

B. 西西弗斯或"我又这样了"

这是关于杰克（Jack）和他的叔叔荷马（Homer）的故事。杰克（Jack）的父亲是一位战斗英雄，在杰克很小的时候牺牲了，他的母亲不久也去世了。他是由叔叔荷马抚养长大的。叔叔是一个很穷的运动员，喜欢吹牛。他教杰克各种运动和竞技比赛。如果杰克赢了，荷马就会非常生气地说："你认为你很了不起吗？"如果杰克输了，叔叔就会轻蔑又友好地嘲笑他。所以一段时间后，杰克开始故意输掉比赛。他输得越多，叔叔就越高兴越友好。杰克想成为一名摄影师，但叔叔说这是"娘娘腔"才会做的工作，他应该成为一位体育明星。最后杰克成了一名职业棒球运动员。其实荷马真正想要的结果是杰克试图成为一个体育明星，但最终失败了。

有叔叔这样的人做朋友，接下来发生的事儿就一点也不奇怪了：杰克在马上要进入大球队的时候扭伤了手臂，不得不退出比赛。正如他后来所说的，很难解释像他这么有经验的球员在春训中会发生如此严重的扭伤，因为春训中每个人都很放松，以便在赛季开始前不会受伤。

杰克后来成了一名推销员。他总是一开始做得很好，得到的订单也越来越大，直到他成为老板最爱的员工。这时候，他就会有不认真工作的冲动。他会晚睡，并忘记他的文件工作，导致订单交货推迟。他曾是非常优秀的推销员，甚至不用出去推销，顾客就会主动打电话给他；但他会忘记帮他们下单。由于这些原因，他不得不和老板共进晚餐，以私人的方式长时间地讨论他出现的问题。每次交谈后，他会稍微振作一点，但过了一段时间，状况又开始下滑。最终他会迎来最后一顿晚餐，老板会友好地解雇他。然后他会找另一份工作，重新开始这一过程。对他而言比较困难的是，推销员总是不得不撒点谎，进行些欺骗，这让他很苦恼。

治疗的结果是，杰克离开了叔叔，决定重回学校读书，然后成为一名社会工作者。

临床诊断

主题：西西弗斯工作非常努力，并接近成功的边缘。这时候，他会放弃努力，停止工作，失去他所获得的一切。然后他必须从底部重新开始，并重复这个循环。

临床诊断："抑郁反应"

神　　　话："西西弗斯"

角　　　色："被遗弃的孩子，迫害者，拯救者"

切　　　换："英雄（成功）到受害者（失败）到拯救者"

父母的格言："做一个坚强的英雄，而不是娘娘腔"

父母的模式："欺骗一点点"

父母的禁令："不要成功"

童年的口号："我是英雄的儿子"

心理定位："我不好，因为我真的是个娘娘腔"
　　　　　　"他们好，因为他们成功了"

决　　　定："我必须成为一个英雄"

脚　　　本："不要成功"

T 恤 衫：正面——"我是个超级销售员"
　　　　　反面——"但是别从我这儿买任何东西"
游　　　戏："我又这样了""笨手笨脚"
心 理 点 券：抑郁和愧疚
脚 本 结 局：性无能和自杀
墓 志 铭："他努力尝试了"
　　　　　"我没有成功"
对 立 主 题：别再听你叔叔的话了
许　　　可：回到学校，成为一名帮助遗弃儿童的社会工作者

分　类

西西弗斯是输家脚本，因为每次他接近顶端，就会再次一路滚下来。这是一个目标结构的"不可以"脚本，口号是："没有我，你不可以成功。"它基于"重复"脚本，"尽可能多试试。""你好"和"再见"之间的时间则是一个"我又这样了"的游戏。

C. 玛菲特小姐或"你吓不到我"

玛菲特（Muffet）每晚坐在酒吧凳子上，喝威士忌酒。一天晚上，一个相当粗野的人坐在她身边。他吓坏了她，但她并没有离开。最终，她嫁给了他，以便照顾他，让他能写出更好的小说。他喝醉的时候会打她，清醒的时候会用言语羞辱她，但她仍然没有离开。小组其他成员一开始为她感到难过，并对她丈夫的行为感到震惊，但几个月过去了，他们的态度发生了变化。

"为什么不从土堆上爬起来，做点什么来改变现状？"他们会说。"你似乎真的很高兴能有一个悲伤的故事告诉大家，所以你是在认真地玩一场

'是不是很糟糕'的游戏。"

有一天，Q医生问她最喜欢什么童话故事。

"我没有，"她回答。"但我有一首最喜欢的童谣，'小玛菲特小姐'[①]。"

"所以，这就是为什么你坐在小土堆上的原因？"

"是的，他遇见我的时候，我就坐在小土堆上。"

"那他为什么没有吓跑你呢？"

"因为在我小的时候，妈妈告诉我，如果我离家出走，我会遭遇更大的麻烦。"

"嗯，最开始的小土堆呢？"有人问道。

"哦，你指的是那个小便盆吧？嗯，他们确实让我坐那里，他们的威胁吓坏了我，但我太害怕了，不敢站起来跑掉。"

因此，她的脚本与玛菲特小姐一样，只是她不被允许逃跑，也不知道她可以跑到哪里去。与此同时，她没有喝威士忌。这群人允许她离开土堆，扔掉奶油，按自己的想法活。以前，她看起来总是很痛苦，而现在她开始有笑容了。

她丈夫知道，在你对玛菲特小姐说"你好"之后，应该说"砰！"然后她就应该跑掉。大多数女孩都是如此。但如果你对玛菲特小姐说"砰"，她没有跑掉，唯一要做的就是再说一次。他也是这么做的。事实上，这就是他对她说过的唯一的话，也许还说了："呸！"

临床诊断

主题：玛菲特小姐坐在土堆上，感觉自己好像凝固了，她在等待一只蜘蛛，这是她唯一能期待的。当蜘蛛来到时，试图吓唬她，但她决定这是世界上最美丽的蜘蛛，并和它呆在一起。它继续定期地吓唬她，她拒绝逃跑。但当它说她反而吓到了它时，玛菲特真的害怕了。她四处寻找另一只

[①] 英文经典童谣，中文翻译如下：玛菲特小姐，坐在土堆上，吃着凝乳和奶油，旁边来了一只大蜘蛛，坐在她旁边，吓跑了玛菲特小姐。——译者注

蜘蛛，但找不到像自己的这只这么漂亮的了，所以只要她还能帮它织网，她就会一直跟着它。

临 床 诊 断：性格障碍

童　　　谣：玛菲特小姐

角　　　色：拯救者，受害者

转　　　换：(情境的)受害者到(男人的)拯救者到(男人的)受害者

父母的建议："不要放弃"

父母的模式："这是如何忍受的方法——喝酒"

父母的禁令："不要离开，否则你会遇到更糟的麻烦"

心 理 定 位："我好——如果我帮助他创作的话"

　　　　　　 "他好——他在创作"

决　　　定："如果我不能创作，我会找到一个可以的人"

T　恤　衫：正面："我能应付"

　　　　　　 反面："踢我"

游　　　戏："踢我吧""是不是很糟糕？"

对 立 主 题：不要坐在你的小土堆上，停止喝酒

许　　　可：按自己的想法活

分　类

玛菲特小姐是一个非赢家脚本。她永远不会成功，但至少她有一只蜘蛛可以在她旁边。这是一个目标结构的"可以"脚本，口号是："你可以帮他创作。"它基于"直到"脚本："独自坐着，直到你遇到蜘蛛王子，然后你才可以开始生活。""你好"和"晚安"之间的时间是由争吵、喝酒、爱和工作构成的。

D. 老兵不死[①] 或"谁需要我?"

麦克（Mac）是名勇敢的军人，也很关心自己的下属。但有一天，由于无知或不服从纪律，很多士兵牺牲了，麦克对此很自责。再加上疟疾、营养不良和其他一些事情，最终导致他崩溃。康复以后，他不停地工作，工作，这样就不会有时间想那么多。但无论他多么努力工作，似乎都无法成功。如果想要摆脱债务，他还得做更多的工作。麦克是一名宴会承办商，他参加了各种婚礼和其他庆祝活动，自己却从来没有任何值得庆祝的事。他一直是旁观者，通过美食、美酒、安慰和建议帮助别人感觉良好，然后他就会觉得自己被需要。晚上是最难熬的时候，他独自一人，胡思乱想。周六晚上是最好的时候，他可以喝醉，忘记过去，感觉自己好像是欢庆人群中的一员。

这样的状况在他参军之前就开始了。六岁那年，母亲和一个当兵的私奔了。确定母亲真的离开后，他发了高烧，试图自杀。因为母亲的离开意味着她不需要他。他高中就早早开始努力赚钱，但每次他稍微存点积蓄，父亲就会以各种方式骗走他的钱。如果他给自己买了什么东西，父亲就会拿去卖掉换钱。他嫉妒学校里的其他男孩，因为他们有母亲，并为此经常和同学打架。他不介意在校园里鼻青脸肿，但他无法忍受看见战争中的尸体。他是个好枪手，但总是为他杀死的敌人感到难过。他也没有因为自己的人被杀而仇恨敌人，因为他把下属的死都归罪自己。他觉得自己死去的战友们在某个地方看着他，所以他非常小心，避免因为玩得太开心而伤害到他们。只有喝醉了不算数，或者也算数？他永远无法确定。有一两次，他试图制造车祸，结果伤得很严重，但还是活了下来。他自杀的主要方法是即使有支气管炎也大量吸烟。经过长时间的治疗，他和母亲成为朋友，这让他感觉好多了。

---

① 《老兵不死》是麦克阿瑟退役时在国会的著名演讲。——译者注

临床分析

主题：老兵对他母亲来说不够好，也让朋友们失望了。因此，他被判永远努力工作而不能取得成功。他是生活中的旁观者，不能获得乐趣。他总是乐于助人，这意味着承担更多的工作，但这让他觉得被需要。死亡是他唯一的解脱，但他不能通过真正的自杀来伤害那些爱他的人。他所能做的就是慢慢地消逝。

临 床 诊 断：补偿性精神分裂症

歌　　　　曲：老兵永远不死

角　　　　色：失败的拯救者，迫害者，受害者

转　　　　换：（父母的）受害者到（别人的）拯救者到（情境的）受害者

父母的训诫："努力工作，帮助别人"

父母的模式："这是如何忍受的办法——喝酒"

父母的禁令："不要继续前进"

心 理 定 位："我不好"

　　　　　　"他们都好"

决　　　　定："我要努力工作到死"

T　恤　衫：正面——"我是个好人"

　　　　　　反面——"就算这会杀了我"

闲　　　　聊：回忆战争

游　　　　戏："我只是想帮你们"

对立主题：停止自杀

许　　　　可：融入大家，继续前进

分　类

老兵是非赢家脚本，因为对老兵而言，不取得成就才是他的荣誉。这

是一个目标结构化的"不可以"脚本，口号是："直到他们再次需要你，你才能前进。"它是基于"之后"脚本，"战争结束后，你只能消逝"，等待通过帮助人们和讨论部队生活填满时间。

E. 屠龙者或"父亲懂得最多"

从前有个叫乔治（George）的男人，他以屠杀恶龙和四处采花劫色而闻名。他以完全自由的精神四处游荡——至少看起来是这样。一个夏天，他漫步穿过草地，看到远处的浓烟和窜向空中的火焰。他赶到现场时，听到一阵可怕的咆哮，其中夹杂着一位少女痛苦的尖叫声。"啊哈！"他喊着，伸出长矛。"这是不到一周内的第三条恶龙和少女。我会杀死恶龙，我的勇敢肯定会得到丰厚的回报。"过了一会儿，他朝恶龙喊道："停下，你这个傻大个儿！"又对姑娘说："不用怕！"恶龙后退了一点，爪子刨着地，期待着把两人一顿吃掉，还期待它最喜欢的东西：一场精彩的战斗。姑娘名叫乌苏拉（Ursula），她伸出双臂喊道："我的英雄！我得救了。"她很高兴，不仅期待着被救以及观看一场精彩的战斗，而且（因为她不是真正的少女）也期待着对她的拯救者表示感激。

乔治和恶龙同时后退，准备冲锋，而乌苏拉则为他们加油。就在这时，另一个人出现了，他骑着配有银质马鞍的马，鼓鼓囊囊的鞍袋里满是金币。

"嘿，孩子！"新来的人叫道。乔治转过身来，惊讶地说："爸爸！见到你真是太好了！"他背对恶龙下了马，去吻他父亲的脚。接着是一场热烈的谈话，乔治一直说着："是的，父亲。""当然是，父亲。""你说什么都对，父亲。"乌苏拉和恶龙都听不到他父亲在说什么，但是很快就明白谈话会无限期地继续下去。

"哦，看在老天爷的份上！"乌苏拉厌恶地跺着脚说，"有些英雄真是的！他老爸一出现，他就在那卑躬屈膝，都没有时间管弱小可怜的我了。"

"你说得对，"恶龙说。"他俩得一直聊下去了。"于是，它关掉自己的火焰喷射器，翻过身来睡着了。

最后那老人骑马走了，乔治准备回来继续战斗。他又伸出长矛，等待恶龙起来冲锋，乌苏拉为他加油。结果，乌苏拉说："混蛋！"然后走开了。恶龙站起来说："无用的家伙！"它也走开了。乔治看到后喊道："嘿，爸爸！"然后飞奔着去找他父亲了。乌苏拉和恶龙同时转过身来，对着他背影喊道："可惜你父亲太老了，否则我就找他不找你了。"

F. 西格蒙德或"如果这样不行，换一种方式"

西格蒙德（Sigmund）决定成为一个伟人。他勤奋工作，他试图进入当权者队伍，这对他来说应该是天堂，但他们不让他进。所以他决定去看看地狱。那里没有任何组织，也没有人在意这件事。所以他成了地狱的权威，即地狱人的"无意识"。他非常成功，过了一段时间，他成了当权者。

临床分析

主题：杰德决定成为一个伟人。人们给他设置了各种障碍。他没有耗费一生与他们正面战斗，而是绕开他们，寻找值得他花费力气的挑战，然后成了伟人。

临床诊断：恐惧症
英　　雄：汉尼拔和拿破仑
角　　色：英雄，反对者
转　　换：英雄，受害者，英雄
父母的训诫："努力工作，不要放弃"

父母的模式:"利用你的智慧,找出该怎么做"

父母的禁令:"做一个伟人"

心 理 定 位:"我好——如果我能创造"

　　　　　　"他们好——如果他们能思考"

决　　　定:"如果我不能到达天堂,就进入地狱"

T 恤　衫:无

心 理 点 券:不收藏点券

游　　　戏:没有时间玩游戏

对 立 主 题:不需要

许　　　可:已经足够了

分　类

这是赢家脚本,因为杰德是脚本驱动的,他做了自己必须做的事。这是一个目标结构化的"可以"脚本,口号是"如果这样不行,换一种方式。"它基于"总是"脚本,"总是继续努力。"说完"你好"之后,下一件事就是开始工作。

G. 弗洛伦斯或"看穿一切"

弗洛伦斯(Florence)[①]的母亲希望她嫁入上流社会,过安稳的生活。但她觉得上天告诉她,她的命运是为人类服务。14年来,她周围的每个人都极力反对她的决定,但她最终得偿所愿,开始了自己的护士生涯。周围人仍然反对她,然而她通过巨大的努力,获得了政府甚至女王的支持。她全身心投入自己的工作,不理会任何阴谋诡计,也不关注公众的赞誉。她不仅改革了护理方法,而且也彻底改革了整个大英帝国的公共卫生问题。

[①] 即近代护理事业创始人,英国护士弗洛伦斯·南丁格尔。——译者注

临床分析

主题：弗洛伦斯的母亲希望她在社交场合得心应手，但她内心的某个声音告诉她注定要做更伟大的事情。她为此极力与母亲抗争。其他人为她设置障碍，但她没有将时间花在玩心理游戏上，而是绕开他们去寻找更多的挑战，最终成了一位女英雄。

临 床 诊 断：青春期危机伴有幻想

英　　　雄：圣女贞德

角　　　色：女英雄，对手

转　　　换：受害者，女英雄

父母的训诫："嫁个有钱人"

父母的模式："照我们说的做"

父 母 禁 令："不要反驳"

幻想的禁令（大概是父亲的声音）："成为一个像圣女贞德那样的女英雄"

心 理 定 位："我好——如果我能创造"

　　　　　　 "他们好——如果他们允许我创造"

决　　　定："如果我不能以一种方式服务人类，我会换另一种"

T　恤　衫：正面——"照顾好士兵"

　　　　　　 背面——"比以前做得更好"

心 理 点 券：不收藏点券

游　　　戏：没有时间玩游戏

对 立 主 题：不需要

许　　　可：已经足够了

分　类

这是赢家脚本，与上一脚本属于同一类。两种情况中，主人公都拿到了输家脚本（汉尼拔、拿破仑、圣女贞德）。他们不顾外部反对将其转变为赢家脚本。这是通过保留其他可能的开放性而实现的，因为这样就可以绕过反对者而不是与之正面交锋。这体现了灵活性的优点，它丝毫不会降低决心或有效性。因此，如果拿破仑和圣女贞德做出了有条件的决定，他们的脚本结局会截然不同：例如"如果我不能与英国人作战，我就会与疾病作战"。

H. 悲剧式脚本

赢家之所以成为赢家，是因为有赢家脚本，还是因为有独立自主的许可，仍然存在相当大的争论。但毫无疑问，输家是在遵循父母的计划和自己内心恶魔的要求。悲剧脚本（斯坦纳称之为"哈马提亚"式脚本）要么优良，要么低劣。优良的脚本是优秀戏剧的创作灵感来源，而那些低劣的脚本重复同样的场景和同样的旧情节。社会为他们提供了一些区域，以便输家可以获得结局：酒吧、当铺、妓院、法庭、监狱、公立医院和停尸房。由于这类脚本的结果是相似的，因此很容易分辨其中的脚本元素。因此，关于精神病学和犯罪学的书籍提供了大量广泛的病例，是研究脚本的极好材料。

"法西斯式嘲讽"给孩子写了一个糟糕的脚本，孩子以"怀旧囚犯"的原则坚持脚本。"法西斯式嘲讽"历史悠久，其工作原理如下：人们被告知，敌国的君王或首领肮脏、语不连贯、堕落、残暴，更像动物而非人。被抓获后，他被关在一个笼子里，里面有一些破布，没有厕所设施，也没有餐具。他被展览了一个星期，当然看起来肮脏、语不连贯、堕落、残暴，随着时间的推移，他变得越来越如此。然后征服者微笑着说："我告诉过你们吧。"

孩子本质上是他们父母的俘虏，可以被父母改变成任何样子。例如，一个女孩被告知她是一个歇斯底里、自怜的爱哭鬼。父母知道她的弱点，所以在客人面前折磨她，直到她觉得无法忍受，流下眼泪。因为已被贴上"自怜"的标签，她努力不哭，而当她终于忍不住时，就会有一场大爆发。然后父母会说："多么歇斯底里的反应啊！每次我们有客人时，她都会这样做。真是个爱哭鬼。"脚本分析研究的关键问题是："你如何抚养孩子，她长大才会像这位病人那样？"在回答这个问题时，脚本分析师能够在病人说出来之前准确地描述病人的成长经历。

许多在监狱里待了很多年的人觉得外面的世界冷漠、艰难、可怕，于是为了再次入狱而犯罪。监狱可能很痛苦，但它是个熟悉的地方。他们知道这里的规则，不会遇到严重的麻烦，这里还有老朋友。同样地，当一个病人试图从他的脚本笼子里挣脱出来时，他发现"外面"很冷，因为他不再玩旧游戏，失去了他的老朋友，不得不制作新游戏，这通常是很可怕的。因此，他像一个怀旧的囚犯一样，回到了过去的生活。

所有这些都使脚本及其效果更容易理解。

第十三章　灰姑娘

A. 灰姑娘故事的背景

对脚本分析师来说，灰姑娘的故事包含了一切。它包括各种各样相关联的脚本，无数"角落"和"缝隙"都可以产生令人愉快的新发现。每个角色在现实中都能找到成千上万的对应人物。

在美国，灰姑娘通常指的是《小水晶鞋》。这是查尔斯·佩罗（Charles Perrault）法语版本的翻译版，初版发行于1697年，由罗伯特·桑伯（Robert Samber）于1729年首次译为英文。在写给格兰维尔女伯爵（Countess of Granville）的献词中，桑伯明确表示，他清楚这些故事对脚本的影响。他说柏拉图"希望孩子们就着牛奶吸收这些寓言，并建议抚育孩子的人把它们教给孩子"。佩罗所说的"灰姑娘"故事的寓言，当然是指"父母的训诫"。

> 我们称之为美好优雅的东西，
> 绝不只是漂亮的脸蛋；
> 它的魅力远超其他，
> 这正是好教母赐予她的礼物。
> 她悉心教导灰姑娘，
> 使她拥有优雅的仪态，
> 她因此便成了王后。

最后三句描述了灰姑娘从教母那里得到"父母"的模式，与第六章中描述的"淑女"完全相同。佩罗还总结出了第二种寓言，强调如果孩子想有所成就，就需要获得"父母"的许可。

> 对于男人而言，毫无疑问，
> 拥有智慧，勇气，出身，良好的理智和大脑……将大有裨益，
> 但如果上帝让你推迟，教母不许你展现，
> 以上这些高贵的品德，
> 它们在你前进的路上，将毫无用处。

桑伯的译本被安德鲁·朗格（Andrew Lang）的《蓝色童话》收录，并做了稍许改动。这是最受欢迎的童话书之一。孩子们自己阅读或者听大人们给他们朗读这本书，来获得对灰姑娘的第一印象。在比较温馨的法语版本中，灰姑娘原谅了她的两个姐妹，并为她们找到了富有的丈夫。格林童话在美国也很受欢迎，它包含灰姑娘的德语版本，名为"艾森普特尔"（Ashenputtel）。这一版本的故事结局非常血腥，两姐妹的眼睛被鸽子一个一个啄了出来。灰姑娘的故事在许多其他国家也都有流传。

有了这一故事背景，接下来我们将从火星人的角度解读佩罗版本的灰姑娘故事，这是大多数英语国家的小孩所熟悉的版本。我们会讨论故事所涉及的各种脚本，其中许多在现实生活中很容易找到。火星人和现实生活告诉我们，书中人物在故事结束后发生了什么非常重要，正如我们在分析《小红帽》的故事时看到的那样。

B. 灰姑娘的故事

佩罗的版本中说，从前有位绅士再婚，娶了一名寡妇，她是天底下最骄傲自大的女人。（毫无疑问，这样的新娘通常都是性冷淡。）她有两个女

儿，各方面都和她一样。绅士和第一任妻子也有一个女儿，她像母亲一样善良温柔，而她母亲是世界上最善良温柔的人。

婚礼一结束，继母就开始残暴地对待灰姑娘。她无法忍受灰姑娘既漂亮又善良的品质，因为这让她自己的女儿更遭人憎恨和鄙视。可怜的灰姑娘耐心地忍受着一切。她不敢告诉父亲，因为父亲会赶走她，他完全被自己的妻子左右。她干完活后，就会走到烟囱旁边，坐在煤灰上，所以大家叫她"煤灰姑娘"，或者更礼貌的叫法"灰姑娘"。

有一天国王的儿子要开舞会，邀请了所有符合条件的人参加，包括灰姑娘的两个姐妹。灰姑娘帮她们梳洗打扮，她俩嘲笑她没有被邀请。灰姑娘承认这样难得的场合确实不适合她。她们离开后，灰姑娘哭了起来。这时候，灰姑娘的仙女教母来了，告诉她应该去舞会。她对灰姑娘说："去花园里找个南瓜来。"她把南瓜瓤挖干净，把它变成了一辆金色的马车。还将小老鼠变成马，大老鼠变成又胖又快活的马夫，蜥蜴变成仆人。灰姑娘穿上了漂亮的礼服，戴上了珠宝，穿上了水晶鞋。仙女教母叮嘱她，舞会的钟敲响十二下以后，千万不要再继续待在那儿。

灰姑娘在舞会上引起了轰动。王子给了她最尊贵的待遇，国王本人，虽然年纪那么大了，也一直忍不住瞧她，跟王后低声议论她。十二点差一刻钟，灰姑娘离开了舞会。当她的姐妹们回到家时，灰姑娘假装自己一直在睡觉。她们告诉她舞会上有位美丽又神秘的公主。灰姑娘笑了笑说："哦，她一定很漂亮。我好想见见她啊！借我几件你们的衣服，这样我明晚就可以去舞会了。"但是她们说不会把衣服借给她这样的煤灰姑娘。灰姑娘很高兴，因为如果她们真借给她衣服的话，接下来她反而不知道该怎么办了。

第二天晚上，灰姑娘在舞会玩得太高兴，忘了离开，一直待到钟开始敲响十二下。一听到钟响，她马上跳起来逃走，简直像只鹿一样敏捷。王子在后面追，但还是没能留住她。她匆忙中丢了一只水晶鞋，王子把它小心翼翼地收了起来。几天后，王子命令下属吹响号角，宣布谁能穿得上这只水晶鞋，王子就会娶谁。王子派人到各处去，让王国里的每个女人试穿鞋子。灰姑娘的两姐妹想把脚塞进水晶鞋，结果没成功。灰姑娘认出了这是她的鞋子，笑着说："让我试试吧。"两姐妹也笑了，开始嘲讽她。被派去找人试鞋的绅士说，他得到的命令是每个人都可以试穿。他叫灰姑娘坐下来试鞋，发现她穿着非常合脚，好像这鞋就是为她订制的。两姐妹非常惊讶，更让她们惊讶的是，灰姑娘从口袋里掏出另一只水晶鞋穿在了脚上。这时，仙女教母走了进来，用魔杖把灰姑娘的破衣服变成了华丽的礼服。

当她们发现灰姑娘就是那位美丽的公主时，两姐妹扑倒在她脚下，说："对不起。"灰姑娘抱了抱她们，表示原谅。然后，她被带到王子那里。几天后，王子娶了灰姑娘。灰姑娘也把两个姐妹接到了皇宫，并在同一天把她们嫁给了两位宫廷贵族。

C. 互联的脚本

这个故事中有太多有趣的信息，以至于很难决定从哪里开始讨论。首先，演员阵容比第一眼看上去要大得多。按出场顺序，人员如下：

父亲	教母	（侍卫）
继母	（马车夫，仆人）	一位绅士
女儿A	（舞会上的人）	两位宫廷贵族
继儿B	王子	灰姑娘
国王	（母亲）	（王后）

这里包括九个主要角色，还有几位没有台词和一位只有一句台词的人物，以及许多群众演员。演员阵容最有意思的特点是，几乎所有人都在欺骗别人，我们马上就会讨论到这点。

另一个特点是其中的转换非常清晰，这是大部分儿童故事的特点。灰姑娘一开始是个好人，然后变为受害者，后又成为戏弄人的迫害者，最后变为拯救者。继母和她的女儿们从迫害者变成了受害者，尤其是在德国的"阿申普特"版本中，两个姐妹为了让鞋子合脚，把脚削掉了一部分。故事中还有另外两个"酗酒者"游戏中的经典角色。供应者由教母扮演，她为灰姑娘提供需要的东西，而糊涂虫是被选中娶邪恶姐妹的贵族。

现在让我们研究一下相关人员的脚本。我们需要花一点时间才能意识到在这个明显简单的故事中有多少角色透露了他们的脚本。

1. 灰姑娘。她拥有幸福的童年，但之后必须遭受磨难，直到某件事发生。故事中关键的场景是由时间建构的：她可以随心所欲地玩乐，直到午夜来临，然后她必须回到之前的状态。灰姑娘显然抵制住了和父亲玩"是不是很糟糕"心理游戏的诱惑，她只是一个郁郁寡欢、孤立无助的人物，直到舞会开始。然后她和王子玩"试着抓住我"的游戏，之后又带着脚本化的微笑和两个姐妹玩"我有一个秘密"。故事高潮是精彩的"现在她告诉我们"的游戏。灰姑娘带着戏弄的笑，收获了赢家脚本的结局。

2. 父亲。父亲的脚本要求他失去第一任妻子，抛弃女儿，娶一个专横的（可能是性冷淡的）女人。这女人会让他和女儿都受苦。但他有自己的妙计，我们很快就会看到。

3. 继母。她拿着输家脚本。她也玩"现在她告诉我"的游戏，引诱灰姑娘的父亲娶她，然后在婚礼后立即暴露真实、邪恶的自己。她为女儿们而活，希望通过卑鄙的行为为她们争得高贵的结局，最终却失败了。

4. 两位继姐妹。她们的应该脚本基于母亲的训诫"先照顾好自己，不要给那个傻瓜平等的机会"，但其结局是基于"不要成功"的禁令。因为这也是她们母亲的脚本禁令，它是从祖父母那里传来的。她们玩复杂的"笨手笨脚"游戏，先是让灰姑娘（或者她们口中的"煤灰姑娘"）遭受痛苦，然后道歉并得到原谅。

5. 教母。她是所有角色中最有趣的一个。她为灰姑娘准备去舞会的所有装备，其动机是什么？为什么不和她好好谈谈，安慰她，而是让她出去参加舞会呢？当时的情境是灰姑娘的继母和两个姐妹晚上不在家，只剩下灰姑娘和父亲。为什么教母这么着急摆脱灰姑娘？大家都去参加舞会，教母和父亲独自过夜时，"庄园里发生了什么事"？她告诉灰姑娘午夜前一定要回来，这是确保灰姑娘能在外待到午夜的好方法，也能确保她第一个回家。这就避免了其他女性在家里发现教母的风险，因为灰姑娘快回来了是警告她该离开了。从愤世嫉俗者的角度来看，整个故事听起来像是一场为让父亲和教母共度一夜的骗局。

6. 王子。王子是个蠢蛋，他结婚后毫无疑问将得到自己应得的下场。他让一个女孩连续两次逃走，却一点儿也不清楚她的身份。尽管灰姑娘一瘸一拐地穿着一只鞋，他都没能追上她。他没有自己去找她，而是派了一个朋友代劳。最后，在相遇不到一周后，娶了这个出身可疑的女孩。尽管表面上他似乎赢得了她，但所有这些都指向一个输家脚本。

7. 国王。国王看女孩的眼光不错，而且还有点大嘴巴。但他没有阻拦儿子的冲动行为。

8. 绅士。他是故事所有角色中最真诚直接的一个。他没有草率或傲慢，也没有在两姐妹嘲笑灰姑娘时一起嘲笑她，而是以很强的正义感完成了自己的工作。他也没有像一些小人那样带灰姑娘私奔，而是把她安全地带到自己的雇主那里。他诚实、有效率、有责任心。

9. 两位贵族。当然，两位贵族是"糊涂虫"，他们答应娶两个粗野俗气的姐妹，并且对她们一无所知，结婚那天他们才第一次见面。

D. 现实中的灰姑娘

最重要的是，所有这些角色都可以在现实生活中找到。例如，这里是一个关于现实版灰姑娘的故事。

艾拉（Ella）的父母在她很小的时候就离婚了，她和母亲住在一起。不久之后，父亲便再婚了。他和第二任妻子生了两个女儿，当艾拉来看父亲时，她们就会嫉妒她，也不高兴父亲寄抚养费给艾拉。几年后，母亲也再婚了。因为母亲和继父整日喝酒无暇照顾艾拉，她不得不去和父亲一家住一起。艾拉在新家一点也不高兴，因为继母明显不喜欢她，而父亲几乎没做什么来保护她。做什么事都是最后一个才轮到她，她的妹妹们也经常取笑她。她从小就害羞，十几岁的时候很少约会，而妹妹们过着丰富的社交生活，但从不邀请她参与。

然而，艾拉有一个优势。她知道些别人不知道的事情。她的父亲有一个情妇，一名叫琳达（Linda）的离婚女子。她有一辆捷豹汽车，戴着非常昂贵的嬉皮士风格项链，有时还吸食大麻。艾拉和琳达悄悄成了闺蜜，经常在一起谈论各自与艾拉父亲之间的问题。事实上，琳达在很多事情上为艾拉提供建议，对艾拉来说就像位教母。艾拉没有太多的社交生活，琳达为此很担心。

一天下午，琳达说："你妈妈不在，妹妹们也要出去约会，你为什么不出去玩呢？一个人待在家里多无趣。我把车子和一些衣服借给你，你可以去摇滚舞厅，那里你可以遇到很多男孩。六点左右来我家，我们吃点东西，我给你打扮打扮。"艾拉猜测琳达晚上可能要和父亲在一起，便同意了。

梳妆打扮后，琳达觉得艾拉看起来很漂亮。"别着急回来。"她把车钥匙递给艾拉的时候说。那是辆很漂亮的车。

在舞厅，艾拉遇到一个不错的男孩，名叫罗兰（Roland），两人开始约会。但罗兰的一位穷困的吉他手朋友对艾拉更感兴趣。很快艾拉就开始和吉他手普林斯（Prince）秘密约会。她不想让普林斯来她家，因为母亲不会喜欢他邋遢的外表，所以罗兰会来接她和自己的约会对象，然后他们去找普林斯，四人一起去某个地方。而艾拉父亲、继母和妹妹们都以为她在和罗兰约会，她和罗兰经常因为这个打趣说笑。

普林斯其实并不穷。他来自一个富裕的家庭，接受过良好的教育，但他想靠自己成为一名艺人。他开始越来越出名。成名后，他和艾拉决定告诉她的家人两人交往的真相，免得他们从别人那里知道这件事。两个妹妹非常惊讶，她们很喜欢普林斯的唱片。当艾拉宣布她要嫁给普林斯这样的金龟婿后，她们非常嫉妒。但艾拉并没有对她们以前的行为怀恨在心，还经常给她们普林斯演唱会的免费门票，甚至把她们介绍给了普林斯的一些好友。

E. 舞会结束后

我们已经看到小红帽的童年冒险和狼（她的祖父）对她长大后的生活产生了深远的影响。

因为我们了解现实生活中的人，不难推测灰姑娘婚后会发生什么。她发现做王妃很孤独。她想再和王子一起玩"试着抓住我"的游戏，但他太无趣。两个姐妹来看她时，她戏弄她们，但这也没让她多开心，尤其因为她现在占了上风，两位姐妹就不是很擅长此游戏了。国王有时会以奇怪的方式看着她，他没有假装的那么老，也没有假装的那么年轻，反正她不想想这些事情。女王对她很好，但是以女王该有的方式来表达的。至于皇宫里的其他人，灰姑娘必须得体地应对。时机一到，她生了一个万众期待的儿子。大家都很高兴，举行了很多庆祝活动。但她没有再生其他孩子，小公爵又有保姆和家庭教师照顾，灰姑娘和以前一样觉得很无聊，尤其是当丈夫白天外出打猎，晚上和他的绅士朋友打牌输钱的时候。

过了一段时间，她有了一个奇怪的发现。她最感兴趣的人，是后厨的洗碗女工和打扫壁炉的女仆。她保守着这个秘密不让人知道。在她们工作的时候，灰姑娘会找各种各样的借口和她们待在一起。不久，她就根据自己在这些工作中的长期经验向她们提建议。她会乘坐马车在这个小王国四处巡游，漫步在贫穷的城镇和村庄。有时会带着儿子和他的家庭教师，有时就她自己。这一过程中，她再次确认了一直知道的事情：整个王国有成千上万的妇女做后厨洗刷和炉灶清理的工作。她会停下来和她们闲聊，讨论她们的工作。

很快，她便养成习惯，定期去拜访一些最贫困的家庭。这些家庭的妇女工作很辛苦。她会穿上旧衣服，坐在煤灰上和她们聊天，或者在厨房里帮她们干活。整个王国的人都听说了这些事，王子甚至还因此和她吵了一架，但灰姑娘坚持认为这是她最想做的事，并继续这样做。一天，皇宫里一位同样无聊的女士请求灰姑娘带她一起去。随着时间的推移，其他人也对此事产生了兴趣。很快，每天早晨都有几十位高贵的女士穿上最旧的衣服，到城里帮助贫困的家庭主妇做最卑贱的工作，和她们闲聊，听她们讲各种奇闻轶事。

然后，王妃想成立一个组织，将所有帮忙的女士们聚在一起，讨论她们遇到的问题。于是她创立了"妇女煤灰和后厨洗刷协会"，自己担任主席。现在，每当有外国的烟囱清洁工、蔬菜小贩、伐木工人、洗碗女工或垃圾清洁工经过时，都会被邀请到皇宫去该协会分享他们行业的新技术、传授他们国家的行业技艺。灰姑娘就这样找到了自己的人生价值，她和新朋友们为王国的福利做出了巨大贡献。

F. 童话和真人

在整个社会或个人的临床实践中，不难找到灰姑娘故事中的每个角色，从灰姑娘自己到她的亲人，还有无所事事的王子和国王，甚至快乐的、留着胡须的马车夫。马车夫从不说一句话，他是由老鼠变来的。还有些试水晶鞋的人，看起来像猪耳朵，其实是丝线袋。[①]治疗师一般会听病

[①] "猪耳朵"和"丝线袋"来自英语谚语："You can't make a silk purse of a sow's ear"。字面意思为：猪耳朵做不成丝钱袋。比喻无法用劣质的材料制造出真正好的东西。"——译者注

人讲述经历，在自己脑海中寻找一个与他听到的事相符的童话故事，或者回家后查看斯蒂斯·汤普森的《民间文学母题索引》。更简单的办法是，让病人自己将人生以童话故事的形式讲述出来。德鲁塞拉（Drusilla）就是一个例子。她不是病人，但在一次童话研讨会上，她这样讲述了自己的故事。

很早很早以前，德鲁塞拉的一位祖先发明了一种被广泛使用的设备，所以他的名字至今仍家喻户晓。故事从德鲁塞拉的母亲瓦妮莎（Vanessa）开始，她是这个家族的后裔。瓦妮莎的父亲在她很小时去世了，她住在叔祖父查尔斯（Charles）家里。查尔斯家在洛杉矶附近一个大农场，那里有游泳池、网球场、私人湖，甚至还有高尔夫球场。瓦妮莎在这样的环境中长大，遇到许多来自不同国家的人。然而，她并不快乐。17岁时，她和一个叫曼努埃尔（Manuel）的菲律宾男子私奔了。他们的两个女儿德鲁塞拉和姐姐埃尔多拉（Eldora）就在那里的种植园里长大。德鲁塞拉是她父亲的心头肉。埃尔多拉有点像假小子，非常爱运动。她是个专业的女骑手、射箭手和高尔夫球手。她父亲曾经老打她，但他从来没有打过德鲁塞拉。埃尔多拉大约18岁的时候，有一天父亲想打她。这时候埃尔多拉已经和他一般高，而且要强壮很多。父亲走向她时，她像往常一样畏缩起来。可是德鲁塞拉突然注意到一种奇怪的转变。埃尔多拉挺直身子，肌肉紧绷，对父亲说："你敢再碰我一下试试。"她恶狠狠地盯着他的眼睛，这次轮到父亲畏缩着后退了。此后不久，瓦妮莎和他离了婚，带着两个孩子回到查尔斯的庄园。

现在轮到德鲁塞拉住在叔祖父的农场了，她遇到一位来自遥远国度的男子，嫁给了他。两人生了两个孩子。她很喜欢做手工，所以成了一名编织手艺人，最后当了编织老师。正是因为对编织的兴趣，她才来参加此次童话研讨会。

德鲁塞拉被要求以童话故事的形式讲述自己的人生故事。要使用脚本分析师的语言，如青蛙、王子、公主、赢家和输家、女巫和吃人怪。她是这样讲的：

"从前，有位国王征服了许多土地，他的长子继承了这些土地，王国代代相传。由于长子继承了王国，其他儿子得到的很少。其中一个可怜的小儿子在打猎时意外死亡了。他有个女儿叫瓦妮莎，瓦妮莎的叔叔，也就是国王，便带她去住在皇宫里。在那里，她遇到一位来自陌生而遥远国度的王子。王子把她带到自己在海边的王国，那里长着许多奇花异草。然而过了一段时间，她发现王子其实是只青蛙。同样让王子曼努埃尔惊讶的是，他发现自己娶的美丽新娘，不是他以为的公主，而是女巫。曼努埃尔和瓦妮莎有两个女儿。最大的埃尔多拉是只像父亲一样的青蛙。父亲一点也不喜欢她，经常在她小时候打骂她。小女儿德鲁塞拉是位公主，曼努埃尔像对待公主一样对待她。

"有一天，一位仙女找到埃尔多拉，对她说，'我会保护你。如果你父亲还想打你，你得告诉他停下来。'所以当曼努埃尔又想打她时，她突然感到自己变得非常强壮，并警告父亲不能再打她了。曼努埃尔非常愤怒，以为是妻子瓦妮莎让埃尔多拉反抗他，因此瓦妮莎决定离开他。她和两个女儿离开了这个遥远的王国，回到查尔斯叔叔的王国，两个女孩幸福地生活在那里，直到有一天一位王子爱上德鲁塞拉。他们结婚了，有两个漂亮的女儿，德鲁塞拉从此幸福地生活着，一边抚养孩子，一边编织美丽的挂毯。"

研讨会上的每个人都觉得这是个很好的故事。

第十四章　脚本如何成为可能

杰德坐在自动钢琴[①]旁，手指在琴键上移动。很久以前由他祖先打孔的纸卷正随着他的动作慢慢转动着。音乐以一种他无法改变的模式奔涌而出，时而忧郁，时而欢快，时而混乱，时而和谐。他会偶尔弹奏一个音符或一组和弦，它们可能与预先写好的旋律合二为一，也可能干扰到这首命运之乐的流畅演奏。他不时停下来休息，因为这纸卷比教堂里的法典还要厚。它包含律法和预言，歌曲和哀悼，旧约和新约。这是他那或慈爱，或冷漠，或可恨的父母一件一件送给他的礼物。这礼物要么宏伟、要么平庸、要么沉闷、要么可怜。他以为音乐来自于自己，他的身体在一小时又一小时，一天又一天推动纸卷的过程中慢慢消耗。在音乐停顿的间歇，他会起身接受朋友和亲戚的点头赞赏或嘲笑的嘘声，他们也相信杰德是自己在演奏曲子。

人类积累了这么多的智慧，积累了强大的自我意识和对真理和自我的渴望，怎么会允许自己处于这样悲惨又自我欺骗的机械状态？一部分原因是我们爱父母，一部分原因是这样的生活更容易，还有部分原因是我们还未从类人猿祖先那里进化得足够充分，以摆脱这种困境。跟猿猴相比，我们更了解自己，但也并没有强很多。因为人们不知道他们在对自己以及对他人做什么，所以才有了脚本。事实上，知道自己在做什么正好是被脚本化的反面。人类身体、心理和社会功能的某些方面会发生不由自主的事，是因为他们被编制了程序去这样做。这些都通过周围的人严重影响其命

[①] 20世纪20年代发明的可自动演奏的钢琴，也叫自奏钢琴。简单来说，最原始的自动钢琴其原理就是利用按音乐旋律打孔的纸卷控制钢琴自动演奏。——译者注

运，而他仍然以为自己是独立自主的。但是我们可以采取一些治疗措施来改变这种状态。

A. 变化的脸

人类面容的可变性使生活成了一种冒险，而非被控制的体验。该结论是基于一个显而易见却具有巨大的影响力的生物学原理。人类神经系统的特殊构造让面部肌肉的微笑运动对旁观者的视觉影响大于对受试者的动觉影响。嘴唇周围一小块肌肉两毫米的移动对杰德来说，可能完全察觉不到；但对他的同伴来说，却很明显。这点很容易在镜子前进行验证。用舌头舔牙尖这样的常见动作说明，人们对自己外表什么样有多不了解。杰德可以用在他看来极其谨慎小心的方式做这个动作。他从动觉或肌肉感觉判断，自己几乎没有动脸。但如果他在镜子前，就会看到舌头轻微的动作实际会导致他的五官严重扭曲，尤其是下巴，还包括颈部肌肉。如果他比平时更关注自己的肌肉感觉，他还会注意到，这个动作还影响他的前额和太阳穴。

在热火朝天的社交活动中，这种现象可能会发生好几十次，而他却意识不到；一个在他看来轻微的表情肌肉运动会使他面部发生重大改变。另一方面，佐伊的"儿童"，即旁观者，正在观察（以良好礼仪能允许的最大程度）一些迹象，以清楚杰德的态度、情绪和意图。因此，杰德总是透露了比他想象要多得多的信息，除非他是那种习惯保持五官严肃和神秘莫测，极其谨慎以免透露自己反应的人。然而，面部可变性的重要之处在于，这种神秘莫测的人会让他人感到不安，因为他们无法通过其反应调整自己的行为。

这一原理说明了婴儿和小孩对别人近乎神秘的"直觉"从何而来。由于婴儿还没被教导不能太仔细地看别人的脸，他们能放肆自由地这样做，也因此看到许多别人错过的东西。而被观察的对象并未意识到他透露了这些信息。日常生活中，佐伊的"成人"很小心地不在别人讲话时仔细观察他脸上发生了什么，这是一种礼貌。但与此同时，她的"儿童"却一直在粗鲁地"偷看"，从而形成对对方真实意图的判断。这些判断通常是准确的。这一过程一般发生在遇见陌生人的"前10秒"，在此人还未有机会想好如何展示自己前；因此他会透漏露出之后被隐藏的东西。这就是第一印象的价值所在。

这样做的社交影响是，杰德永远不知道他变化的脸透露了多少信息。对佐伊来说，他试图（甚至是对自己）隐藏的事情都很明显。因此，当佐伊基于获知信息做出相应反应时，杰德会大吃一惊：他不断在无意识的情况下发出脚本信号。其他人最终对这些信号做出反应，而不是对杰德的人格面具或表现的自我。这样，脚本继续保持运行，而杰德不必承担责任。他仍然误以为自己是独立自主的。他会说："我不知道她为什么这样反应，我可什么都没做。人们太好笑了。"如果他的行为非常奇怪，其他人可能以他无法理解的方式回应。这反过来就会让他产生妄想或者加重已有的妄想。

对此问题的解决办法很简单。如果杰德在镜子前研究面部表情，很快就会看到他做了什么导致人们如此反应。然后，只要他愿意，就可以改变此状况。但除非他是演员，否则可能并不想改变自己的面部表情。事实上，大多数人太专注于保持脚本的运行，所以会找各种各样的借口不这样做，甚至都不愿去镜子前研究自己。例如，他们可能声称这样做"不自然"，言外之意，唯一"自然"的事便是让脚本继续发展，最终机械地走向预定的结局。

克拉拉（Clara）是位很有涵养的拉丁美洲女性，她痛苦的经历正为我们说明了变化的脸对人际关系的深刻影响。因为丈夫要离开她，她来参加小组治疗。尽管家里有三个成年的孩子，她仍说自己"没有人可以倾诉"。丈夫拒绝参加小组，而她20岁的儿子欣然接受了邀请。

"我和母亲说话前总是很犹豫,"他说,"在这里谈论她也有点难,因为她很容易受伤,她有时会摆出受害者的姿态。在对她说话前,我必须要想想她会作何反应,所以我真的无法与她坦诚地交流真心话。"

在儿子详细阐述这个话题的几分钟里,母亲坐在旁边,身体紧绷,双手优雅地交叉放在膝上。从小她就学会了这样的姿势。她唯一明显移动的部位是脸、头和脖子。听儿子讲话的时候,她先是惊讶地扬起眉,然后皱眉,接着微微摇头,撅起嘴巴,然后悲伤地低下头,之后再次抬头,又以受害者的姿态把头歪向一边。在儿子讲话的全程,她这些头部和面部的可变性动作一直继续,简直上演了一部真实的、关于情感表达的电影。

当儿子的讲话结束后,Q医生问她:

"他说话时,你的脸为什么一直在动?"

"我没有啊。"她惊讶地反驳道。

"那你为什么动脑袋呢?"

"我不知道我有动脑袋。"

"你确实动了。"Q医生说。"他说话的时候,你的脸都在对他的话做出反应,所以他和你说话时才会不安。你告诉他,他想说什么都可以,但因为你对他的话有很明确的反应,即使你一句话不说,他也会犹豫。你甚至没有意识到自己有作反应。如果这些反应在他成年后还能产生如此影响,想象一下它对三岁的小孩有何影响。小孩子会一直仔细盯着妈妈的脸,看自己的话对妈妈的影响。所以儿子在和你说话前要想清楚,所以你才觉得没有人可以倾诉。"

"嗯,那该怎么办呢?"她问道。

"回到家后,他和你说话时,你可以站在镜子前看看自己的表情。现在我们先聊聊,你对他的话做何感想?"Q医生建议道,谈话便这样继续了。

在此案例中,克拉拉的"父母"带着母亲对儿子的尊重听他讲话,这是她当时活跃的自我状态。同时,她的"儿童"对儿子的话做出另一种反应。但她的"父母"和"成人"都意识不到面部动作,因为她"感觉不到"。而儿子却完全了解她"儿童"的反应,因为这些反应就在他眼前。她的"父母"很真诚,但却处于沟通交流之外,除了她自己,小组所有人都明白为什么儿子不敢同她坦诚地交流。

脸的可变性原理同前文描述的"母亲的微笑"和"绞刑架下的笑"相关。母亲可能完全不知道自己的面部表情在表达什么,也不知道它对自己的孩子们产生的重大影响。

B. 流动的自我

变化的脸源自生物学原理,流动的自我源自心理学原理。二者在保持脚本运行中同样重要。人们对自我的流动特性同样缺乏认识。"自我"的感觉是动态的。它可以在特定时刻存在于三种自我状态中任意一种,并可以根据情况变化从一种转变为另一种。也就是说,自我的感觉独立于自我状态的其他属性以及自我状态正在做或经历的事情。它就像一种电荷,可以从一个电容器跳到另一个,不论其用途是什么。自我的感觉和"自由的精神投注"(free cathexis)同步存在。

当其中一种自我状态完全活跃时,人们此刻体验到的自我状态就是真正的自我。当杰德以愤怒的"父母"示人时,他觉得那就是真正的自己。几分钟后,在"成人"自我状态下,他想知道自己为何如此,他又以"成人"作为真正的自我。再之后,因为觉得自己太刻薄,而在"儿童"自我状态下感到羞愧,他又将"儿童"当作真正的自我。(当然,所有这些都假定这种感受是真实的,他不是在扮演愤怒的"父母"或悔恨的"儿童"。角色扮演是"儿童"在欺骗人,而不是真正的自我。)

为了说明流动的自我在日常生活中的影响,我们以家庭中唠叨的妻子为例。佐伊平时脾气很好,善于交际,适应力又强。但有时候,她对丈夫很挑剔。这是她唠叨的"父母"。之后，她又展示出爱玩乐和社交的适应型"儿童"，忘记了她在"父母"自我状态下对他说过的话。但丈夫没有忘，还因此保持警惕和冷漠。如果事情按这种顺序一遍一遍重复，他的警惕和冷漠就会变成永久性的，而佐伊却无法理解原因。"我们曾经很开心"，她魅力四射的"儿童"说。"你为什么要疏远我？"当她的"儿童"作为真正的自我时，她会忘记或忽略"父母"作为真正自我时所说的话。因此，一种自我状态并不会很好地记录另一自我状态所做的事。她的"父母"忽略了夫妻二人一起经历过的开心，而她的"儿童"忘记了自己曾提出的批评和指责。但杰德的"儿童"（还有"成人"）还记得她的"父母"说过的话。他会一直担心这种事情再次发生。

另一方面，杰德可能会在"父母"自我状态下悉心照顾她，而他的"儿童"可能跟她发牢骚和抱怨。他的"父母"会忽视或忘记自己的"儿童"所做的事，然后指责她"在他付出这么多之后"，忘恩负义。她可能感激他的付出，但担心他的"儿童"会再次爆发。他的"父母"认为自己，他真正的自我，一直很体贴她。情况也确实是这样。但当他抱怨的"儿童"活跃起来时，那也是他自己，他真正的自我。因此，当一种自我状态或真实的自我忘记了其他自我状态做了什么，杰德就能再次保持脚本运行，而不需对此承担责任。他的"父母"可以说："我一直对她很好，我不知道她为何会这样。我没有做任何导致这种反应的事。女人真搞笑。"他的"父母"忘记了他的"儿童"是如何激怒她的。但她作为受害者却没有忘记这点。这两个例子证明了第五章中描述的"好"的心理定位的执着。

明确了自我流动性原理后，我们来看一个更生动的例子。这种没有意识或不需承担责任地从一种到另一种自我状态的转变，可以被称为"自我旅程"（ego trip）。由于这个词是嬉皮士用来吹嘘的俚语，还是让我们把这个词留给他们，然后为自我状态的切换再找一个名字。因此，我们称下面这个故事为"阿明塔（Aminta）和梅布（Mab），或一次PAC心灵之旅"。

梅布和母亲的关系让彼此都很紧张，于是梅布周末便出发去另一个城市看望一位女性朋友。她母亲打电话过来说："如果你星期天早上还不回家，我就把你锁在门外。"梅布在星期天晚上回了家。母亲不让她进门，让她自己找公寓住。当天晚上，梅布在附近一位女性朋友家过夜。星期一早上，母亲打电话来并原谅了她。梅布把这段经历告诉了Q医生，还有一些母亲前后言行不一致的其他例子。Q医生完全没搞清楚其中一些事情的前因后果，所以决定和梅布还有她母亲一起谈谈，看看他能否弄清楚到底发生了什么。

他们一坐下，母亲阿明塔就展示出强势的"父母"，义正词严地批评梅布（Mab）邋遢、不负责任、吸食大麻等许多其他母亲和18岁女儿会经常争论的事。在这段母亲的独白中，梅布先是坐着微微一笑，好像在说："她又来了。"然后她把目光移开，似乎在说："我再也受不了了。"再之后，她盯着天花板，像在说："上帝啊，有没人能来救我？"阿明塔没有注意到梅布的反应，继续她长篇大论的指责批评。

指责得差不多以后，阿明塔改变腔调，开始谈论自己曾经历过多么艰难的时光；不是以抱怨的方式，而是对她的婚姻问题进行了非常实际的"成人"评估。Q医生对这一情况也很了解。就在这时，梅布转过来，用完全不同的表情直直望着母亲，好像在说："再怎么说，她还是一个真实的人。"随着阿明塔的继续讲述，Q医生根据对她背景和经历的详细了解，注意到她在自我状态间不断地切换。在一个阶段，她经历了和"把女儿锁外面"事件相同的自我切换顺序，首先展示愤怒的"父亲父母"（把梅布赶出家），然后是温柔的"母亲父母"（担心她的"小女孩"在城里游荡，没地方落脚），之后是更多的"成人"，然后是无助的"儿童"，再然后又是愤怒的"父亲"。

我们可以通过穿梭于阿明塔自我状态间的一条线来追踪这些切换，如图13所示。从FP（父亲父母）开始，我们进入MP（母亲父母），然后是A（成人），再到C（孩子），然后返回FP（父亲父母）。再听下去，这条线如图中所示路线，从FP（父亲父母）到A（成人）到C（孩子），回到MP（母亲父母）。这样我们就可以跟随阿明塔的PAC旅行，从一个圈移动到另一个圈。

　　问题是，这条线代表了什么？它代表了阿明塔的自我感觉，一种不停留于任何一种自我状态，但却在它们间自由移动的感觉。这种感觉由"自由的精神投注"所带领。无论何时她处于哪个圈，她仍然觉得是她"真正的自我"在说话。自由的精神投注的路线或轨迹是连续的。而阿明塔没有意识到"她"

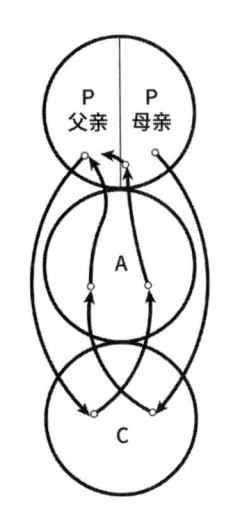

图13 PAC心灵之旅

在不断地改变，或她的行为在不断地改变，因为"这真的是我"的感觉一直不变。因此，当我们说"她"从一种自我状态切换到另一种自我状态时，是指她的自由的精神投注这样做了，并带着一种持续的真实自我的感觉。在"她自己"看来，她始终如一，但实际她从一个阶段到另一阶段的改变非常大，在外人看来，那里（她的脑海里）似乎有好几个不同的人，每个人轮流讲话。在梅布看来，母亲就是这样，所以她才不知道如何应付母亲。她无法获得连贯的感觉来预测阿明塔会如何行为或反应，以调整自己适应母亲的情绪。而且梅布的行为有时在她母亲看起来也一样随性。

　　因为阿明塔和梅布都了解自己的自我状态，所以跟她们解释情况并不难，那之后她们的关系得到了改善。

　　不同自我状态之间缺乏认识对个人、配偶和子女的整个人生历程会产生深远的影响。上节中克拉拉（Clara）的行为就是另一个例子。此例中，两种自我状态同时活跃，一种同情地倾听，另一种做厌恶的鬼脸，尽管被关在同一内在空间里45年，他们仍像对待可疑的陌生人般刻意无视彼此。

　　还有另一种有趣的变体，即拒绝承认自己的行为（第五章结尾也提到了这一点）。因此，一位男子尽管每年至少会出一次严重的事故，还仍继续真诚地声称自己是位好司机。一名女士即使经常把晚饭烧糊，但坚持认为自己是位好厨师。这种真诚是因为两个例子中的"成人"是好司机或好厨师，而事故是由"儿童"造成的。这种人在两种自我状态间存在坚固的界限，所以"成人"不注意"儿童"的所作所为，他们可以诚实地说"我（'成人'）从来没有犯过错误"。同样的情况也发生在那些清醒时（由"成人"负责）行为规矩得体，而喝酒时（由"儿童"接手）会犯错的人身上。其中一些甚至喝酒后会失去意识，其"成人"完全不知道自己在醉酒时做了什么，这样他们就可以无懈可击地、以醉酒为借口维持虚假的正义。它还可以是反过来的情形。一些人在"成人"状态下碌碌无为，但其"儿童"相当有才华。就像"坏人"不理解他们因罪恶而受到的斥责或批评，这些"好人"也无法接受人们对其才华的赞美，或者只能出于礼貌勉强接受。当人们评价他们"儿童"的作品有价值时，"成人"真的不懂他们在说什么，因为创作这些作品时，它根本没有起作用。

我们之前也讨论过这样的例子：富有的女人丢失钱财后不会认为自己是穷人，而认为自己穷的男人有钱后也不会觉得自己变富有了。这些例子中，"儿童"从脚本指令中知道自己是富是穷，钱本身并不会改变其心理定位。同样地，男人的"儿童"知道他是否是个好司机，女人的"儿童"也知道她是否是个好厨师，一些意外事故或烧坏的饭菜不会改变"儿童"的想法。

PAC旅程后的心理定位通常是一份无动于衷的免责声明。"我是'好'的。我的'父母'并没有注意到我在做什么，我不知道你们在说什么。"这些情况中有一个明确的暗示，别人不"好"，因为他们发现了自己令人不快的行为，并做出了反应。他们T恤衫的正面写着"我原谅自己"，而背面写着"你为什么不能原谅我？"

这种常见的一种自我状态对另一自我状态所做的事缺乏认识的情况，有一个简单的解决办法：让"成人"记住并对所有真实自我的行为承担全部责任。这样能阻止躲避行为（"你的意思是我这么做了？我当时一定是疯了！"），以坦然面对取而代之。（"是的，我记得这样做过，真的是我自己做的"，或者更好的是，"我会注意不会再发生这种事了"。）显然，这一建议有许多法律意味，因为它会阻止人们用精神错乱这种懦弱和省事的方式逃避责任。（"木头脑袋"或者"你不能因为'那一个我'的所作所为而责怪'这一个我'"。）

C. 迷恋和印记

内维尔（Neville）和妻子茱莉亚（Julia）面临的问题向我们清楚说明了迷恋和印记。内维尔左脸颊有一颗痣，茱莉亚的"儿童"对它产生病态的迷恋。在他们恋爱过程中，她成功压抑了这一缺陷所引起的轻微排斥感。但随着时间的推移，它变得越来越麻烦，到蜜月结束时，她几乎不敢直视他的脸。她没有向丈夫提及自己这种不安，因为怕伤害到他的感情。她确实想过建议他把痣去掉，但她觉得结果不过是拿伤疤取代痣，也许会更麻烦，所以她什么也没说。

内维尔则喜欢挤痘痘，每当他们光着身子躺在一起时，他都会检查茱莉亚的身体，如果发现她皮肤上有轻微的凸起，他就有股强烈的冲动去用指甲把它抠掉。茱莉亚觉得这是一种令人不快的侵犯。有时他的冲动太强烈，她又极力反对，就会闹得很不愉快。

随着时间推移，他们还很不幸地发现，两人的性品位也完全不同。虽然起初看起来微不足道，但后来却成了严重的争端。内维尔在西印度群岛由一名保姆抚养长大，工作服和凉拖鞋能激起他的兴奋，而茱莉亚则效仿母亲和姐姐的风格，喜欢时髦的打扮，穿高跟鞋。内维尔对凉鞋有种迷恋，而茱莉亚对高跟鞋有种"相反迷恋"；她希望男人能被自己的穿着挑起欲望。因此，当她听从内维尔的要求，穿上凉鞋，她的欲望便被浇灭了。而如果她穿着高跟鞋在屋子里走来走去，内维尔又丧失了兴奋。因此，从表象上看，他们似乎很相配，但两人关系被一些琐事严重干扰。这些小事源于他们的早期经历。这点尤其令人痛苦，因为连他们自己也认为，两人符合传统的社会和心理学标准，会成为一对完美的夫妇。

迷恋不仅发生在低等动物身上，也发生在一定年龄的婴儿身上。内维尔和茱莉亚的"儿童"部分长大后仍然被轻微的皮肤瑕疵所吸引（他以正面的方式，她以负面的方式）。印记的研究主要源自于鸟类。雏鸟早期会将蛋壳以外的任何东西误认为自己的母亲。因此，鸭子可以被一块彩色硬纸板印记激起兴奋，并会跟在它后边走，以为那是它们的母亲。性恋物癖也由生命早期发展而来，对男性产生类似于印记的影响，而女性则可能致力于发现让周围男性兴趣高涨的"相反迷恋"。

迷恋和恋物癖都是非常根深蒂固的，可能会严重扰乱遭受这些困扰的人安稳的生活，类似吸毒对人们的影响。尽管"成人"试图理性地控制它，"儿童"几乎会不可抗拒地排斥某物或被某物吸引。人们为了避免或得到某物而做出极大的牺牲。因此，迷恋和恋物癖可能在决定脚本的结果中发挥重要作用，特别是迷恋对象是那些注定扮演主要角色的情况下。这是另一个削弱个体主宰命运能力的因素。

解决迷恋的办法是提高对它们的意识，好好谈论它们，并决定是否能与之共存。最后的确定可以在"头脑中的沟通"中进行，即"成人"和"儿童"之间的内部对话。这里需要将"父母"排除在外，直到其他两人好好理解了对方。之后，"父母"就可以留下来。如果一个人在脑海中决定，他能与负面的迷恋（比如一位有身体缺陷的女孩）轻松地生活。如果不能，要么寻求治疗办法，要么就应该寻找新的伴侣。如果不对自己的想法和情绪进行大量分析，他无法意识到这样一件东西对自己影响有多大。这种迷恋通常是早期经历导致的。另一方面，正面的迷恋可能会使人过度沉溺其中，也同样应该小心对待。这些也适用于女性迷恋有瑕疵的男性这一情形。

对恋物癖的处理方法也是相似的。但由于这里有另一人的积极参与，还有其他可能的办法。双方可以达成相互放纵的协议，就可以随着时间的推移幸福地实现对某物的迷恋。

D. 无味的气味

除了上述人类生物体的生物特性（变化的脸、流动的自我、迷恋和印记）之外，还有更多难以捉摸的因素对人类生活产生同样深刻的影响。第一个是超感知觉。如果莱茵博士①的卡片发出的信号不能被目前的物理仪器检测到，但可以被一个适当调试的人脑接收，这显然是个相当重要的发现，虽然不一定能得出决定性的结论。如果这样的信号存在，人们产生兴趣主要是因为会引起轰动，报纸的周日增刊将会就此大做文章。这一发现的未来发展在它发生前暂时无法预见。毫无疑问，它会引起军方的兴趣，他们已经在这一领域进行研究，特别是如果可以选择特定目标，就像远程原子弹和氢弹可以发射至敌人的工厂和仓库那样。

如果心灵感应存在，它将极其重要。如果一个人的大脑可以向另一人发送可读的信息，我们发明一种控制和记录这些信息的手段，有助于了解关于人类行为的许多事情。这是未来发展的第二种可能。据报道，"心灵感应现象"似乎最常发生在亲密的人之间，如夫妻之间或父母和孩子之间，他们的关系与其他人更密切。心灵感应为操控欲强的父母提供了理想的媒介，以控制孩子的行为。如果心灵感应存在，脚本分析师肯定会最感兴趣。直觉是"儿童"自我状态的一个功能，通常接近心灵感应，因为它可以通过最少量的感官线索获知关于他人相当隐蔽的信息。

当心灵感应发生时，它非常脆弱和极易被打断。它在很大程度上取决于发出者和感知者的心境。根据科学家公开发表的相关研究，心灵感应似

---

① 研究超心理学的著名心理学家。他曾做过一个关于心灵感应的著名实验，即让人们猜背面朝上的卡片是什么图案，结果猜中的概率比按科学计算出的正常概率高很多。——译者注

乎并不准确甚至完全不存在。这并不一定意味着心灵感应真的不存在，而是告诉我们如果它确实存在，它的性质是什么样的。我提出以下假设，包括一个主要的和一个次要的，来解释所有科学发现（大部分是否认心灵感应的）：如果发生心灵感应，婴儿就是最好的感知者；随着年龄的增长，这种能力遭到破坏，越来越不可靠，因此它只在成年人身上偶尔发生或特殊情况下发生。以结构分析的语言来说，假设是这样的：如果心灵感应存在，它就是非常年幼的"儿童"的功能，很快因为"父母"和"成人"的干扰而被破坏和损害。

同样有趣和重要的是无味的气味问题，不过它比心灵感应更偏向唯物主义。众所周知，飞蛾的雄性可以在一英里外的顺风处探测到一只新出现的雌性，大量雄性会逆风飞行，聚集在一只关在笼子里的雌性周围。我们必须假设雌性散发出一种有气味的物质，通过类似嗅觉的东西来吸引雄性。这里的问题是：雄性是"知道"自己"闻到"了什么东西，还是对化学物质有"自动"的反应？他很可能并没"意识到"发生了什么，只是做出反应，然后飞向雌性。也就是说，他通过嗅觉系统被一种"无味"的气味所吸引。

对于人来说，关于气味的情况是这样的：（1）如果他闻到某些气味，比如花朵的香味，他就会意识到它们，并有意识地被吸引。而据我们所知，这种经历在记忆中留下痕迹，仅此而已。（2）如果他闻到其他气味，如粪便，通常会发生两种情况：①他意识到它们，并有意识地排斥；②他没有任何有意识的判断，而他的自主神经系统受到影响，他开始恶心或呕吐。（3）我们假设有第三种情况：在某些化学物质的影响下，他的神经系统受到微妙的影响，但他并没有闻到也没有意识到任何味道。这里说的化学物质并非一氧化碳等有毒物质，而是那些刺激特定受体并在大脑中留下特定痕迹或印记的物质。

这里应注意几个事实。（1）兔子的嗅觉区域包含1亿个嗅觉细胞，每个细胞有6或12根绒毛，因此其嗅觉受体面积等于它皮肤的总面积。

（2）可以推测，适应一种特定气味后，嗅觉系统会发生放电。也就是说，虽然不再闻得到这种气味，但它会继续影响神经系统的电活动。相关的实验证据并没有完全支持这一假设，但却比较倾向于它。（3）气味可以在没有被感知为气味的情况下影响人的梦境。（4）最能激起人类性欲的香水在化学成分上与性激素有关。（5）呼吸和汗水的气味可以随情绪态度的改变而变化。（6）嗅觉神经与嗅脑相连。嗅脑是大脑中一个"古老"的部分，它可能与情绪反应密切相关。

这里的假设是：人类不断无意识地受到各种微妙化学刺激物的刺激，这会影响他的情绪反应及他在不同情境下对不同人做出的行为。虽然可能有针对此类刺激的特殊（目前还未知的）受体，但嗅觉神经本身的结构就足以处理这些影响。这种刺激可被称为无味的气味。没有确凿的证据表明无味的气味确实存在；但如果它们存在，会很方便地解释许多行为现象和反应。否则，以目前的知识状态，我们很难或不可能理解某些行为现象和反应。它们对脚本的影响将是持久的，就像迷恋、恋物癖和印记一样。新生的小猫可能会在没有"意识到"的情况下"闻"母亲的乳头，而这种关于无味气味的"记忆"，或类似的东西，显然会影响它们一生的行为。

E. 后事前置和前事后置

后事前置（Reach-Back）和前事后置（After-Burn）类似于人际沟通的"扭曲情绪"，因为它们主要（虽然不完全）是在父母的指导下发展而来。与扭曲情绪不同的是，它们由内部触发，并非他人的特定刺激触发。

后事前置的定义是指，即将发生的事件从独立影响个体的行为至事件真正发生之间的一段时间。它最戏剧性的体现是在恐惧症患者身上，在预知几天后会进入恐惧的情境时，如医学检查或旅程时，他们的整体功能就可能开始受到干扰。然而，实际上，恐惧症中的后事前置的伤害力比日常生活中后事前置的影响要小。因为从长远来看（我认为），后者可能会导致"受心理因素影响的"身体疾病。

以Q医生为例，当他下周二必须去一个遥远的城市做专业演讲，即将到来的旅行开始干扰他的日常活动，后事前置就开始了。这周四，他睡前思考了一会儿，计划离开前该做什么准备。为了弥补耽误的工作时间，他星期六得去办公室加班，而周六通常是他的休息日。他在脑海里列出周五要处理的事情，比如取票，因为周五是周一坐飞机前的最后一个工作日。周五的日程有点被这些杂事打乱了，他和病人的会面也不像往常那样放松或富有成效，因为他必须为之后几天的缺席做准备。周五晚上在家时也不如往常放松，因为要比平时早睡，周六才能比平时早起。由于没像往常一样去锻炼，也没有见家人，他周六晚上比平时稍微空闲点。同时，他一直担心着次日要打包行李的计划。虽然为演讲制定大纲只需要不到15分钟，但周六晚餐时他一直惦记着这件事。周日下午，他在海滩上待了会儿，并不像往常那样放松，因为他得早点回家收拾行李，这也扰乱了他平静的周日之夜。周一，他乘坐飞机，当天晚上在酒店早早地上床睡觉。周二早上，他做了演讲，然后回了家。

以上叙述中最常出现的表达是"不像往常一样"，还穿插着如"由于""因为"和"但是"这类定性词。所有这些词，尤其是第一个，都是后事前置的词。总而言之，为了周二做一场只需准备15分钟的一小时演讲，他、他的家人还有他的病人提前几天就紧张起来：虽不严重，但足以明显地影响他们的行为。

后事前置必须区别于"成人"的计划和准备。Q医生在周四晚上睡觉前所做的是计划，本身就是"成人"的行为。如果他能在醒着的时候进行计划而不影响正常的作息，那就不能被称为后事前置。但由于白天很忙碌，他周四晚上确实要少睡一点，这就是后事前置。他周五做的一些杂事是准备，不是后事前置，因为都是在午餐时间做的。但其他一些事干扰了他平常的日程，包括他和病人谈话时打来的一个电话，这扰乱了他的思路。对思路反复的干扰是后事前置的一部分。因此，当计划和准备与个人通常的模式不冲突时，便是"成人"的活动，如果冲突了，它们就成为后事前置的一部分，特别是如果他们干扰到了"儿童"（例如，担心）或"父母"（让他忽视自己通常的职责）。

即将发生的每件事都以某种方式影响个人行为，但是不一定会各自独立地影响个人的日常生活模式。例如，第十章中讨论过很多人都在等待圣诞老人，但是，这种期望与他们的生活方式和日常行为结合在一起。同样，即将到来的青春期可以影响童年期，某种意义上，甚至影响到子宫里的发育。很明显，青春期的临近会影响一位12岁女孩或男孩昨天所做的事情，但它并不独立于所发生的其他事，因此不属于后事前置。

对后事前置的解决办法是"成人"的安排：尽可能在不干扰正常行为模式的情况下安排时间，以便进行计划和准备。计划未来也很有必要。在Q医生得知在远方城市进行一小时演讲会导致五天的后事前置后，他可能不再会接受这种活动，除非他正好计划休假，可以借做一小时演讲的机会放松五天。

前事后置的定义为，过去的事件对个人的行为产生独立影响的那段时间。在某种程度上，过去的每一事件都会影响行为，但前事后置指的是，在相当一段时间内扰乱正常模式，而不是通过压抑和其他心理机制被融入进或排除出正常生活。

从演讲回来后，Q医生不得不做一次"清理"工作。他必须接收和接听他出差期间堆积起来的邮件和电话，并处理家人和病人方面累积的问题。他还必须平衡账目，填写与出差有关的报销凭证。大部分"清理"工作都是"成人"的行为，他设法在不影响正常日程的情况下完成。但是三周后，一张报账凭证因为上交了两份而不是三份被退回了，他很恼火。在接下来和病人交流的一小时里，这事稍微分散了他的注意力。还有，在讲座结束后的提问时间，一名黑人激进分子（他本不应该参加讲座，因为他不是专业治疗师）问了一些问题，并提出一些困扰Q医生好几天的观点。

在这里，文件工作（只要不干扰往常的工作）是一份"成人"的"清理"工作，而他对报账凭证的愤怒和与黑人激进分子的冲突是前事后置的一部分，他的"父母"和"儿童"都参与其中。

总而言之，"成人"活动，包括计划、准备工作、任务本身（讲座）和"清理"工作，持续了12天左右。涉及他的"父母"和"儿童"的后事前置和前事后置持续的时间更久。通常的情形是，前事后置会在很久以后被激活，如当收到关于报销凭证的信时，他不得不重新提交，并在家里抱怨起来。

对前事后置的解决办法是提前准备好忍受琐碎的烦恼，然后忘记它们。

演讲故事是一个正常的前事后置和后事前置的例子。然而，在父母的鼓励下，这两种情况会变得严重，令人不安，并可能导致脚本结局，尤其是悲剧性结局。其中任何一种发展为极端的形式，都可能导致酗酒、精神病、自杀，甚至杀人。因此，考试的后事前置和阳痿的前事后置都会导致青少年自杀，而怯场的后事前置会导致演员和销售人员过度饮酒。以下是脚本化前事后置的例子。

一位名叫西里尔（Cyril）的23岁高管来接受治疗，主诉之一为腹泻。有一天，他在小组治疗中提到自己晚上很难入睡。他会清醒地躺着，回顾自己做出的决定和与员工的沟通，从他已完成的事中总结错误，计算这一天中内疚、伤害和愤怒的心理点券。从他早期的经历来看，很明显，这一切都是在母亲的脚本指令下完成的。这种前事后置要持续一小时左右（特殊情况下要两三个小时），他才能睡着。治疗师和小组其他成员给予他许可，让他不需要前事后置就能结束一天的工作。让他想睡的时候就睡觉，不用理会他唠叨的、批评的"父母"。之后，他的失眠变好了。不久，腹泻的症状也停止了，原因并不清楚。两个月后，他便结束了治疗。

尽管前事后置和后事前置分别都会给拥有糟糕脚本的人带来麻烦，但大多数情况下，人们可以忍受麻烦，而不会有严重的后果。但如果上一事件的前事后置与下一事件的后事前置重叠，这对几乎所有人都极其危险，最常见的后果便是"过度工作"综合征。事实上，前事后置和后事前置的重叠是过度工作的一个极佳定义。无论工作量有多重，只要能够完成工作而没有这类重叠发生，就不会有（精神上的）过度工作。如果重叠发生，不管工作量多小，这个人都会过度劳累。昨天之后，他的"父母"用愧疚和怀疑骚扰他：他不应该那样做，他们会怎么看待他，为什么没有这样做呢？当这一切像走气的啤酒在他脑子里摇晃时，他的"儿童"还在忧虑明天：他会犯什么错误，他们会对他做什么，他想对他们做什么。这些令人不悦的想法与其他想法掺杂在一起，形成一种倒胃口的、令人沮丧的混合物。再来看个例子：

佩布尔（Pebble）是一名会计，他准备年度报告到深夜，结果发现账目数字不平。他回到家后，因这件事而辗转反侧。当他终于入睡后也不安稳，那些数字依旧萦绕在他梦中或者眼前。次日清晨起床时，什么问题也没解决，前一晚工作的前事后置仍在困扰他。现在他开始担心今天要在办公室做什么，因为还得继续完成日常任务。于是，后事前置的威力又开始有力地攻击他，导致吃早餐时，他与家人聊天也心不在焉。从更长远的时间跨度来看，在这些紧急状况的表象之下，是他去年报告所犯错误的前事后置在作祟，为此他遭到老板的严厉批评。对今年年度会议上可能发生什么的担忧已经让他的胃翻江倒海般难受。同时，这些想法的重叠紧紧揪着他的心，让他没有时间、精力或动力关心自己的个人生活。他与家人的关系开始恶化。他的易怒、忽略家人的感受以及悲观的情绪对改善关系毫无益处。

在大多数这样的情形下，事情的结果取决于佩布尔严厉急躁的"父母"和他愤怒沮丧的"儿童"之间的平衡。如果他的"父母"更占上风，他会完成工作，然后崩溃，最后因焦虑性抑郁症住院。如果他的"儿童"获胜，他会开始展现奇怪的行为，在任务完成前放弃，并进入精神分裂状态。如果他的"成人"比这两者都厉害，他可能会熬过去，然后陷入疲劳状态，直到休息或休假几天后恢复。然而，即使是这种较好的情况，如果压力年复一年，最终也会导致慢性疾病。根据目前的研究资料，他将是溃疡或高血压的高危人群。

佩布尔的问题在于他的时间结构。如我们在第十章中所看到的，有两种安排任务的方法。一个是目标时间，"直到我完成这个工作（不管它需要多长时间）"。另一个是时钟时间，"我会工作到午夜（然后无论如何都会停止）"。而佩布尔既不能完成任务，也不能停止。他是在遵照"匆忙行事"（Hurry up）时间。他必须在某个时间段内完成某一项任务，而这种目标时间和时钟时间的强制结合常常带来几乎不可能完成的任务。童话故事中有类似的例子：女孩必须在黎明前把谷物和谷壳分开。她如果有足够的时间就能完成这一切，也可以工作到黎明完成其中一部分。但为了在规定时间内完成所有工作，她需要仙女、精灵、小鸟或蚂蚁的魔法帮助她。佩布尔没有任何精灵、蚂蚁或其他魔法的帮助，所以他会只能付出女孩如果失败要付出的代价：丧失理智。

对后事前置和前事后置重叠的解决办法是个算术问题。每人都有一套标准的"后事前置"和"前事后置"的时间来应对不同情境，包括：与家人争吵、考试或听证会、工作截止日、旅行、探访亲友或亲友来访等。应根据每种情况的经验估算后事前置和前事后置的时间。基于手头的信息，防止重叠的办法变成一个简单的算术问题。如果情况A预估的前事后置时间为x天，而情况B预估的后事前置时间为y天，则为B设置的日期必须至少为A日期之后的x+y+1天。如果两个事件都可以预见到，就很容易安排时间。如果A是不可预见的，那么B的日期则必须推迟。如果这样做并不符合实际，第二种选择就是加快完成B，以便在最短的重叠时间内完成A和B，然后期待最好的结果。如果B的时间无法改变，唯一选择就是要么努力完成，要么直接放弃。

很多时候，照顾小孩的母亲是努力完成任务而不轻言放弃的典型。她们将很多小的前事后置和每日都有的后事前置融入日常生活，体现出惊人的韧性。如果没做到这点她们就会苦恼，这是难以控制后事前置和前事后置重叠的第一个迹象，也是需要度假休息的第一个迹象。这种重叠会像性欲抑制剂一般，干扰夫妻的性生活。而反过来，性是缓解这种重叠苦恼的良药。对许多夫妇来说，一周甚至只要一个周末不用照看孩子，就可以恢复性欲和性能力，然后以回味和热身取代前事后置和后事前置。大多数正常的前事后置和后事前置大约持续六天，两周的假期就能治愈轻微的前事后置，之后就会有几天无忧无虑的生活。以前去欧洲需要六到七天，所以能在旅途中好好休息，而现在飞机缩短了这一旅程，再加上时差带来的痛苦，人们反而不如以前放松了。

做梦可能是调整前事后置和后事前置的正常机制。因此，那些被实验性或惩罚性地剥夺做梦机会的人，最终会进入类似精神错乱的状态。因此，正常睡眠对防止前事后置和后事前置的重叠及其不良影响极其重要。由于巴比妥酸盐等镇静剂可以减少快速眼动睡眠，而增加其他睡眠阶段，因此它们不利于前事后置和后事前置的吸收，其效果可能是将无法吸收的重叠"沉积"在身体某些部位，导致"与精神因素有关的"身心疾病。不过，它对长期性的严重失眠疗效更好。

许多生活哲学家建议"一天一天生活"。这并不意味着只活在当下，而不去组织或计划未来生活。许多这样的哲学家，如威廉·奥斯勒，都是非常有条理的人，拥有非常成功的职场规划。用现在语言说，"一天一天生活"意为过有计划和条理的生活。每天都睡好，这样一天结束时没有后事前置，因为第二天计划得很好。而一天开始时没有前事后置，因为前一天过得井井有条。这样可以克服糟糕脚本导致的不良结局，也是通向好脚本及其幸福结局的好方法。

F. 小法西斯分子

每个人脑海中似乎都有一个小法西斯分子，它源于人格的最深层（"儿童"的"儿童")。在文明人身上，它通常被深深埋在社会价值观和培养的平台下，一旦有了适当的许可和指令，正如历史一次次向我们展示的那样，它会被完全释放出来。在不太文明的人身上，小法西斯分子被公开展示和培养，只等待定期表达的适当时机。在这两种情况中，它都是推进脚本的强大力量；前一种情况，它被秘密地、微妙地否认了；第二种情况，它被粗鲁地，甚至自豪地承认。但是我们可以说，任何意识不到这种力量的人已然失去了对它的控制，因为他没有面对过真实的自己，也不知道自己要去向何处。来看下面这个例子：在一次"自然资源保护主义者"会议上，保守分子说他非常钦佩亚洲一个部落如此珍惜其自然资源，"比我们好得多"。一位人文主义者反驳说："是的，但他们的婴儿死亡率很高。""哦，呵呵，"保守分子说，还有其他几个人也加入进来，"那也挺好的，不是吗？现在的婴儿太多了。"

　　法西斯分子可以被定义为一个不尊重生命，并将其视为猎物的人。这种傲慢的态度无疑是人类史前时期的遗迹，仍然存在于食人肉的癖好和大屠杀的乐趣中。食肉的类人猿捕猎时，其冷酷无情代表了饥饿驱使下的效率和贪婪。但随着人类的思想和大脑通过自然选择而进化之后，这些特质却并未消失。当它们不再是生存必需品后，它们便与获取食物果腹的最初目标分离，而退化为一种奢侈和放纵，一种以牺牲他人性命为代价的享乐。冷酷无情演变成残忍，贪婪演变成剥削和偷窃。由于猎物——肉体本身，尤其是人的肉体——在很大程度上被更合理的饱腹商品取代，它开始被用来满足心理饥饿。折磨的乐趣取代或超越了食物的乐趣，"呵呵"取代了"真好吃"。与杀死他（或她）相比，听到他（或她）的尖叫和看着他们屈服更重要。这是法西斯主义的本质——一帮流浪分子，寻找男性或女性的猎物来折磨或愚弄——他们的快乐就在于探索受害者的弱点。

　　猎物的卑躬屈膝有两个副产品，它们都对侵犯者有利。生物学上的副产品是性快感和兴奋，受害者成为严重的性变态者放纵自己的对象。折磨在加害者和受害者之间产生一种特殊的亲密关系，以及对彼此灵魂的深刻洞察，这种亲密关系和洞察在他们各自的生活中通常是很缺乏的。另一个副产品纯粹是商业性质的。受害者总是有可以使人获利的物品。对食人族而言，可能是来自心脏、睾丸，甚至耳朵等神奇器官的力量。对于"更先进"的人来说，脂肪可以做肥皂，金牙可以回收。在受害者的个人被迫害经历结束之后，他们就被焚烧融化于无名之中。

人类胚胎的生长过程重现整个进化过程。有时它会中断，因此天生带有远古时期的遗留，比如鳃裂。而孩子的成长过程会重温人类的史前发展历程，经历狩猎、耕种和工业制造阶段，他们可能在其中任一阶段中断发展，但每个人都保留所有阶段的一些痕迹。

每个人身上的小法西斯分子都是一个小恶魔，他探索受害者的弱点，并从中获得乐趣。如果他能公开这样做，他会欺负跛子，跺着脚发脾气、强奸他人，有时还会为此找一些借口，如强硬、客观、正当等。但大多数人会压制这类倾向，假装它们不存在，如果他们有所显示，就找借口遮掩，或用恐惧来掩盖和伪装。有些人甚至试图有意成为受害者而不是加害者来证明自己的无辜，因为他们的原则是自己流血比别人流血好，但必须有人流血。

这些原始的驱动与脚本禁令、训诫和许可交织在一起，形成会引发流血事件的三级心理游戏或"机体"游戏的基础。假装这些驱动力不存在的人成为受害者，他的整个脚本就是为了证明他已摆脱了此类驱动力。但由于现实情况是，他很可能并没有摆脱，这便成了对他自己的否定，因此这也否定了他拥有自主选择命运的权利。这里的解决办法不是像很多人那样，说"这很可怕"，而是问自己"我应该怎么做，我能利用它做什么"？做殉道者比做伤害他人的类人猿要好。因为这些拒绝相信自己从类人猿进化而来的人，其实有些方面还处于未进化的动物阶段。而认识自己又比做殉道者和类人猿都要好。

重要的是要认识到，在过去五千年中，无论发生了多少基因改变，人性某些"种族灭绝"的基因依然保持不变；它们还不受环境和社会的影响。其中一个例子便是对肤色更深者的偏见。这种偏见自古埃及有记载的历史以来一直没有改变，"可怜的古实人"①至今仍能在世界各地受压迫的黑人群体中见到。另一例子是"搜寻和毁灭"的战争。例如：

"234名越共被伏击并杀死"和"237名村民在越南被屠杀"。（两者都来自1969年美国陆军的报告。）

比较一下：

我摧毁了800名士兵的武器，烧死了他们的平民，羞辱了他们的少男少女。我将他们士兵的1000具尸体堆积成山。5月1日，我杀死了800名他们的士兵，我烧毁了他们的许多房屋，我羞辱了他们的少男少女。（来自《阿苏尔－纳西尔－帕尔编年史》，第二卷，约公元前870年。）

因此，至少2800年以来，人们一直有计算尸体数量的愿望和渴望。好人最终被称为"伤亡"；坏人被称为"尸体""死亡"或"尸身"。

G. 勇敢的精神分裂者

人类生物体的生物和心理特征，让预先编程的脚本成为个体命运的主宰。同时，社会的建立方式也鼓励这种对自主权的剥夺。这些是通过沟通性社会契约完成的，契约上写着："你接受我的人格面具或自我呈现，我也接受你的。"除非在特定群体中被特别允许，任何废除契约的做法都被视为粗鲁无礼。其结果就是缺乏对抗：与他人的对抗和与自己的对抗。这一

---

① 古代非洲的居民，被认为是黑种人的祖先。——译者注

社会契约的背后是三方面人格间隐藏的个人契约。"父母""儿童"和"成人"都同意接受彼此的自我呈现，并不是每个人都有足够的勇气改变这一契约。

这种对抗的缺乏在精神分裂症患者及其治疗师的例子中最为明显。大多数治疗师（根据我的经验）说精神分裂症是无法治愈的。他们的意思是：我的精神分析治疗无法治愈精神分裂症，而且我不想尝试其他方法。因此，他们满足于所谓的"取得进展"，就像某个著名的电气制造商一样，进步是他们的主要产品。①但进展仅仅意味着让精神分裂症患者在自己疯狂的世界里更勇敢地生活，而不是走出那个世界。所以地球上充满了勇敢的精神分裂者，在不那么勇敢的治疗师的帮助下完成他们的悲剧脚本。

治疗师常用的另外两个口号在普通人中也很常见。"你不能告诉人们该做什么"和"我帮不了你，你得自己帮助自己"是完全的谎言。你可以告诉人们该做什么，他们许多人会做得很好。你可以帮助别人，他们不必自己帮助自己。在你帮助他们之后，他们只需行动起来去做他们的事。但用那样的口号，社会（我指的不是某一社会，而是所有的社会）鼓励人们待在脚本里，一直走向往往悲惨的结局。脚本仅仅意味着很久以前有人告诉这个人该做什么，他也决定这么做。也就是说，你可以告诉人们该做什么，实际上你一直在做这件事，尤其是你有孩子的话。所以，如果你告诉人们做一些事，而不是让他们做父母要求做的事，他们可能决定听从你的建议或指示。众所周知，你可以让人们喝醉、自杀或杀死别人；因此，你也可以帮助他们停止喝酒、停止自杀或者停止杀死别人。我们当然可以给人们做某事的许可，或者允许他们停止童年时被命令一直做的事。与其鼓励人们勇敢地生活在一个不幸的旧世界，不如让他们勇敢地生活在一个新世界。

因此，我们列出了上述七个使脚本成为可能并鼓励它继续的因素：变

---

① 此处所指可能是通用电气。20世纪60年代通用电气的宣传语为："Progress is our most important product（进步是我们最主要的产品）"。——译者注

化的脸，流动的自我，迷恋和印记，无声的影响，后事前置和前事后置，小法西斯分子和他人的默许。同时我们也列出了对应每一种因素的实际解决办法。

H. 腹语者的傀儡

随着精神分析的发展，它把许多以前有价值的工作抛在一边。因此，自由联想取代了长达几世纪的内省传统。自由联想的是思想的内容，而弄清楚思想是如何运作的这件工作则交由精神分析学家来研究。但是，这点只能在其运行不顺利的情况下才能做到。只要封闭式机器（"黑箱子"）运行良好，人们就没办法知道它是如何工作的。只有在它犯了错误，或者通过活动扳手人为造成问题时，我们才能发现它的工作原理。因此，自由联想及其后续方法：转换、入侵、错误和梦想其实只适用于精神病理学层面。

另一方面，内省谨慎地从黑盒子上取下盖子，让"成人"窥见自己的头脑，看看它是如何工作的：他如何把句子组合在一起，他的形象来自何方，以及什么声音在引导他的行为。我认为，费登（Federn）是第一位复兴这一传统，并对内部对话进行具体研究的精神分析学家。

几乎每个人都曾"对自己"说："你不应该那样做！"他甚至可能注意到自己对"自己"的回答："但我必须这样做！"在这种情境下，"父母"说"你不应该那样做"，"成人"或"儿童"说："但我必须这样做！"这准确地再现了一些童年时期的真实对话。那么到底发生了什么呢？这种内部对话有三个"等级"。在第一级中，这些话以一种模糊的方式穿过杰德的大脑，没有肌肉的动作，或者至少肉眼看不到或耳朵听不到。在第二级中，他可以感觉到声带肌肉有点移动，他用嘴对自己低声讲话；尤其是舌头会有些微小动作。在第三级中，他大声说出来。这一等级的对话可能会在某些情况下完全控制他，让他在街上边走边自言自语，人们会转过头来看他，认为他"疯了"。其实还有第四级，脑海中的声音听起来似乎从外部传来，通常是"父母"的声音（是他父亲或母亲的声音）。这些都是幻觉。他的"儿童"可能回应也可能不回应这些声音，但无论如何，这都影响他某些方面的行为。

因为"自言自语"的人常被认为是疯子，几乎每人都有一条禁令，禁止他听脑海里的声音。但如果有适当的许可，这一功能便可迅速恢复。如此一来，每个人都能听到自己的内部对话，这是找到"父母"训诫、"父母"模式和脚本控制的最好方式之一。

一位性兴奋的女孩开始在她脑海里祈祷，以便能抵御她男友的诱惑。她清楚地听到"父母"的训诫："做个好女孩，当你受到诱惑时，要祈祷。"一个在酒吧打架的男人，也会非常小心地运用技巧。他清楚地听到父亲的声音说："别暴露你的意图！"这是父亲模式的一部分："在酒吧打架要这样。"他之所以打架，是因为母亲的声音挑衅说："你就像你父亲一样，总有一天会在酒吧打架时把牙齿打碎。"一名股市投机商在关键时刻听到恶魔低声说："不要卖，要买。"他放弃了精心设计的投资计划，输掉了全部资本——"哈哈"，他说。

"父母"的声音和腹语者具有同样的控制力。它负责人的发音器官，让人说出来自他人的话语。除非"成人"介入，否则"儿童"就像腹语者的傀儡，完全依照这一声音的指令行事。在意识不到的情况下，它会暂停人的意志，让别人控制发音器官及身体其他部位，这正是脚本能够在适当时候发生的原因。

对这种情况的治疗办法是倾听自己脑海中的声音，让"成人"决定是否听从他们的指令。这样，人们就能把自己从"父母"腹语的控制中解脱出来，主宰自己的行为。为了实现这一点，他需要给自己两个许可，但如果许可来自他人，比如治疗师，可能会更有效。

1. 允许他倾听内部对话。
2. 允许他不遵守"父母"的指令。

这项任务有一些危险，如果他敢于违抗"父母"的指令，他可能需要得到别人的保护。因此，当病人尝试独立于"父母"的腹语独立行动，成为真正的人而不是傀儡时，治疗师的工作就是保护他们。

应该补充的一点是，"父母"的声音告诉他能做什么或不能做什么，"儿童"的图像告诉他真正想做什么。愿望是视觉性的，指令是听觉性的。

I. 关于"恶魔"

到目前为止，以上提到的所有内容都有助于脚本成为可能，其中大多数人们都意识不到。现在我们来看一个关键内容，它不仅使脚本成为可能，而且给了它决定性的推动。它就是"恶魔"。在杰德即将成功之时，恶魔让他赤身裸体穿着溜冰鞋，从山上滑下来径直走向自我毁灭，而直到此时他还不清楚发生了什么。但回溯过往，即使从来没有听到脑海里的声音，他通常也记起曾有个恶魔的声音诱惑他："去吧！去做吧！"尽管很多人警告他不要这样做并试图劝阻，他依然这么做了。这就是恶魔（Daemon），是决定某人命运的超自然的突然推动力，是一个来自黄金时代[①]的声音，低于神，但高于人类，或许是一个堕落的天使。这是历史学家告诉我们的，也许他们是对的。对赫拉克利特[②]来说，人类的魔鬼就是其人格。但是这个魔鬼，据那些认识他或她的人和那些刚刚从堕落中遇到他或她的人说，它不像强大的神那样大声发号施令，而是像一位迷人的女

---

① 希腊神话分黄金时代、白银时代、青铜时代、英雄时代和黑铁时代。在黄金时代，神与人类无忧无虑地生活在一起，听从神的指令，不需劳作，身体强健，也不需担心疾病和死亡。——译者注

② 希腊著名的哲学家。——译者注

子用诱人的耳语："来吧，去做吧。为什么不这样呢？除了失去一切，你还会失去什么呢？你还有我，就像在黄金时代那样。"

这是驱使人们走向厄运的强迫性重复，根据弗洛伊德的说法，这是死亡的力量，或女神阿南刻①的力量。但弗洛伊德把它放在某个神秘的生物领域；可如果你向一个见识过恶魔的力量的男人或女人询问一下，就发现它只不过是一种诱惑的声音而已。

对付"恶魔"的方法一直都是"符咒"，这里也是如此。每个输家都应把它装在钱包或手提包里，只要看到成功快要到来，那就是危险的时刻。那时就应该马上把它拿出来，一遍又一遍地大声朗读了。然后，当恶魔低声说"伸出你的手臂，把所有钱都押在最后一个号码上""就喝一杯""是时候拔出刀了""抓住她（他）的脖子，把她（他）拉向你"，或者无论任何即将失败的时刻，马上抽回手臂，大声又清晰地说："但是妈妈，我宁愿用我自己方式做，我想获得胜利。"

J. 真实的人

脚本的反面是生活在现实世界中真实的人。这个真实的人可能是真正的自我，从一种自我状态转移到另一种自我状态。当人们互相了解时，他们会通过脚本进入这个真正的自我所在的深处，这是他们所尊重和爱的人的一部分，在"父母"的编程再次接手之前，他们可以体验到真正亲密的时刻。我们能做到这一点，因为它已经发生在大多数人的生活中。其中一个例子就是最亲密和最不受脚本控制的关系：即母亲和婴儿之间的关系。如果让母亲依靠自己的直觉，她通常可以在哺乳期间暂停脚本，听从本能，而婴儿这时候还没有形成脚本。

---

① 希腊神话中的必然定数女神。控制一切命运、宿命、定数、天数的超神。她的意志是绝对的，不可违抗。——译者注

至于我自己，我不知道是否还在被自动演奏的音乐所控制。如果是的话，我满怀兴趣和期待，乐观地等待继续奏响旋律的下个音符，以及之后所有和谐和不和谐的乐曲。接下来我将去哪里？在这种情况下，我的生活是有意义的，因为我遵循了祖先悠久而光荣的传统，它们由父母传递给我。这一乐曲也许比我自己创作的要更甜美。当然，我知道有很多地方可供我即兴发挥。我甚至可能是地球上为数不多完全摆脱枷锁、自己演奏乐曲的幸运儿之一。这样一来，我是一个勇敢的即兴演奏家，独自面对世界。但是，无论是在自动钢琴上假装演奏，还是用自己的思想和双手弹奏和弦，我的人生乐曲都同样充满悬疑和惊喜，因为它演奏出了命运的荡气回肠——无论如何我希望它都是会留下快乐回音的威尼斯船歌。

第十五章　脚本的传递

A. 脚本模型

　　脚本模型是用来说明和分析脚本指令如何从父母和祖父母传给当前一代的图形。大量的信息可以被巧妙地压缩到这个相对简单的图形中。第六章和第七章中给出的图形（图6、图8和图9），准确绘制出了基于相应案例信息的脚本模型。实践中要注意的问题是从"噪音"或混乱中分辨决定性父母指令、行为模式和脚本主题。由于自己以及周围所有人，都会尽可能多地带来这些干扰，要做到这点格外困难。这往往会隐藏通向脚本结局的步骤，不论是幸福或悲剧。用生物学家的语言来说，这是"最终结局"。换句话说，人们煞费苦心地对自己和他人隐瞒脚本，是件很自然的事。回到之前的隐喻，一个坐在自动钢琴前移动手指以为自己在弹奏音乐的人，不会想让别人告诉他"去查看钢琴的内部结构"，而享受着钢琴表演的观众们也不会想他这样做。

　　设计脚本模型的斯坦纳[①]赞同笔者的设想，即通常异性的父母告诉孩子做什么，而同性的父母告诉他该怎么做（参见前文布彻的例子）。斯坦纳对这个基本设想做了重要的补充。他通过详细说明父母的每个自我状态具体在做什么，让这一构想更进一步。他的假设是父母的"儿童"下达禁令，父母的"成人"赋予孩子他的"程序"（我们也称之为他的模式）。他还添加了一个新元素，"应该脚本"，它来自父母的"父母"。斯坦纳版本的脚本模型主要来源于酗酒者、成瘾者和"反社会者"。他们都拥有三级

[①] 克劳德·斯坦纳是本书作者的同事、好友及门徒，也是密歇根大学的临床心理师。——译者注

的、糟糕的、悲剧的脚本（他称之为"哈马提亚式"脚本）。因此，他的脚本模型涉及一个来自"疯狂的儿童"的严厉禁令，但它还可以被扩展到包括诱惑、挑衅和禁令，这些禁令看似来自父母的"父母"，实则来自父母"疯狂的儿童"（参见布彻的脚本模型，图6）。

虽然有几个问题需要通过进一步的经验来解决，图8所示的设置已经作为临时模型被许多人接受，并将很快在临床治疗以及发展心理学、社会学和人类学研究中显示其重要价值。这个"标准"模型显示父母"儿童"的禁令和挑衅，通常来自异性的父母。如果这是普遍事实，这将是关于人类命运和命运世代传递的关键发现。脚本理论最重要的原理则可以被这样描述："父母的'儿童'构成了'儿童'的'父母，'"或者"儿童的'父母'是父母的'儿童'"。借助图表我们能更容易理解这点。请记住本书中加引号的"儿童"和"父母"指的是脑海中的自我状态，而不加引号指的是真实的人。

图14是一个空白脚本模型，可以在进行小组治疗活动或教授脚本理论时绘制在黑板上好好使用。在分析个人案例时，首先根据病人的性别标出父母，然后可以沿着箭头用粉笔填上口号、模式、禁令和挑衅。这样就能

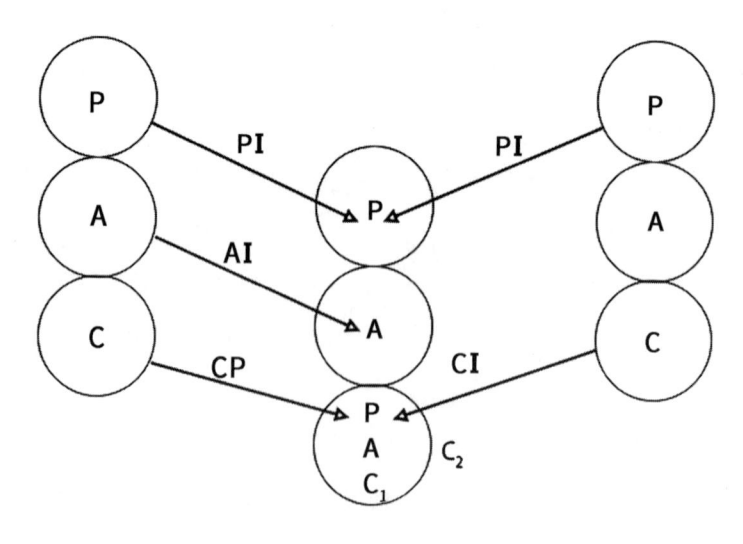

图14 空白脚本模型

得出关于决定性脚本沟通信息清晰可见的视觉化展示，类似图6、图8和图9。在脚本模型这一工具的帮助下，我们很快就会发现之前从未发现的信息。

除非以后想成为治疗师，拥有好脚本的人只会从学术研究的角度对脚本分析感兴趣。但对患者来说，他们必须用尽可能纯粹细致的方式解剖分析指令，以绘制准确的脚本模型。这对制定治疗方案非常有用。

获取脚本模型信息最有效的方法，是询问病人以下四个问题：（a）你父母最喜欢的口号或训诫是什么？这是提供反脚本的关键信息。（b）你的父母过着什么样的生活？通过与病人长期的联系，就可以很好地得到此问题的答案。无论父母教他做什么，他都会一次次地重复，从而造就了他的社会性格："他是个酒鬼。""她是个性感的女孩。"（c）你的"父母禁令"是什么？要理解病人的行为，计划如何果断地干预，以便让他生活得更充实，这是最重要的一个问题。正如弗洛伊德所说，由于他的症状是被禁止行为的替代品，也是对它的抗议，那摆脱掉禁令也会治愈他的症状。要从背景噪声中挑选出决定性的父母禁令，需要经验和小心细致。（d）你必须做什么才能让父母微笑或咯咯笑？答案即为引诱，这是被禁止行为的替代选择。这个问题可以为获取信息提供最可靠的线索。

斯坦纳认为，"酗酒者"的禁令是"不要思考"！而酗酒正是一件不用思考的事情。"酗酒者"的心理游戏玩家和他们的同情者最常说的话题，非常明显地体现了思考的缺失。他们在"酗酒者"小组治疗中相互攻击的话更是如此。他们说，"酗酒者"不是真实的人，不应该被当作真实的人对待：这不是事实。海洛因比酒精更容易上瘾、更邪恶，而锡南浓运动已经明确证明了海洛因成瘾者是真正的人。在酒精或海洛因成瘾者切断头脑中引诱他们继续的声音后，真实的人就会显现。而这些声音是通过定时的生理需求来强化的。镇静剂和吩噻嗪类药物之所以在治疗成瘾者时有效，部分原因是他们遮盖了"父母"的声音。这一声音让"儿童"焦躁，或让他分不清"父母"的"不要做"和"哈哈"。

简而言之，图14中的空白脚本模型需要填写一些信息，才能成为图

6、图8和图9那样完整的模型，包括生存法则或激励（PI）、指导模式或程序（AI）、"父母"的禁止或禁令（CI），以及可引发的任何挑衅或刺激（CP）。

最有力的脚本指令是在家庭戏剧（第三章）中给出的，其中有些强化了父母一直以来的言语，而有些则证明了他们是虚伪的骗子。正是这些场景让孩子深刻学习到了父母希望他们了解的脚本信息。请大家记住，大声说出口的话语和所谓的"非语言交流"一样具有深刻和持久的影响。

B. 家庭序列

第六章和第七章中的脚本模型展示了脚本装置的主要元素——"父母"的训诫、"成人"的模式和"儿童"的脚本控制——是如何从父母双方传递给他们后代的。图7更详细地展示了最重要的元素，即禁令，是如何从父母（通常是异性父母）那里传递给杰德的。所有这些都为我们研究图15做好了准备。图15显示了禁令是如何从一代人传递到另一代人。这样的系列被称为"家庭序列"。这里的五代人都有同样的禁令。

图15所示的情况并不少见。患者已经听说或亲眼所见，祖母是一个输家；她很清楚父亲也是一个输家；她来接受治疗是因为她也是一个输家；她儿子需要接受治疗，因为他也是一个输家；她的孙女已经在学校表现出会成为输家的迹象。患者和治疗师都知道，这五代人的链条必须在某个地方被打破，否则它可能会无限期地持续下去。这是让病人痊愈的一个很好的激励。①如果她这样做了，就可以撤回对儿子的禁令。每次他们见面，她可能都在不由自主地强化禁令。这也会使她儿子更容易康复，然后对孙女的整个未来以及孙女的孩子们都大有益处。

---

① 通过家庭序列，有可能找出这位女患者上至拿破仑战争时期（她的曾祖母曾活到很大岁数，并且记忆力无损）、下至2000年（通过向前预测她的孙辈的生活）的心理游戏和脚本。

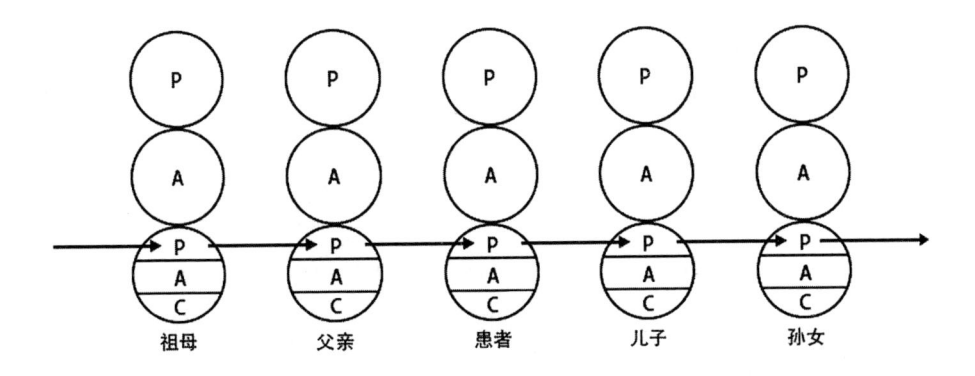

图15 家庭序列

婚姻的一个效果是稀释禁令和挑衅，因为丈夫和妻子来自不同的背景，他们会给孩子发出不同的指令。实际上，这与基因传递的结果类似。如果赢家和赢家结合（赢家一般都倾向于这样做），他们的后代会成为更成功的赢家。如果输家与输家结合（正如输家倾向于做的那样），他们的后代会成为更严重的输家。如果输家和赢家结合，后代就会既有赢家又有输家。无论如何，每种都有可能出现倒退的情况。

C. 文化的传递

图16显示了训诫、模式和脚本控制在五代人之间的传播。在此例中，我们很幸运地拥有一个"好的"或赢家脚本相关的信息，而不是"坏的"或输家脚本。这个人生计划可以被称为"我的医生儿子"，脚本主人公是南太平洋的丛林中，一个小村庄的世袭医生。

我们从一对父母开始。父亲，第五代，大约出生于1860年，娶了一位酋长的女儿。他们的儿子，第四代，大约出生于1885年，也娶了酋长的女儿。他们的儿子，第三代，出生于1910年，遵循了同样的脚本。他的儿子，第二代，出生于1935年，脚本模式略有不同。他没有成为一名世袭医生，而是去了斐济苏瓦的医学院，并成了当时所谓的"当地医疗助理"。他也娶了一位酋长的女儿，而他们的儿子，第一代，出生于1960年。他计划追随父亲的脚步，只是因为历史发展原因，他将被称为"助理医疗官"。他甚至可能去伦敦，受训成为一名正式的医疗官。因此，每一代的儿子都是下一代的父亲（F），其妻子是下一代的母亲（M）。

每一位父亲和母亲的"父母"都传递给儿子的"父母"同样的训诫和激励："做一个好医生。"父亲的"成人"把他的职业秘诀传递给他儿子的"成人"，当然母亲并不知道这些秘诀。但母亲知道她想让儿子做什么。事实上，她从小就知道，她希望自己的儿子要么是酋长，要么成为医生。因为儿子显然会成为后者，她从自己的"儿童"传递给儿子的"儿童"（这是

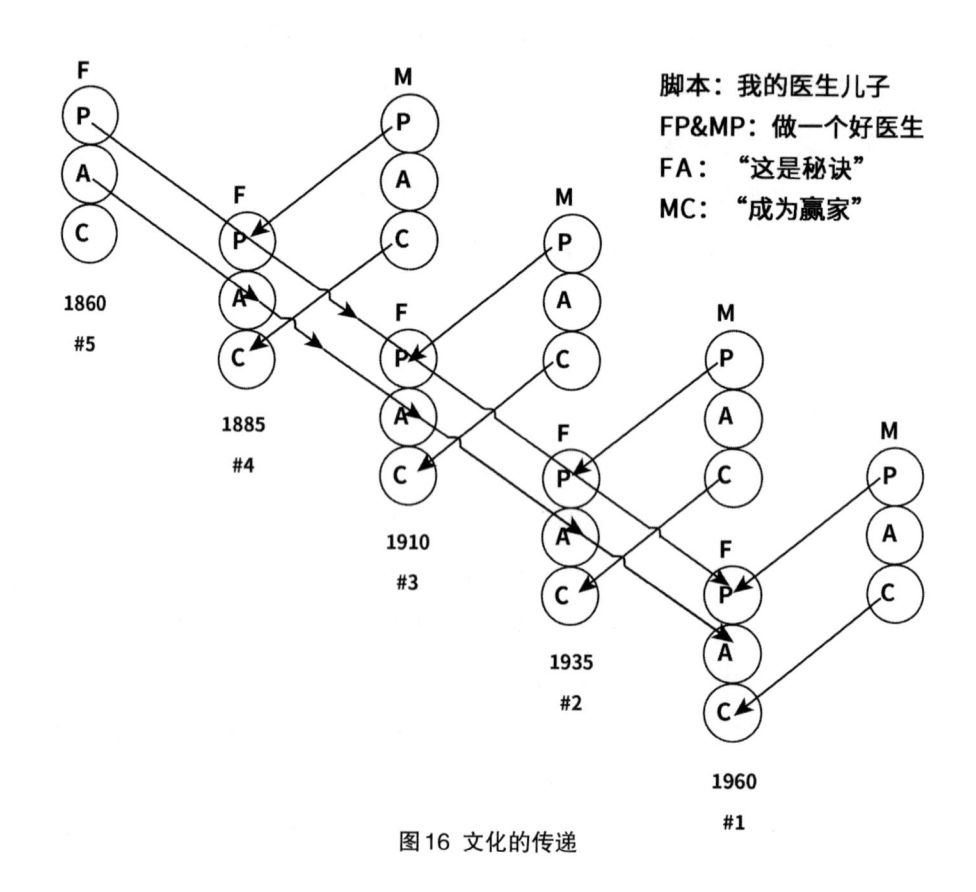

脚本：我的医生儿子
FP&MP：做一个好医生
FA："这是秘诀"
MC："成为赢家"

图16 文化的传递

她童年早期的决定，在儿子的童年早期传递给他）善意的引诱，"成为一名成功的医生"。

在此例（图16）中，图15中的家庭序列以更完整的形式呈现。可以看出，父亲的训诫和父亲的指令程序形成两条平行的直线，从1860年一直延续到1960年。母亲的训诫和母亲的禁令（"不要失败"）也是平行的，在每一代中都来自于侧面。该图巧妙地展示了"文化"在百年中的传递。类似的图表也可以用来绘制任何"文化"元素或任何乡村社会的"角色"。

在女儿的家庭序列中，她们的角色可能是"成功医生的母亲"，图表看起来会完全一样，除了M和F会调换位置。在有些村庄，叔叔或婆婆对孩子的脚本有重要的影响，图表可能更复杂一些，但遵循的原则是一样的。

应该注意的是，在这一赢家的序列中，脚本和反脚本一致，这是确保培养赢家的最佳方式。但是，如果第三代的母亲碰巧是一个酒鬼酋长的女儿，她可能会给儿子一个糟糕的脚本禁令。然后就会产生麻烦，因为他的反脚本和脚本之间会发生冲突。当她的"父母"告诉儿子要做一个好医生时，她的"儿童"可能向儿子讲述他祖父酗酒的故事，并表现出很欣赏和喜悦的情绪。然后儿子可能因酗酒被医学院开除，余生都在玩"酗酒者"的游戏。失望的父亲则扮演"迫害者"，而怀旧的母亲扮演"拯救者"。[①]

D. 祖父母的影响

临床实践中，脚本分析最复杂的部分是追溯祖父母的影响，如图17所示。它是图7的更详细的版本。这里可以看到，母亲的PC分为两部分，FPC和MPC。FPC代表了父亲在她小时候对她的影响（她"儿童"中的"父亲父母"），MPC则代表了她母亲（她"儿童"中的"母亲父母"）的影响。乍一看，这种划分复杂又不切实际，但对习惯于思考自我状态的人来

[①] 实际上，上面描述的家庭序列部分是基于人类学和历史资料，部分是基于一些美国医生的家谱。

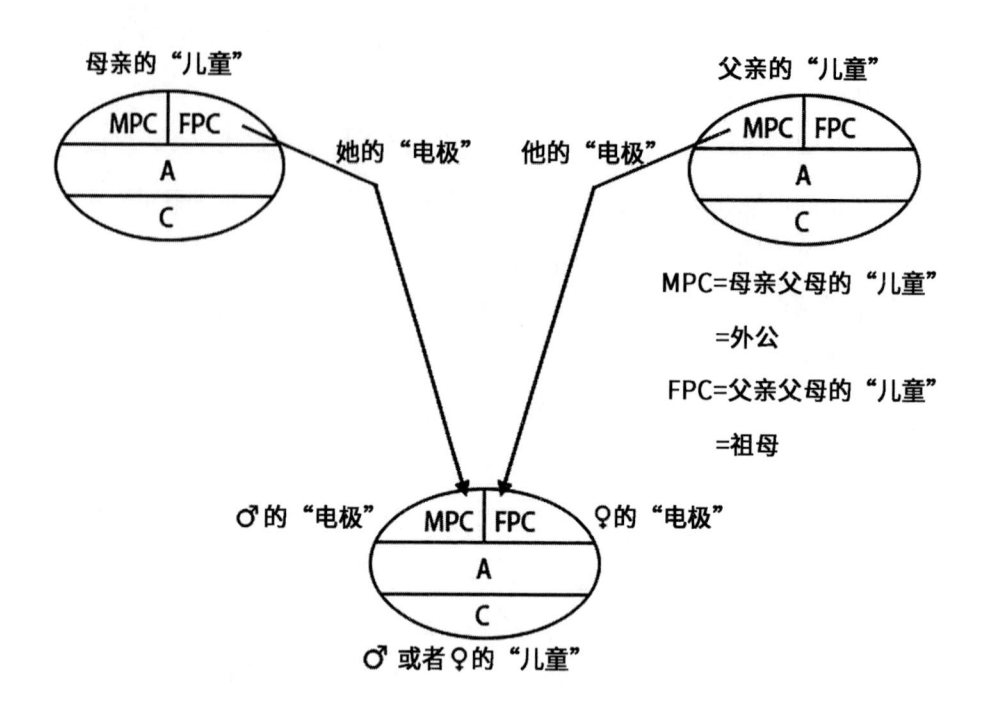

图17 祖父母的影响

说并非如此。例如，患者不用花很长时间就能学会区分他们身上的FPC和MPC。"我小的时候，父亲喜欢让我哭，母亲给我穿性感的衣服，"哭哭啼啼的漂亮妓女说。"父亲喜欢我聪明，母亲喜欢给我打扮，"聪明睿智、穿着得体的女心理学家说。"父亲说女孩子不好，妈妈把我打扮得像个假小子，"战战兢兢的披头族[①]女孩穿着男性风格的衣服说。这些女人都很清楚她的行为是受父亲（FPC）还是母亲（MPC）的影响。当她们哭泣、聪明或害怕的时候，她们是为了父亲而这样做，当她们看起来性感、穿着得体或像个假小子时，她们是在遵从母亲的指示。

大家应该还记得，脚本控制倾向于来自异性父母。母亲的FPC是她的电极，父亲的MPC是他的电极（见图10）。因此，母亲给杰德的脚本命令来自她的父亲，因此可以说"杰德的脚本程序来自他的外祖父"。父亲对

---

① 指美国"垮掉的一代"的参与者，通常行为举止不合常规，具有反抗特质。——译者注

佐伊的命令来自他的母亲，所以佐伊的脚本程序来自她的祖母。因此，电极是杰德头脑中的母亲（外祖父），对于佐伊，她头脑中的电极则是父亲（祖母）。将此模式应用到上述三个案例中，妓女的祖母嫁了几任刻薄的丈夫，心理学家的祖母是著名作家，假小子的祖母是争取妇女权利的改革家。

现在我们就能理解为何图15中的家庭序列在两个性别间交替——祖母、父亲、女病人、儿子和孙女。另一方面，图16说明了如何调整这样的模式，以便男性后代或女性后代沿着一条直线排列。正是因为拥有这么多功能，脚本模型才是非常有价值的工具。它拥有连它的创造者都没有预料到的特质。在这里，它提供了一种简化的方式来帮助理解家庭历史、文化的传递和祖父母的心理影响等复杂话题。

E. 过度脚本

对该脚本的传递有两个要求。杰德必须能够、准备好、愿意，甚至渴望接受它；他的父母必须想把它传递下去。

从杰德这方面来看，他能够传递脚本是因为他的神经系统是接受被编程的结构。它接受感官和社交刺激，并将其组织成模式来控制他的行为。随着他的身体和思想的成熟，他变得越来越准备好接受日渐复杂的编程类型。他愿意接受它，因为他需要规划时间和组织活动的方法。事实上，他不仅愿意而且很渴望接受它。因为他不仅仅是一台被动的电脑。和大多数动物一样，他渴望"完结"的感受，渴望完成他开始做的事情；另外，他还有追求目标这一人类伟大的抱负。

他以随机动作作为生命的开始，最终学会了说"你好"之后该说什么。一开始，他满足于工具型反应，这些就是他的目标：用埃里克森的术语来说就是合并、消除、入侵和运动。在这里，我们发现了"成人"技艺的开始，包括他通过行动和成功完成行动获得的乐趣：从勺子上安全地拿到食物放进嘴里、独自走在地板上。最开始，他的目标是走路，然后是走到什么地方。一旦他走到人们身边，他就必须知道到达那里后该做什么。起初，他们微笑着拥抱他，他所要做的就是（或者最多是）拥抱。他们除了希望他走到那里之外，什么也不指望。后来他们确实期待什么东西，所以他学会了说"你好"。过了一段时间，这也不够了，他们还期望更多的东西。所以他学会了为他们提供各种刺激，以得到他们的回应。因此，他永远感激（信不信由你）父母给了他一个模式：如何以这样一种方式接近人们，以得到他想要的回应。这就是渴望结构、渴望模式，以及从长远来看的渴望脚本。所以这个脚本被接受是因为杰德是对脚本有所渴望的。

在父母这方面，他们能够、准备好和愿意传递脚本，是因为通过长期进化植根于他们身上的东西：抚育、保护和教导后代的欲望。这种欲望只能被最强大的内部或外部力量所抑制。除此之外，如果他们自己被适当地"脚本化"了，他们不仅愿意，而且渴望传递脚本，并从养育孩子的过程中获得极大的乐趣。

然而，一些父母的渴望过于强烈。对他们而言，养育孩子既不是拖累，也不是快乐，而是一种强迫性的行为，特别是当他们传递远远超过孩子需求的训诫、模式和脚本控制的时候。这种强迫相当复杂，大致可分为三个方面：（1）是对永生的渴望。（2）父母自己脚本的要求，从"不要犯任何错误"，到"毁掉你的孩子"。（3）父母想要摆脱自己的脚本控制，把它们传递给别人，以便解放自己的欲望。当然，这种外向投射[①]是行不通的，所以必须一遍又一遍地尝试。

这些对儿童心理的持续攻击对于儿童精神病学家和家庭治疗师来说再熟悉不过，他们用很多不同的名字来命名这些攻击。从脚本分析的角度来

[①] 投射（projection）是一种心理防御机制，由弗洛伊德率先提出。外向投射是指将自己的某种冲动、欲望、自我内在客体的某些特征（如性格、情感、过错、挫折等）想象成在某人身上的客观事实（赋予他人或他物身上）。——译者注

看，它们是一种过度的脚本，对孩子的过度指示，远远超过了他对脚本的渴望，可以称其为他的过分脚本（Episcript）或过度脚本（Overscript）。通常，他的反应是通过某种形式的否定来拒绝，但他可能会遵循他父母的指示，并试图把它们传递给他人。因此，范妮塔·英格里（Fanita English）将其称为"热土豆"，而不断试图来回传递它的行为被她称为"热土豆游戏"。

正如她在关于这个问题的原创论文中指出的，各种各样的人都在玩这个游戏，包括治疗师。她举了一位心理学专业学生乔（Joe）的例子，他母亲的脚本结局是："被关在疯人院。"因此，他习惯挑选那些适合进入公立医院的人，为他们提供不恰当的治疗，之后再设法帮助他们进入公立医院。幸运的是，上司注意到每当病人濒临崩溃时，他都会露出脚本化的微笑，因此说服他放弃心理学去从商，并接受心理治疗。他的脚本结局是他母亲的过度脚本或"热土豆"。母亲常说，她一生都试图"远离疯人院"。她从父母那里收到了"被关在疯人院"的指令，并试图把它传给乔，乔又试图把它传给他的病人。

因此，父母将传递脚本作为他们正常养育子女的一部分，通过向他们展示如何生活来抚育、保护和鼓励孩子。过度脚本可能源自各种原因。最病态的原因是试图通过把它传递给孩子来摆脱它。尤其当过度脚本是"哈马提亚式"或者悲剧性的，它便成了无人想要的"热土豆"。正如英格里所指出的，是"教授"，即"儿童"的"成人"在说"谁需要它？"，并决定通过传递给他人来摆脱掉，就像摆脱童话中的诅咒那样。

F. 脚本指令的混合

随着时间推移，脚本被经验不断打磨，脚本控制、模式和生存法则都混合起来。因此，我们很难在人的行为中将它们区分出来，并确定哪一种是"最终的共同结局"。人们将所有元素综合起来，形成混合后的计划或日常行为。主要的脚本结局以"最终结局"的形式出现。如果是坏的结局，脚本元素对经验丰富的观察者来说可能很明显，比如在精神错乱、车祸、自杀或谋杀的案例中。而好的脚本结局中，剖析脚本指令就更加困难了。部分的原因在于，此种情形下父母通常会给予广泛的许可，这可能会使指令变得模糊。

来看看以下来自现实生活的浪漫故事，故事取自一家小镇报纸上的新闻：

X家族重复上演浪漫故事

50年前，一名澳大利亚士兵去英国参加了第一次世界大战。他的名字叫约翰·X，他在英国遇到了简·Y并娶了她。战争结束后，他们来到美国生活。25年后，他们的三个孩子都在英国度假。儿子汤姆·X娶了诺福克郡大鼾镇①的玛丽·Z。他的两个姐妹都嫁给了英国人。今年秋天，汤姆和玛丽·Z的女儿简和一位姨妈一起在大鼾镇度假，宣布她和同样来自大鼾镇的哈里·J订婚。简毕业于我们当地的一所高中。婚后，这对夫妇计划住在澳大利亚。

约翰·X和他的妻子简通过汤姆和玛丽传给孙女简某些训诫、模式、脚本控制和许可。剖析这些脚本元素是一个很有趣的练习。

应该注意的是，脚本编程就像杂草和鲜花的生长一样，是自然发生的，它不会考虑道德因素或后果。有时候脚本和反脚本相互渗透，产生极其可怕的结果。"父母"的指示可能给予"儿童"许可去对他人造成巨大的伤害。从历史上看，这种不幸的组合培养出了战争、革命和大屠杀的领导者（在更个人的层面上，也导致了暗杀者）。"母亲"的"父母"说"要优秀！"和"要出名！"，而她的"儿童"指挥道："杀了所有人！"然后，"父亲"的"成人"教男孩如何在文明国家用枪，如何在野蛮国家用刀。

---

① 诺福克是英格兰东部的一个郡，大鼾镇英文原名为：Great Snoring，字面意思为大鼾。——译者注

大多数人的一生都舒适地生活在他们的脚本模型中。这是父母为他们造的一张床,他们只在上面加了一些自己的装饰物。床上可能有虫子,也可能很粗糙,但这是他们自己的床。他们从小就习惯了,所以很少有人愿意用它来换更好、更适合他们所处环境的床。毕竟,"模型"一词在拉丁语中就代表母亲的子宫。一旦他们永远离开了子宫,脚本就是最接近母亲子宫和最舒适的地方。但对于那些决定自力更生,说"妈妈,我宁愿用我自己的方式去做"的人,有几种可能性。如果他们足够幸运,母亲自己可能在模型中放置了一个合理的内部解除或破咒者,他们便可以自己摆脱脚本。另一种方式是朋友、密友和生活本身为他们提供帮助,但这种情况非常少见。第三种方式是通过恰当的脚本分析,他们可以获得许可,主宰自己的人生。

G. 总结

脚本模型是用来说明和分析脚本指令如何从父母和祖父母传给当前一代的图表。从长远来看,这些指令将决定人的人生计划和最终结局。现有的信息表明,最具决定性的脚本控制来自异性父母的"儿童"自我状态。同性父母的"成人"自我状态提供了一种模式,在他执行自己人生计划时,决定了他的兴趣和人生道路。同时,父母双方通过各自的"父母"自我状态,给予他生存法则、激励或口号来建立他的应该脚本。应该脚本占据了脚本前进过程中的间歇期。如果他做了适当的动作,应该脚本可能会接管并压制脚本。下表(来自斯坦纳的调查发现)说明了一个拥有"酗酒者"脚本的脚本元素。第一列给出了父母双方活跃的自我状态。括号中的字母代表孩子接收的自我状态,接下来两列显示了指令的类型。最后两列不言自明。

母亲的"儿童"（C）	禁令和引诱	脚本	"不要思考，喝酒"
父亲的"成人"（A）	程序（模式）	人生道路	"喝酒和工作"
双方的"父母"（P）	生存法则（口号）	应该脚本	"努力工作"

即使脚本指令的起源（可能不包括指令的插入）在个别情况下有所不同，脚本模型仍然是科学史上最有用和最令人信服的图表之一。它将人们的整个人生计划及其最终命运浓缩成一个简单、易懂、易于检查的图表，同时还展示出如何去改变它。

H. 父母的责任

沟通分析和脚本分析的心理动力学口号是"想想括约肌"。他们的临床原则是在小组会面中全程观察每位病人每块肌肉的每一个运动。他们存在主义的座右铭是"沟通分析师健康、快乐、富有、勇敢，不论四处旅行，还是在当地治疗病人时，他们都能遇见世界上最善良的人"。

目前来说，勇敢是指敢于攻击人类命运存在的问题，运用心理动力学口号和临床原则寻求解决办法。脚本分析正是对人类命运问题的答案，它告诉我们（唉！）命运在很大程度上是预先设定的，大多数人在这方面感觉到的自由意志其实是一种错觉。例如，R.艾伦迪（R. Allendy）指出，对于每个面对自杀决定的人来说，这都是一个孤独、痛苦和明显自主的决定。然而，无论个案有多么不同，自杀率每年都保持相对稳定。让人们理解这个问题的唯一方法（达尔文主义者）是确认人类的命运是父母编程的结果，而不是个人"自主的"决定。

那么，父母的责任是什么呢？脚本编程不是他们的"错"，就像遗传缺陷，如糖尿病或畸形脚，或遗传音乐或数学天赋那样。他们只是在传递从父母和祖父母那里得到的显性及隐形基因。正如基因一样，脚本指令被不断调整，因为孩子有两个父母。

另一方面，脚本装置比基因装备要灵活得多，并不断受外部影响而做出调整，如生活经验和他人插入的禁令。我们很难能预测一个局外人什么时候说了什么或做了什么，会改变一个人的脚本。可能是在狂欢节或走廊上偶然听到的一句随意的评论，也可能是一段正式关系的结果：如婚姻、学校或心理治疗。配偶普遍会逐渐影响彼此对生活和他人的态度，这些变化反映在他们的面部肌肉和手势上，所以他们才看起来越来越像。

如果父母希望改变自己的脚本，不想将自己得到的指令传递给孩子，首先应该熟悉自己脑海中的"父母"自我状态和"父母"的声音。因为孩子会通过适当的触发行为学会这些指令，并将精神"贯注"于此。由于父母更年长，在某些方面可能比孩子更聪明，所以控制"父母"行为是他的职责和责任。只有当他把"父母"置于"成人"的控制之下时，他才能做到这点。另外，他和自己的孩子们一样，都是"父母"养育的产物。

还有一个要注意的问题，孩子们代表着复制和不朽。当孩子以他的方式做出反应时，每个父母都会或公开或秘密地感到高兴，即使他们遵循的是他最坏的特征。如果希望孩子们比他自己更好地适应这个世界，他就必须在"成人"的控制下放弃这种快乐。

接下来我们就可以讨论，当杰德（可以是我们每个人）想要改变脚本，改变他脑海里的磁带和他们规定的程序，成为一类特殊的人——病人帕特（Pat）时，会发生什么。

第四部分

临床实践中的脚本

第十六章　预备阶段

A. 序言

由于脚本的影响在出生前就已开始，而"最终结局"或脚本结局发生在死亡或以后，临床医生很少有机会能从头到尾追踪脚本。律师、银行家、家庭医生和牧师，特别是在小城镇执业的此类人，最有可能知道人们贯穿整个脚本的所有秘密。但由于精神病学的脚本分析本身只有几年历史，我们还没有完整人生历程或脚本的临床观察案例。目前获得长期脚本的最好方法是通过传记，但传记通常缺少许多重要的东西。前面章节提到的一些问题很难通过平常的学术文章或文学传记找到答案。最早比较接近脚本分析的是弗洛伊德关于达·芬奇的书，之后比较具有里程碑意义的尝试来自欧内斯特·琼斯（Ernest Jones）关于弗洛伊德的传记。琼斯的优势在于，他本人与弗洛伊德熟识。埃里克森（Erikson）研究了两位成功领袖马丁·路德（Martin Luther）和圣雄甘地（Mahatma Gandhi）的人生计划和生命历程。莱昂·埃德尔（Leon Edel）写作的亨利·詹姆斯（Henry James）传记，以及泽利格斯（Zeligs）对希斯·张伯伦的关系的研究也揭示了许多脚本元素。但这些资料中，大多数早期指令都只能靠猜测。

最接近科学研究脚本的方法来自于麦克利兰（McClelland）的作品。他研究了孩子们听到和阅读的故事与他们人生动机间的关系。多年后，鲁丁（Rudin）又延续了他的研究。

鲁丁研究了这些被故事影响的人，探究了他们的死亡原因。因为"成功者"必须是"好"的，所以他们严格控制情绪，因此常患有溃疡或高血压。他将这一群体与那些渴望"权力"的人做了对比。他们用行动表达这种渴望以获得权力，更多地死于我们所称的"脚本"原因：自杀、杀人和饮酒过量导致的肝硬化。"成功者"的脚本基于成功故事，而渴望"权力"的人，其脚本基于冒险故事。鲁丁告诉我们他们追求何种死亡。这一调查长达25年，与我们探讨的脚本分析框架契合。

即使有此类研究，脚本分析仍然达不到老鼠心理学或细菌学的准确度和确定性。脚本分析师在实践中必须阅读传记，了解其朋友的成功故事和敌人的失败故事，研究大量具有不同早期编程类型的病人。对于长期治疗的病人，要对其人生进行回溯和预判。例如，一位具有20年或30年临床经验的治疗师，通过定期拜访或送圣诞卡片与之前的病人保持联系，就能在脚本分析中越来越坚定信心。有了这样的背景知识，他便知道如何更好地帮助目前的病人，以及如何尽快获得病人尽可能多的信息。治疗师越快越准确地理解脚本，就越能快速有效将对立主题引入脚本，从而避免浪费时间精力、浪费生命和影响下一代。

精神病学实践与其他医学分支一样，具有一定死亡率和残疾率。无论取得什么治疗效果，治疗师的首要目标是降低死亡和残疾的发生率，包括急性的服药自杀和长期酗酒或高血压等慢性自杀。治疗师的口号是"先改善状况，然后再分析"，否则一些"最有趣"和"最具洞察力"的病人，要么成了停尸房里最聪明的人，要么成了公立医院或监狱里最聪明的人。那么，首要的问题是：治疗过程中出现的"脚本信号"是什么？治疗师得知道找什么、在哪里找、找到后怎么办以及如何判断治疗是否有效。这都是我们下章将讨论的内容。第二个问题是，系统总结和检验自己的观察结果和印象，以便与他人探讨。本书的脚本检查表应该能在这方面有所帮助。

许多咨询沟通分析师的病人之前都见过其他类型的治疗师。如果没有，他们将与沟通分析师一起进行"预备阶段"的治疗，这是其他类型治疗都会经历的阶段。因此，方便起见，脚本分析可分为两个阶段：预备阶段和脚本分析阶段。无论何种治疗方法都会有类似阶段，它并不是脚本分析特有。脚本分析人员可能看到了其他治疗师的失败，但并没看到他们成功的方面。反过来，其他治疗师看到了脚本分析的失败，但通常没看到它的成功之处。

在前文中，我们探讨了人类的总体发展，试图总结出普遍规律，我们将研究对象称为杰德。我们将继续沿用这个名字，当他在真实的办公室或病房，我们会叫他帕特（Pat），他的治疗师为Q医生。

B. 治疗师的选择

不论病人对其他事多困惑，治疗师几乎都觉得病人在选择治疗师时，是聪明理性和有鉴别力的。这种基于自己的职业价值和个人价值被选择的感觉，对治疗师来说非常有益，是我们这一职业的回报之一。因此，每位治疗师都有权尽情沉浸其中享受它——虽然只有5到7分钟时间。之后，如果想让病人痊愈，就应该将它与其他奖杯、文凭等放到架子上，然后永远忘掉。

Q医生可能是位优秀的治疗师，他有文凭、有口碑，还有病人证实他的良好医术。他认为这是病人来找他的原因，或者病人可能这样跟他说。然而，想想那些并未选择他的病人，他就应该清醒一点。根据现有统计数据，42%遇到困扰的人先去找牧师，而不是精神病医生，剩下的人会去找家庭医生。只有五分之一需要心理治疗的病人接受了治疗，无论是在医院、诊所，或者是找私人的治疗师。换句话说，五分之四存在困扰的人并未选择心理治疗来解决问题——即使几乎所有人都能在公立医院获得治疗机会。另外，相当一部分病人故意选择第二等的治疗师，还有很多病人选择最差的。这种情况也发生在其他医学分支中。众所周知，很多人花在喝酒、吸毒和赌博这种自我毁灭上的钱，要比花在心理咨询上的多很多。

如果能随心选择，病人会根据脚本的需要选择治疗师。在有些地方，他别无选择，只能去找当地的巫医、萨满巫师或爱斯基摩巫医。在另一些地方，他可以在传统医生和现代医生间做选择，根据当地习俗和政治压力选择传统的魔法或科学的魔法。在中国和印度，传统和现代的方法经常合二为一，比如在马德拉斯（Madras）的精神病院，人们采用阿育吠陀医学①、瑜伽练习和现代心理治疗法结合的方式治疗患者。很多时候，病人的选择是出于经济方面的考虑。

在美国，大部分病人没有自由选择治疗师的条件，而是由各种"权威"推荐或分配给某一类型的人：精神病学家、心理学家、精神科社会工作者、精神科护士、顾问，甚至社会学家。在诊所、社会机构、精神病院或政府医院，病人被分配给以上任一类型。学生被送到学校心理辅导员那里，缓刑犯被送到可能根本没受过治疗培训的缓刑监督官那里。如果病人对心理治疗没有事先的了解或想象，又喜欢自己的第一个治疗师，那么他在以后寻求治疗时，通常会更喜欢这一职业的人作为其治疗师。

在存在自由选择的私人治疗中，"脚本式"的选择才开始出现，尤其体现在人们对精神病医生、心理分析师、心理学家和精神科社会工作者的选择中，以及对这些职业从业者中有能力者和不能胜任者间的选择。例如，基督教科学派②的信徒们，如果他们真的去看治疗师，通常会选择不太称职的一位，因为脚本禁止他们被医生治愈。在这些职业中，也有不同的分支和派别可供选择。例如，在精神病学中，有俗称的"电击治疗师""开药师""心理师"和催眠师。如果让病人自己选，他会选择适合他脚本的那位。如果由家庭医生转诊，医生会选择适合自己脚本的那位，最明显的例子就是病人自己选择或被转诊到催眠师那里。如果他要求精神病医生对其催眠，而精神病医生不使用催眠疗法，接下来的谈话就变得很有脚本特色。病人会坚持说只有让他睡着，他才能变好。有些人自动（即通过脚本指令）去梅奥诊所，其他人则去了门宁格诊所。同样，在选择心理分析师

---

① 印度的医学体系包括阿育吠陀（Ayurveda，又称生命吠陀）医学和悉达（Siddha）医学，被认为是世界上最古老的医学体系。——译者注
② 基督教科学派是基督教新教的一个边缘教派，认为通过祈祷坚定对上帝的信念，疾病就会痊愈。——译者注

时，一些人出于脚本原因选择最传统的，另一些则喜欢更变通的，还有些人则去分属小流派的"分析师"。有时因为脚本原因，病人有诱惑或害怕诱惑的倾向，所以治疗师的年龄或性别也很重要。叛逆的人通常选择叛逆的治疗师。而拥有输家脚本的人会选择最糟糕的治疗师，比如脊骨神经科医生①或彻底的庸医。门肯（H. L. Mencken）曾说过，在美国（每个人都被"细心照顾"），达尔文自然选择的唯一遗迹是脊椎按摩师，他们行医的范围越广，不适合此类治疗的人类成员就会越快被淘汰。

有明显的迹象表明，三个因素是由病人的脚本指令决定的：

（1）他是寻求帮助还是任由疾病发展；

（2）如果有选择权利，他如何选择治疗师；

（3）治疗是否注定会成功。

因此，拥有输家脚本的人要么去看治疗师，要么选择一位不称职的治疗师。后一种情况，当治疗失败时，他不仅如脚本的要求继续做输家，而且从自己的不幸中获得各种满足感。例如，他可以责怪治疗师，或以"最坏的"病人这种身份获得英雄般的满足，或者吹嘘自己在X医生那里花费了Y千美元，结果没有任何用处。

C. 作为魔法师的治疗师

对病人的"儿童"来说，治疗师是位魔法师。他很可能选择童年时期熟悉的魔法人物作为治疗师。在一些家庭，受人尊敬的人是家庭医生；而另一些家庭中，受人尊敬的是牧师。一些医生和牧师是悲剧中的严肃人物，就像忒瑞西阿斯（Tiresias）②，会告诉他们坏消息，或者给他们诅咒、

---

① 源自美国的一种替代医疗技术，又称为脊椎矫正，认为脊椎按摩对各种疾病具有疗效。
——译者注

② 希腊神话中的盲人预言家。——译者注

护身符或解药；其他人则是快乐的绿巨人，他们展示自己强壮的肌肉，通过安慰孩子让其安心，保护他们免受伤害。当杰德长大后，他通常会向类似的人寻求帮助。不过，如果他与魔法师相处不愉快，可能会进行反抗，寻找其他类型的魔法。令人疑惑的是，为什么人们会选择心理学家来填补他们脚本中这个角色？因为到目前为止，很少有人曾有过友好的心理学家邻居作为其童年早期的家庭魔法师。从童话角度来看，治疗师是矮人、女巫、鱼、狐狸或鸟，他们赐予杰德魔法以达成自己的愿望：七里靴[①]、隐身斗篷、听从命令制造黄金的箱子、摆满蛋糕和糖果的桌子或一些抵御邪祟的辟邪物。

粗略地说，病人在选择治疗师时，有三种魔法可选择，每种选择又分成功或失败两类。根据脚本要求，他还会以一种魔法对抗另一种。这三种魔法分别是"科学""鸡汤"和"宗教"。前文提到的任何职业都可以提供这三种魔法，但典型的状况是，心理学家提供"现代科学"，精神科社会工作者提供"鸡汤"，作为咨询师的牧师提供"宗教"。如果情况需要，训练有素的治疗师可以提供其中的任意一种魔法，有时还提供两种魔法的组合。科学和宗教、鸡汤和科学，或宗教和鸡汤，都是寻求不止一种魔法的病人常常需要的组合方式。"科学""鸡汤"和"宗教"与科学的、支持性的和宗教的心理治疗方法之间存在的实际区别在于后者知道何时该停止。使用前三种的治疗师不知该何时停止，因为每个人的魔法类型都是他脚本的一部分。而使用后三种治疗方法的治疗师清楚何时该停止，因为他们知道自己在做什么。前一组人是在玩"我只是在帮你"的心理游戏，而后一组人才真的在帮助人。

[①] 欧洲民间故事里能让人健步如飞的神奇靴子，一步可以走七里，故得名。——译者注

D. 准备工作

在治疗初期，病人可能会"玩坏沙发"，也就是说，他学会躺着玩自己的游戏（这里既是字面含义，又有比喻含义），也很好地掌握了玩治疗师的游戏来讨好他。这种状况在精神科住院病房最明显不过：在这里，病人很好地掌握了精神疾病的规则，以便可以自主地做以下选择：(1) 无限期地待下去（只要家庭经济状况允许）；(2) 被转移到要求较少的环境，如公立医院；(3) 准备好了就回家。他还学会了如何能再次入院。

在医院待了几天之后，病人就会擅长"训练"年轻的治疗师和精神病科住院医师。他们知道如何迎合医生的喜好，比如对梦的阐释，以及如何沉溺于自己的癖好，比如"引起人们兴趣的事物"。所有这些都证明病人是优秀的心理游戏玩家。不过也有例外，有些人拒绝玩病房游戏或医生游戏，因为他们坚持认为自己没有精神疾病。还有人固执或闷闷不乐地拒绝康复，尽管他们承认自己有问题，还主动描述病情。这时候不妨先让他们休息一两星期，以获得安慰，然后再要求他们变好。有少数不幸的人想成为优秀的玩家，但在器质性疾病（如皮克症①）或准器质性疾病（如发作性精神分裂症，躁动忧郁症或狂躁症）的影响下无能为力。这一类患者一旦接受足够剂量的药物治疗（如吩噻嗪类、二苯氮平类或锂类药物），就会变得比较温顺。令人遗憾的是，一些医院使用电击疗法治疗，强迫这类倔强的病人听话。

不论哪种情况，精神病患者在医院治疗的第一阶段，需要让病人、照顾他的工作人员和临床医生在病房会面，讨论病例的各个方面。如果大家明白心理治疗的目的并非让病人离开医院，而是让他们康复，那么会面中讨论的任何东西都能为治疗提供有价值的建议。如果大家以正确的态度进行会面，不仅能很快让许多心理游戏短路，还能让大家放弃"取得进展"

---

① 因大脑前叶受损伤产生的早年痴呆症。——译者注

的想法，转而以让病人康复和保持康复状态为目标。当然，这不包括上文提到的例外情况。而且，几乎所有患者都会感激这种坦率的态度。会面结束后，总有病人主动和治疗师握手，说："这是第一次医生把我当作真正的人对待，直接和我交谈。"之所以如此，是因为医院里的游戏绝非"无意识的"。病人非常清楚自己在做什么，为什么这样做，并且感激能够理解他、未被游戏欺骗的治疗师。即使未在首次会面中承认这点，病人依然会感激，因为这种方法减少了传统心理治疗法的单调乏味。

对那些习惯认为病人的"自我"很脆弱的治疗师，我得说，一般在与精神科住院病人的首次会面中，我都会毫不犹豫地朗读上面这段话，即使面对精神问题很严重的病人也是如此。经过很短的准备工作和相互熟悉（比如30分钟）后，它的积极影响就会明显展现出来，因为我确实很多次都是这样做的。

以前接受过一个或多个治疗师治疗或去过一次或多次精神病院的病人，如果作为门诊病人或私人患者来找沟通分析师，治疗师该遵循以下程序：在首次会谈中，要跟随病人的谈话主题，尽可能自然隐蔽地得知其脚本场景。之后，如有遗漏信息，必须明确向病人说明需要补充信息。首先，治疗师需要获得病人的疾病史和精神病史。在此过程中，可以要求病人讲述自己的一个梦——任何梦都可以，因为这是了解病人脚本草案和世界观的最快方式。然后，询问病人关于以前治疗师的情况：为什么去找他，如何选择的他，从他那里学到什么，为什么离开，是在什么情况下离开的。从这些调查中，脚本分析师可以得到很多线索。在其中一些线索基础上，可以询问一些其他方面的内容：病人帕特（Pat）是如何选择职业或配偶的，他为什么以及以何种方式辞职或离婚。如果治疗师正确地处理这一过程，病人就不会提前终止治疗。如果治疗师因担心病人产生移情，而摆着一张扑克脸、带着习惯性的礼貌或借用录音机来隐藏自己的恐惧的话，病人通常都会终止治疗。治疗师的胜任能力是最好的安抚剂。

一种常见的状况是，病人明显在治疗中和其他地方收集失败的点券，以便为精神病或自杀的脚本结局寻求正当理由，最后以"现在他告诉我"的游戏结束。也就是说，在没有事先讨论和通知的情况下，出人意料地退出治疗。例如，在第30次会面结束时，一切似乎进展顺利，帕特正在取得"进展"，他要起身离开时，轻描淡写地说："顺便说一句，这是我最后一次来，因为我今天下午要去公立医院了。"他之前完全没有提及此事。如果Q医生仔细翻阅治疗记录，他会发现这种情况在第三次会面就可以避免。他可以这样说："我认为你计划来这里六个月或一年，然后突然中断治疗。"如果帕特提出异议，Q医生可以回答说："但这就是你对之前的两份工作，还有以前的三个治疗师所做的事。如果你还想这样，我同意，因为我总能在此过程中学到些东西。但如果你真的想要康复，我们必须首先谈谈这件事。否则你会浪费六个月或一年的生命。如果我们现在能解决这个问题，你会节省很多时间，然后继续后边的治疗。"如果是渴望绝对控制或绝对屈服的酗酒者，很可能对于自己计划被打断感到愤怒，而想要康复的病人会表示感激。如果病人听到这句话会点头或微笑，预后会非常好。

E. 专业病人

　　此前接受过长期治疗或咨询过好多治疗师的病人，通常以"专业病人"的身份出现。"专业病人"的诊断标准有三个：一是帕特使用拖沓冗长的语言，并对自己进行诊断；二是他称自己的疾病"幼稚"或"不成熟"；三是他在整个会面过程中都很严肃。第二次会面结束时，就应该告诉他，他是一个专业的病人，并提议他停止使用冗长复杂的语言。由于他很清楚自己的情况，所以只需说："你是一个专业病人，我认为你应该放弃这样做。不用那么拖沓复杂地讲话，正常说话就可以。"如果恰当地做到这点，他会很快停止使用复杂语言，开始正常交流。不过他也可能会开始使用一些古板的辞令。然后，治疗师要告诉他不要使用陈词滥调，像真实的人一样讲话。这时，他看起来没那么严肃了，偶尔会微笑甚至大笑。这时可以告诉他，他不再是个专业病人，而是一个有精神症状的真实的人。到这时候，他应该明白，待在这里的是他的"儿童"，不是令人沉闷的"幼稚"或"不成熟"，而是困惑。在此困惑之下，是一个真正的孩子，具有孩子的所有魅力、自发行为和创造力。应该注意到，这时病人已取得以下进展：从"玩坏沙发"的早熟孩子到满口陈词滥调的"父母"，再到真诚讲话的"成人"。

F. 作为人的病人

从脚本分析角度看，我们希望病人在治疗中能"脱离脚本"，表现得像一个真实的人，俗称"人类的正式成员"。如果他复发了，个人治疗中的治疗师，或其他接受小组治疗的小组成员，请提醒他。只要他能脱离脚本，就可以客观地审视脚本，脚本分析才能继续。要克服的主要困难是脚本的拖拽，类似弗洛伊德所说的"本我阻抗"（Id resistance）。专业的病人之所以扮演此角色，是因为他们很小时在父母鼓励下，决定成为有精神障碍的人，之前的治疗师也可能起到推波助澜的作用。这通常是个家庭脚本，病人的兄弟姐妹和父母都在接受治疗。典型的例子是，其兄弟或姐妹也在精神病院，他们不断地"表演不良"（如工作人员所说），或"表演疯狂"（这是帕特现在的叫法）。帕特有点生气，他很快就会坦率地说，自己嫉妒兄弟或姐妹，因为他们在医院，而自己只能在门诊。正如有人说的，"为什么我哥哥在东海岸一家漂亮的精神病院，而我不得不满足于这个糟糕的治疗小组？我更喜欢自己还是专业病人的时候。"

虽然这些像是开玩笑，但它们是阻碍康复的关键原因。首先，帕特已经失去在医院的所有优势和表演疯狂的乐趣。不仅如此，他坦率地说（在开始理解自己的脚本之后），他的"儿童"害怕康复，不能接受治疗师和其他小组成员给予的康复许可，因为如果这样做，他的母亲（他头脑中的）会抛弃他。尽管恐惧、焦虑、执念和身体症状让他很痛苦，但仍然比失去"父母"保护独自面对世界要好。在这一阶段，脚本分析与精神分析几乎没有差别。他的脚本草案成为分析主题，早期的影响如何导致他"不好"的心理定位以及目前的生活方式。这时候，他作为精神病人、偏执型精神分裂症患者、瘾君子或罪犯的骄傲感开始显现。他可能拿出日记或谈论写自传的计划，就像他的许多前辈那样。就连那些被治愈的"智力迟钝"的人，也会对自己以前的状态有怀旧之情。

第十七章　脚本符号

无论使用什么理论方法，小组治疗师的首要职责，是在小组会谈的全程观察每个病人每块肌肉的每一个运动。为了做到这点，他应该将小组人数限制在8名以内，并采取必要措施，确保他能以最大的效率履行这项职责。脚本分析因为功能强大成为了最有效的小组治疗方式。如果选择脚本分析作为方法，他寻找和倾听的主要是那些特定的信号，他们表明病人脚本的性质和它在过去经验和父母编程中的起源。只有当病人"退出脚本"时，他才能成为一个具有自主活力、创造力、完成能力和公民身份的人。

A. 脚本信号

每个病人都有特有的姿势、手势、举止、下意识行为或症状，表明他生活在"他的脚本"中，或者已经"进入"脚本。只要出现这样的"脚本信号"，无论病人取得多少"进展"，他都未被治愈。在自己的脚本世界里，他可能不那么痛苦或更快乐。但他仍是在那个世界里，而不是现实世界中，这可以通过他的梦想、外部经历以及他对治疗师和其他组员的态度来证实。

脚本信号通常先被治疗师的"儿童"通过直觉感知（通过前意识，而不是潜意识）。然后有一天，它被完全意识到，并被他的"成人"接管。治疗师立刻意识到这是病人一直具有的特点，他想知道为什么以前从未真正"注意到"过它。

阿伯拉德（Abelard）是一名中年男子，主诉抑郁和迟缓。他在治疗小组待了三年，在Q医生搞清楚他的脚本信号之前，已经取得相当好的"进展"。阿伯拉德得到了"父母"的允许去笑，他只要有机会就能投入和享受地笑，但他没有获得说话的许可。如果有人同他讲话，他在回答前要经历相当复杂而缓慢的程序。他慢慢从椅子上坐起身，站起来，拿支烟，咳嗽，哼哼几声，似乎在整理思绪，然后开始说："嗯……"有一天，当小组在讨论生孩子和其他性方面的话题时，Q医生第一次"注意到"阿伯拉德在说话前做了另一个动作：他把手放在腰带下面，一直往下伸。Q医生说："把手从裤子里拿出来，阿伯拉德！"听见这句话，包括阿伯拉德在内的所有人都笑了。他们才意识到他一直在这样做，但以前无人"注意到"过，包括其他组员、Q医生，还有阿伯拉德自己。很明显，阿伯拉德生活在一个禁止说话的脚本世界。这个禁令如此严重，让他的睾丸都处于危险之中。难怪除非有人向他提问给予他许可，他从来不主动讲话！只要有这个脚本信号，他就不能自发地说话，更不能解决其他困扰他的事情。

一个更常见和类似的脚本信号发生在女性身上，在完全被意识到之前的很长时间内，它都可能已经被直觉捕捉到。不过，在经验得到积累后，治疗师可以更快速地看到和评估它。本来放松地坐着的一些女性，在关于性的话题出现时，她们不仅交叉双腿，还将上脚背抵着下脚踝，同时将手臂交叉于胸前，有时还会身体前倾。这种姿势形成了三重或四重的保护，来抵御侵犯。其实这种侵犯只存在于她的脚本世界，而不是现实世界的治疗小组。

因此，治疗师可以对病人说："你感觉好多了，取得了进展，这很好。但直到你停止……你是不会康复的。"这时脚本信号便插入了。这是试图获得"治愈契约"或"脚本契约"，而不是"取得进展"契约的开场白。病人然后会同意，他来小组是为摆脱脚本，不是为了获得陪伴和容易上手的家居妙招，让他知道如何在恐惧或痛苦中快乐生活。服装可以提供很多脚本信号：除了鞋子，穿着非常得体的女人（按照脚本的要求，她会被"拒绝"），穿着"女同性恋式"衣服的女同性恋（她可能玩"维持生计"的游戏，会被女朋友利用，企图自杀）；穿"变装皇后"衣服的男同性恋（他会和口红涂不好的女人鬼混，被情人打，企图自杀）；口红涂不好的女人（她经常被男同性恋者利用）。其他的脚本信号有眨眼、嚼舌头、收下巴、吸鼻子、紧握手、转戒指和点脚。费尔德曼（Feldman）关于言语和手势行为举止的著作中能找到关于脚本信号非常棒的列表。

姿势和仪态也会透露许多信息。"殉道者"和"流浪者"脚本中头部倾斜是最常见的脚本信号之一。多伊奇（Deutsch）的论述中有关于这一点更详细的内容。关于它的精神分析的阐释见泽利格斯（Zeligs）的著作，特别是关于病人躺在分析沙发上发出的信号。

脚本信号都是对某些"父母"指令的回应。要应对它，必须找到该指令，这点很容易做到。同时必须找到精确的脚本对立主题，这点要困难一些，特别是当信号是对实际幻觉所做的反应时。

B. 生理因素

突然出现的症状通常也是脚本信号。朱迪丝（Judith）的脚本要求她像姐姐一样"疯掉"，但她拒绝父母的命令。只要她的"成人"起作用，她就是一位正常健康的美国女孩。但如果周围有人表现得"疯狂"或说自己觉得"疯狂"，她的"成人"就会被削弱，"儿童"就会失去保护。她会立刻感到头痛然后找借口离开，以摆脱脚本情境。同样的事也会发生在治疗中，只要Q医生和她说话或回答她，她就没有问题。一旦Q医生保持沉默，她的"成人"就会消失，"儿童"就会开始有疯狂的想法，然后她立刻感到头痛。对一些病人来说，恶心的症状也是源于此类原因，只是父母的指令是"生病"而不是"疯掉"。或者用成人的语言说，父母要求他"变成神经质"而不是"变成精神病"。焦虑时心悸发作、突然哮喘或出现荨麻疹也是脚本信号。

当脚本受到威胁时，可能爆发相当严重的过敏反应。例如，罗斯（Rose）做了一辈子徒步旅行者，从未受过毒栎的伤害。但当精神分析师建议她离婚时，她毒栎中毒严重到不得不住院，随后终止了心理分析治疗。分析师并不知道罗斯的脚本要求她离婚，但禁止她在孩子长大前离婚。严重的哮喘发作也可能发生在这类情境中，病人需要住院，并在氧舱里治疗。（我认为）充分了解病人的脚本可以防止此类严重的突发症状。有时候，溃疡性结肠炎和胃溃疡穿孔的发作也可能是这个原因。在一病例中，一位偏执狂患者放弃了他的脚本世界，在没有足够的准备和"保护"的情况下开始生活在现实世界。不到一个月后，他的尿液里出现了糖，这标志着糖尿病的发作，让他以另一种方式回到"失败和生病"脚本的"安全"中。

"思考括约肌"的口号也是脚本的生理因素。嘴巴紧闭的男人，以及同时吃饭、喝酒、抽烟、说话（同时进行尽可能多的事）的人都是典型的"脚本人物"。沉迷于通便剂或灌肠的人可能有古老的"肠"脚本。违反脚本的女性可能会让肛门和性交括约肌收紧，导致性交痛苦。过早和延迟的射精以及哮喘，也可以认为是脚本原因引起的括约肌紊乱。

括约肌是与最终脚本结局有关的器官。括约肌紊乱的实际"原因"几乎总是在中枢神经系统中。然而，沟通分析需要的东西并非来自"原因"，而是来自其影响。例如，无论早泄在中枢神经系统中的"原因"是什么，其影响都在于对男人和他伴侣之间的关系，因此早泄是源于脚本，或是脚本的一部分，或促成他的脚本。这一脚本通常在除性以外的其他领域，也是"失败"的脚本。

"思考括约肌"的重要性在于括约肌可用于人际沟通。迈克（Mike）身上的"儿童"直觉地感到许多人将如何用括约肌来针对他。他觉得这个男人想朝他小便，那个人想对他排便，一个女人想朝她吐唾沫等等。如果他与这些人长时间交往，他就会发现他自己的感觉几乎都没错。

情况是这样的。迈克第一次见到帕特时（在他们第一次看到对方后的前10秒，最多10分钟），迈克的"儿童"准确感觉到帕特的"儿童"要做什么。但很快，帕特的"儿童"在他"成人"和"父母"的帮助下，产生一块厚厚的烟幕，像一个精灵逐渐变成人的形态那样，作为帕特的人格面具或伪装。迈克开始忽视并隐藏"儿童"的直觉，以便接受帕特的人格面具。因此，帕特让迈克失去了准确感知，而以人格面具示人。迈克接受了帕特的人格面具，因为他正忙着制造烟幕来欺骗帕特。他如此专注于此，不仅忘了自己的"儿童"对帕特的了解，也忘记了对自己的了解。我在其他地方有过关于见面前10秒钟更详细的讨论。人们忽略自己的直觉，接受彼此的人格面具，因为这样做比较礼貌。他们配合彼此的游戏和脚本需要。这种互相接受被称为"社交契约"。

括约肌的脚本意义在于，每个人都在直观地寻找与自己有互补脚本的人。因此，用最简单的话说，一个脚本要求他吃粪便的人会寻找一个脚本要求他排便在别人身上的人。他们会在前10分钟被彼此吸引，花或多或少的时间掩饰彼此被对方的括约肌吸引，如果他们继续相处，最终就会满足彼此的脚本需求。

如果这些听起来不可信，想想更明显的脚本需求就能马上得到满足的例子。一个男同性恋者进入男厕所或酒吧，甚至走在大街上，十秒后他就可以准确发现他要找的人。这个人不仅会满足他的性需求，还会以他脚本要求的方式满足他：在半公共场所，用"警察和强盗"游戏的刺激感增加性满意度。或者在安静的地方，他们可能形成更长久的关系，最后以谋杀告终（如果脚本要求的话）。一个有经验的异性恋男子，走在任何一座大城市某条适当的马路上，马上就能准确挑选出他想要的女人。她不仅会给他性满足，还会玩符合他脚本的游戏。他可能被抢劫、得到报酬、喝醉、吸毒、被杀或结婚，脚本要求是什么就会发生什么。许多文明或教养良好的人学会忽视或压抑直觉，尽管这些能力在适当条件下可以恢复和进一步发展。

C. 听的技巧

在本章A小节中，我们描述了一些视觉脚本信号。现在我们来探讨听的技巧。治疗师可以闭上眼睛听病人讲话，不过要适时告诉病人自己并不是睡着了，并通过复述自己听到的鼓励病人更投入地讲述。也可以闭着眼睛听小组会谈的录音，以避免视觉干扰。人们教给孩子的其中一条脚本指令，除了不要太仔细地看别人，就是不要闭上眼睛听别人讲话，以免听到太多内容。这个禁令不是很容易克服——因为妈妈们会不高兴。

即使从未见过病人，一开始对他的背景一无所知，有经验的脚本分析师也能从10分钟或20分钟的治疗小组录音中获得关于病人的大量信息。一开始，他获得的信息为零。只需要听病人讲一会儿话，治疗师就能详细描述他的家庭背景、最喜欢的游戏和可能的命运。听30分钟后，由于疲劳，获得的信息会减少，所以每次播放录音不要超过半小时。

在听的技巧方面，几乎总有提升的空间。这是一种类似禅宗的观点，因为它很大程度取决于听者的脑中发生了什么，而不是讲话者说了什么。听的过程中最有用的部分是人格中的"教授"，即"儿童"的"成人"完成的（参见图7）。"教授"掌握着直觉的力量，而直觉最重要的能力与括约肌行为有关：另一个人想对我用什么括约肌，他想让我对他用哪个括约肌？这些欲望从何而来，它们朝哪里发展？当这一古老或"原始的"信息通过听者的"成人"过滤后，就能被阐述为更具体的东西：关于病人家庭背景的信息，他本能的驱力，他的职业，和他的脚本目标。因此，我们必须知道如何解放"教授"，让他最有效地完成自己的工作。相关的规则如下：

1. 听者身体状况良好，前一晚睡眠状况良好。[1] 没有受到酒精、药物

---

[1] 这可能意味着快速眼动睡眠。一晚上辗转反侧的治疗师会发现第二天早上他的直觉比平时更敏锐。可能因为他的"成人"因缺乏非快速眼动睡眠而疲劳，而他的"儿童"因为大量的快速眼动睡眠而处于良好状态。

或毒品等对精神效率的损害。还应包括镇静剂和兴奋剂。

2. 他必须摆脱外界忧虑的干扰。

3. 他必须抛开所有"父母"的偏见和情绪，包括想要"帮助"的需要。

4. 他必须将所有先入之见放在一边，包括关于他的一般病人的和他正在听的这位病人的。

5. 不能让病人通过提问或其他要求分散他的注意力，还应学会用无害的方法避免此种干扰。

6. 他的"成人"听病人说话的内容，而"儿童—教授"听病人说话的方式。用电话的语言来说，他的"成人"听信息，"儿童"听噪音。用广播的语言来说，"成人"听节目，"儿童"听收音机如何工作。因此，他既是倾听者，又是修理工。如果他是名咨询师，做一名倾听者就够了，但如果是治疗师，最重要的工作就是做修理工。

7. 当他开始感到疲倦时，就应该停止，以观察或谈话替代。

D. 基本的声音信号

学会如何倾听之后，还必须学会该听什么。从精神病学的角度说，有四种基本的声音信号：呼吸声、口音、噪音和词汇。

1. 呼吸声

最常见的呼吸声和它们通常的含义如下：咳嗽（没有人爱我）、叹气（要是……就好了）、哈欠（匆忙走开）、哼哼（你说过了）、啜泣（你逮到我了）；还有各种各样的笑声，如傻笑、咯咯笑、嘲笑和窃笑。我们之后会继续探讨其中最重要的三种笑声，俗称吼吼（Ho Ho）、哈哈（Ha Ha）和呵呵（He He）。

2. 口音

文化几乎与脚本无关。每个国家的每个社会阶层都有赢家和输家。全世界的赢家和输家都以几乎相同的方式实现自己的命运。例如，精神疾病在任一团体中的患病率基本相同，到处都有自杀事件。世界上的每个大团体也都有自己的领导人和富人。

尽管如此，外国口音对脚本分析确实有不同的意义。首先，他们通过口音对早期的父母训诫进行合理的猜测，这时候文化就会起作用：在德国父母会说"照告诉你的去做"，在法国是"要安静"，在英国是"不要淘气"。其次，它体现了脚本的灵活性。一位在美国待了20年的德国人，说话仍然带有浓重的口音，而一位丹麦人待了两年，美式英语就说得很好。这说明前者的人生计划可能没有后者的那么灵活。第三，脚本是用"儿童"的母语写的，如果治疗师会说这门语言，脚本分析能更快、更有效。一位在美国实现脚本的外国人就相当于在歌舞伎剧院上演日语的《哈姆雷特》。如果评论家手边没有原著，很多东西就会丢掉或被误读。

本地口音也含有丰富的信息，特别是在它们受到影响时。一位操着布鲁克林口音但偶尔会发几个波士顿或百老汇式长"a"音的男子，明显展现了他脑海中的英雄或"父母"的影响。我们必须追踪到这个影响他的人物，因为这种影响可能很深远，即使病人自己会否认。"她发表了句评弄（论），也许应该叫警句"或者"我们肘（走）得沼（早），不过到哈（下）班时间才去的比赛"，① 这些清楚表明了与"父母"指令的分离。

3. 嗓音

每位病人至少有三种不同的嗓音，"父母""成人"和"儿童"。他可能将其中一个，甚至两个小心地隐藏很久，但它们迟早会溜出来。通常，一位细心的倾听者在任意一个15分钟的时间段内，都能至少听出两种嗓音。

---

① 作者此处举了两个说话带口音的例子，无法直接翻译。因此译者参照汉语方言口音的特点，对某些词做了处理。——译者注

病人可能以"父母"的嗓音说了整段话，其中夹杂一句"儿童"的抱怨，或者带一句"父母"式责骂的整段"成人"的话语，而警觉的听众能捕捉到其中的关键信息。还有病人每句话的嗓音都不相同，甚至在同一句话中出现两种或三种嗓音。

每种嗓音都揭示了脚本的某些信息。"父母"的嗓音使用"父母"的口号和训诫对另一人讲话，重复其父亲或母亲在同样情境下会说的话："大家不都这样吗？""看看谁在讲话""你得保持专注""你为什么不再努力点？""你不能相信任何人"。一个坚定的"成人"嗓音通常意味着"儿童"被"父母"的命令压制，以便讲一些迂腐的、"官方的"或十分古板的笑话。这样一来，"儿童"只能通过狡猾的表达方式或者周期性的爆发来自我表达，导致一些非适应性的行为和精力的浪费，最终培养出输家。"儿童"的嗓音体现脚本角色：例如，"可爱的孩子""小老头""黏人的爱哭鬼"。因此，"父母"的嗓音给出应该脚本，"成人"的嗓音给出做事的模式，而"儿童"的嗓音表达脚本角色。

4. 词汇

每种自我状态都有自己的特殊用词。"父母"的用词，如"坏""愚蠢""懦夫"和"可笑"，告诉杰德最害怕做什么，并让他避免这些。常见的"成人"专有词汇可能只是避免与人交往的方式，就像在工程、航空和金融业中常见的那样，遵循"做大事，但不要亲自参与或牵涉私人感情"的脚本指令。"成人"的"帮助式"词汇（人际沟通分析、心理学、心理分析、社会学）可以在智慧的"春之祭"①中使用，受害者被肢解的心灵散落一地，理论上来说，他最终会重拾自己的心灵，变得更加强大。这类脚本的故事线是这样的："我会把你撕碎，记住，我只是想帮助你。但你必须自己振作起来，因为没人能替你做到这点。"有时病人是他自己最喜欢的

---

① 俄罗斯音乐家斯特拉文斯基的经典舞剧，描写了俄罗斯原始部族庆祝春天的祭礼。大致内容是从一群少女中选出一位作为献祭者，让她一直跳舞直到死去。——译者注

仪式献祭者。"儿童"的词汇可能以下流语言表达叛逆，陈词滥调表达顺从，或甜言蜜语表达纯真迷人。

同一人身上最典型的三位一体模式是，"父母"扔棉花糖、"成人"解剖和"儿童"说下流的话。例如："我们都有起起落落；我认为你应对得很好。你当然得把自主的自我从与你母亲的认同中分离出来。毕竟，这是一个烂透了的世界。"这个脚本正来自但丁的《炼狱》："如何在下水道的污水已淹到你脖颈时，一边读教科书一边保持微笑。"

E. 词语的选择

句子由"父母""成人"和"儿童"共同构建，每种自我状态都可根据需要插入词汇和短语。为了了解病人脑海中发生了什么，治疗师必须将句子分解成重要的构成部分。这一过程就是沟通分析，与语法分析稍微有所不同。

1. 词性

形容词和抽象名词用于责骂。当病人声称患有"被动依赖症"或称自己为"一个不安全的不爱交际者"，正确的回应应该是："你小时候，父母怎么骂你？"要消除对某些行动的委婉表达用语，如遇到"攻击性表达"（aggressive expression）或"性方面的交流"（intercoursal sex）等表述时，应该问"你小的时候怎么称呼它们？""表达性攻击"（expressive aggression）是纯粹捏造出来的词语，意味着帕特参加了现代舞蹈课或曾与格式塔治疗师博弈。而"性方面的交流"意味着他曾参加性解放联盟的集会。[①]

[①] 以ic结尾的名词性形容词，如歇斯底里的（hysteric）、不爱交际的（sociopathic）、精神错乱的（psychopathic），通常用于贬低病人。而以"ive"结尾的动词性形容词，如惩罚性（punitive）和操纵性（manipulative），更中性一些，可用于病人和工作人员。

副词更亲密一些。因此,"我有时感觉到性兴奋(I sometimes feel sexual excitement)"有一种模糊的距离感,而"我有时会性兴奋(I sometimes get sexually excited)"则距离更近。不过,副词的确切心理意义仍有待研究。

代词、动词和具体名词是人们言语中最真实的部分,"如实表达事情本来面目"。这种表述可能意味着病人已经准备好康复了。因此,对性怀有恐惧的女人经常强调形容词和抽象名词:"我有令人满意的性经验。"之后,她可能会强调代词和动词:"我们真的变得很兴奋。"第一次去医院的女人说自己获得了"产科经验"。而第二次,她是去"生孩子"。病人会"对权威人士表示敌意"。当他们成为真实的人时,只会"说脏话"或"撕毁文件"。一位治疗师说:"我们通过交换积极的问候开始了会谈。这位病人接着说,他通过对妻子进行身体攻击表达了敌意。"还有一位说:"病人说了'你好',然后告诉我他打了妻子。"相较后一位,前一位治疗病人的过程可能更艰难。在某案例中,治疗师坚持认为一个男孩"在私人地区的寄宿型学校上学",而男孩说他只是"上了寄宿学校"。

脚本语言中最重要的一个词是"但是",意思是"根据我的脚本,我没有这样做的许可"。真实的人说:"我会""我不会""我赢了""我输了",而"我赢了,但是……"或"我输了,但是"都是脚本式用词。

2. 许可词

听录音的规则是:如果你听不到病人在说什么,不要担心,因为通常他确实什么也没说。当他有话要说时,不管背景有多吵、音效有多差,你也一定会听见。有时,糟糕的录音比好的录音对临床治疗更有用。如果每个单词都能听清,听者可能被内容分心,失去更重要的脚本信息。例如:"我在酒吧遇到一个男人,他和我调情。他表现得太过分之后,我对他说'你以为你是谁',让他知道我是个淑女。但他还不死心,过了会儿我便呵斥了他。"这是个相当枯燥、没有什么信息含量的普通故事。如果录音质量差,它所透露的信息会更明显:"××××调情××××过分

××××× 知道我是个淑女 ××××× 呵斥了他。"这里可以听到的词是"许可词"。这位病人在其母亲的指示下"呵斥男人",从而证明"我是个淑女",只要她能收集足够的心理点券或"调情"来为自己(作为一个淑女)的愤怒寻找理由。这里的指示是:"记住,当男人对淑女调情时,她们会生气。"父亲这样帮助了她:"酒吧里有很多过分的男人。我知道的。"于是她去了酒吧,打算证明她是一位淑女。

在接受一段时间精神分析治疗后,她在录音里说:"××××× 虐待狂男子,××××× 我的受虐狂自我 ××××× 表达了我一贯的敌意 ×××××。"她用一些新的"许可词"取代了旧的。如果她转诊到另一位脚本分析师,录音是:"××××× 他的'儿童'××××× 我的'父母'××××× 玩'挑逗'心理游戏。"但一个月后,在质量不好、背景嘈杂的录音中,没有了 ×××××,能清楚地听到"我遇到几个非常不错的男人,因为我不再去酒吧了"。

许可词所讲述的故事比故事本身更有用。传统治疗中,一位女研究生讲述的不幸故事可能需要几个月时间才能讲清楚一些细节,但如果录音是"××××× 努力学习 ××××× 好的成绩,但是 ××××× 后来很糟糕。"这些许可词就能响亮清楚地说出她的脚本指令。

上节中提到的许可词来自"父母"的训诫、模式和威胁。比如"做个淑女""努力学习"中,淑女和学习是许可词。"否则会发生可怕的事"这一威胁中,可怕的事是许可词。当病人"玩坏沙发"时,治疗师的用词变成许可词。其实,使用这个词是病人"玩坏沙发"的迹象之一。她说受虐、敌意、"父母"、"儿童"等等,因为在这个阶段,治疗师变成了父母的替代,他的许可词取代了病人童年学到的初始词汇。许可词是由病人的父亲、母亲、治疗师或其他父母式人物的"父母"许可的词汇。

3. 脚本词汇

然而,我们之前说过,许多脚本控制是由父亲或母亲的"儿童"提供的，它们使用其他的脚本词汇和短语，通常与许可词大有不同。事实上，其中有些可能互相矛盾。一位女士在反脚本中使用非常淑女的许可词，在脚本中则可能会使用非常下流的语言。因此，当她清醒时，可能称其"儿童"为"我可爱的少年们"，喝醉时，便称其为"那些蠢货"。脚本词汇提供了关于脚本角色和脚本场景的重要信息，这两者对尝试重建脚本世界很重要，也对病人的"儿童"所处的世界很重要。

在男性的脚本中，女性最常见的角色是女孩、淑女和女人。在女性的脚本中，男性变成了孩子、男人和老人。更具体的说法是"小女孩"和"老色鬼"。两者互相吸引，尤其是在酒吧里。男人将他遇到的那些女人称作"可爱的小女孩"，而女人称她遇到的那些男人为"老色鬼"。他的脚本需要一个小女孩，而她的脚本需要一个老色鬼。他们遇到彼此时便开始行动，他们知道在说完"你好"后对彼此说什么。各种各样的女人生活在充满了色鬼、野兽、有魅力的人、风流的男人、令人作呕的人、容易上当的傻子和卑鄙小人的世界里，她们被男人看作是美女、泼妇、尤物、少女、风尘女子、妓女和荡妇。所有这些都是在会谈或小组治疗过程中出现的脚本词汇。

脚本场景通常都围绕房子里的某个房间展开：婴儿房、浴室、厨房、客厅和卧室，这些都出现在"足够喝""全是垃圾""常规的盛宴""所有那些人"和"猛击他们"这类词汇中。每个房间都有自己的词汇，被困在房间里的人会一遍遍使用适合该房间的表达。还有一个常见的房间是工作间，意思是"滚到那边去"。

在与脚本做斗争的人身上，我们也能发现反脚本词汇。杰克（第十二章提到的西西弗斯式人物）成为一名职业棒球运动员，部分原因是他擅长于此，部分原因是被叔叔影响。有一天Q医生听他讲话时，第一次注意到杰克常说的"不"字背后存在巨大的能量；还有杰克常说的"其他东西"，它产生的影响小一些，但仍然具有重要意义。Q医生凭直觉感受到这两个词背后的含义。每当杰克说"不"时，他都在投球。每当他投球时，他的"儿童"都在说"不"——"你不会投中它！"每当他说"别的东西"，他都冲向一垒。每当冲向一垒时，他都在说"别的东西"——"如果我不能让你出局，我们就试试别的东西。"杰克不仅确认了Q医生的这些直觉是对的，还说投球教练也用不同的语言向他传递了同样的信息。"放松点！如果你把每个球都投得那么用力，你会弄伤你的肩膀！"结果杰克真的会弄伤了自己的肩膀。和Q医生一样，教练根据直觉和经验看出来，杰克投球时带着愤怒，他知道这很不好。

杰克的反脚本是成为一名成功的棒球运动员，在他专业的投球动作背后，是对于父亲和叔叔命令他成为输家的愤怒。因此，每次他投球时都在与脚本抗争，试图打破袋子，取得成功。这让他投球速度惊人，同时反脚本又给了他极好的控制。他唯一缺乏的是冷静的能力，这让他无法将投球与击球顺序和比赛状态相配合。最后，适应不良的愤怒为他带来他本想避免的结局，最终不得不退出比赛。治疗师"儿童"的"成人"直觉——"教授"，是他最珍贵的治疗工具。尽管Q医生只观看过一场职业棒球比赛（此前他只在一些沙地垒球比赛投过球），但还是马上发现了这一点，这说明调节得当的"教授"具有非常敏锐的感知力。

4. 隐喻

与脚本词汇密切相关的是隐喻。玛丽（Mary）有两组不同的、分开的隐喻词汇。在一组词汇中，她很迷茫，什么也看不清，总是遭遇逆境和汹涌情绪的冲击，就像是几乎要被大海吞没。而另一组词汇中，生活是一场盛宴，她可以吃掉自己的话语，还能吃掉很多好东西；她还可能尝到酸或苦——那正是生活的味道。她嫁给一名水手，整天抱怨自己的体重。当她感觉迷茫时，她的所有隐喻词汇都与海有关；而当她暴饮暴食时，使用的隐喻都是与食物相关的词汇。就这样，她从海里掉到厨房，再从厨房掉到海里；治疗师应该做的就是让她站在地上。隐喻是脚本场景的延伸，隐喻的改变意味着场景的变化。在玛丽的案例中，那片波涛汹涌的海洋其实是她无边的愤怒。

5. 安全短语

有些人在开始说话前须进行某些仪式或做出某些手势，以保护自己或为说话而道歉。这些仪式由他们的"父母"规定。我们已经引用过阿伯拉德的例子，他总在开始说话前把手伸进腰带。很明显，他在保护他的睾丸不受内部袭击者的攻击。这些袭击者会因为他和别人说话而在他放松警惕时攻击他，所以在冒险说话前，他必须处理好这一危险。在其他例子中，这些安全措施被融入句子结构中。在回答"你曾对妹妹生气过吗？"这样一个问题时，可以看到不同程度的保护措施。"可能生过吧"这一回答暗示了父母的指令是"永远不要承认"。"我想可能我确实生气了"意味着两个父母指令："你怎么能确定？"和"不要承认"，前者通常来自父亲，后者来自母亲。"我想我可能有点生气"包含三重的保护。安全短语主要具有预后价值。对治疗师来说，穿透一层保护比穿透的三层保护要容易得多。"我想我可能有点生气"这种表达类似"伯克利虚拟语气"，都是用来保护和隐藏非常幼小和忧虑的"儿童"，它不会让人轻易接近。

6. 虚拟语气

虚拟语气，按通俗的叫法也称为"伯克利虚拟语气"，由三个部分构成。首先，短语"如果"（if）或"要是"（if only）；第二，使用虚拟词或条件从句，例如会（would），应该（should）和可以（could）；第三，没有明确意指的词，如"朝向"（toward）。"伯克利虚拟语气"在大学校园里最常用。经典短语是"我应该，如果可以的话我会，但是……"，其变体是"要是他们愿意，我能，我想我可能应该，但是……"或"我应该，我可能可以，但之后他们会……"

这种虚拟语气的态度在书籍、论文、文献和学生作业的标题中会变得比较正式。常见的例子有"涉及……的一些因素"（＝要是），或者"朝向……的理论"（＝如果可以的话我会，我知道我应该）。极端例子中，标题如下:"对朝向……理论的方向中,一些收集数据因素的介绍性评论"。这的确是个非常谦虚的标题,因为很明显,这个理论本身大约需要200年才能准备好出版。很明显,这人的母亲告诉他不要冒险。他下一篇论文大概会是:《一些关于……的中期评论》,然后是《关于……的一些最终评论》。处理完评论后,他的后续论文标题可能会越来越短。到他40岁时,他将序言删掉,写出第六篇论文《朝向……的理论》。但其实理论并没有形成。如果形成了,第七篇论文就是关于理论本身。然后第八篇论文的题目为:"哦,对不起。回到上一篇"。他总是在路上,却从来没到过下一站。

治疗这类人对治疗师来说并不是有趣的事。帕特还会抱怨无法完成论文,无法集中注意力,性和婚姻出现问题,感觉抑郁和有自杀冲动。除非治疗师找到改变脚本的方法,否则治疗应完全遵循上述八个阶段,每个阶段需要6个月到一年或更长的时间。要写最后一篇最终论文("对不起"的那一篇)的是治疗师,而不是病人。在脚本语言中,"朝向"的意思是"不要到达那里"。没人问"这架飞机是朝纽约飞吗"?很多人也不想和称"是的,我们将朝纽约飞去"的飞行员一起旅行。他要么直接"去"纽约,如果不去,你最好换乘另一架飞机。

7. 句子结构

除了使用虚拟语气的人,还有些人也被禁止完成任何事或者被要求讲话不能说到重点。因此,他们会"信口开河",说的句子全由连词贯穿:"昨天我和丈夫坐在家里然后……然后……然后……然后……然后……"通常来说,他们获得的指令是"不要泄露任何家庭秘密!"所以他们围绕这个秘密不停地说,能说多久说多久,同时还不会泄露家庭秘密。

一些说话者小心地平衡着一切:"天正在下雨,但太阳很快就会出来。""我头痛,但我的胃好多了。""他们人不是很好,但看起来很快乐。"这里的指令似乎是"不要太密切地观察任何东西"。有个关于这一类人最有趣的例子:一位五岁起就患有糖尿病的人,被教育要极其谨慎地平衡自己的饮食。他说话时，也同样会极其谨慎地平衡每个词，极其谨慎地平衡每个句子。这些防御措施使他的讲话内容很难被听懂。因糖尿病而施加给他的不公平的限制令他一生都感到愤怒，所以他生气时，讲话内容就会变得错乱（这个案例对糖尿病心理的启示有待进一步研究）。

另一种句子结构是带有摆动点的，即自由地使用"等等"和"之类的"等词汇。"我们去看电影等等，然后我吻了她等等，然后她偷了我的钱包等等。"不幸的是，这一结构常常掩盖了说话者对母亲的强烈愤怒。"嗯，我想告诉她我对她的看法之类的""什么是'之类的'？""我真正想做的是把她撕成碎片。""撕成碎片'之类的？'""不，没有'之类的'了。'撕成碎片'就是'之类的'。"句子结构是个很有意思的研究领域。

F. 绞刑架沟通

杰克（Jack）：我已经戒烟了。我有一个多月没抽烟了。

德拉（Della）：你涨了多少体重，嘿嘿嘿？

除了杰克和Q医生，大家都被这句话逗笑了。

Q医生：你正在康复中，杰克，因为你没上当。

德拉：我也想康复的。我应该控制住自己的嘴。那是我"母亲"在说话。我对杰克做了她对我做的事。

唐（Don，新成员）：有这么严重吗？只是个小玩笑。

德拉：前几天我母亲来看我，她又想这样对我，但我阻止了她。她很生气。她说："你肯定又胖了，哈哈。"我本应该跟着笑，我本应该说："是的，我吃太多了，哈哈。"但我说："你也有点胖。"于是她转移了话题，说："你怎么能住这么破的房子？"

我们可以清楚地看到，对于超重的德拉来说，让母亲快乐=增加体重并嘲笑自己，这就是她的人生悲剧。不嘲笑自己是可耻的行为，会让母亲不开心。她本应该上吊自杀，同时与母亲一起嘲笑自己。

"绞刑架下的笑"是垂死者讲的笑话或著名的临终遗言。如前文所述，18世纪泰伯恩或纽盖特的绞刑架旁，围观群众常常钦佩那些笑着的将死之人。"看，我是被抓住的那个，"丹尼尔（Daniel）说，"我们的计划很周密，结果出了点状况。其他人都逃了，就我被抓住了，哈哈哈！"当脚下的活板门打开时，人群发出欢呼，表达着对他笑话的欣赏。这就是"坏蛋死亡"的游戏。丹尼尔似乎在自嘲命运对他开的玩笑，但内心深处他知道谁该为此负责。他其实在说："嗯，妈妈（或爸爸），您预测我最终会来到绞刑架上，我确实来这了，哈哈。"同样的事情在几乎每个小组治疗过程中都会发生，只是程度较轻微。

丹尼（Danny）是四个孩子中的一个，他们四人都没有获得成功的许可。父母常在社会可接受的范围内做点不诚实的事，孩子们也都有这种倾向，并更严重些。有一天，丹尼讲述了他大学时遇到的麻烦。当时他因为学习进度落后，所以雇用了一位枪手来替自己写论文，并答应提前付款（大家饶有兴趣地听着他描述与此人的协商过程）。枪手承诺也为丹尼的其他朋友写论文，而他们也都提前付了款（小组其他成员不停问问题）。最后丹尼终于讲到了故事的结尾，枪手拿着钱逃到欧洲去了，一篇论文也没写（听完这些，小组的人哈哈大笑起来，丹尼也笑了起来）。

大家说，这个故事很有趣，原因有两个：第一，丹尼讲故事的方式，好像他希望大家笑，如果大家不笑，他会很失望；第二，因为故事的结果是他们预测，甚至希望发生在丹尼身上的，因为他没有以直接、诚实的方式履行他的义务，而是用了这么复杂的手段。他们都知道丹尼会失败，看到他白花了这么大力气，很有趣。他们像人们围观绞刑架上的丹尼尔并被逗笑一样，加入了对丹尼的嘲笑。后来，他们都为此感到沮丧，尤其是丹尼。他的笑其实在说："哈哈哈，妈妈，你总是在我失败时才爱我，我现在又失败了。"

"儿童"的"成人",即"教授",从幼年期就有让母亲满足的任务,这样母亲就会待在身边保护他。如果她喜欢他,并微笑着表达了这种喜爱,即使他真的身处麻烦,甚至面临可怕的生命危险,也会感受到安全。克罗斯曼(Crossman)更详细地讨论了这一问题。她说,在正常的育儿过程中,母亲的"父母"和"儿童"都很像孩子。所以当母亲微笑时,她的"父母"和"儿童"对自己的后代很满意,他们之间会相处顺利。而其他情形下,母亲的"父母"对儿子微笑,因为她应该这样做,而她的"儿童"对他生气。儿子可以通过母亲的"父母"可能不鼓励的行为,来获得她"儿童"的好感,得到一个微笑。例如,通过证明他是"坏"的,他可能会得到一个"儿童"的微笑,因为他已经证明了自己不"好"。这样可以讨好母亲的"儿童"——即我们之前所说的"巫婆母亲"。经过总结,克罗斯曼得出结论,脚本和反脚本都可以被认为是为了唤起母亲的微笑:反脚本是为了母亲(和父亲)"父母"的赞许的微笑,而脚本是为了母亲"儿童"的微笑,它最喜欢看到婴儿痛苦或崩溃。

当丹尼尔发现自己的脖子正缠着绳子时,发出了"绞刑架下的笑",他的"儿童"说:"我真的不想这样结束。我是怎么到这里的?"然后看到"母亲"(在他的脑海里)的微笑后,他意识到是她骗他这么做的。这时候他要么发疯,要么杀死她,要么自杀,要么大笑。这时,他可能会嫉妒选择去了精神病院的哥哥,或者选择自杀了的妹妹,但这两种选择他都还没有准备好。

"绞刑架下的笑"或"绞刑架下的微笑"发生在一种特殊刺激和反应,即"绞刑架沟通"之后。一个典型的例子是:一位酗酒者已经六个月没喝酒了,小组的人都知道。有一天,他走进来,听其他人聊了一会儿。当他们说出了所有的烦恼,该他发言时,他说:"猜猜周末发生了什么?"看着他微笑的脸,大家都知道发生了什么,也准备好了一起微笑。有人问:"发生了什么?"这代表他准备好了绞刑架沟通。"嗯,我喝了一杯,然后又来了一杯,等我再反应过来的时候,"这时他笑了起来(其他人也在笑):

"我已经狂饮了三天。"斯坦纳（Steiner）是第一位清楚描述这一现象的人。他这样说："在酗酒者案例中，怀特（White）告诉他的观众上周痛饮的事，而观众们（也许包括治疗师）欣喜若狂。怀特遵守了禁令（'不要思考，喝酒'），这令巫婆母亲或食人魔很满意。观众们'儿童'的微笑与女巫母亲或食人魔的微笑同步进行，并进一步强化了它。怀特遵守禁令实际上是收紧了他脖子上的绳套。"

绞刑架下的笑（绞刑架沟通的结果）意味着如果病人在讲述不幸时笑，特别是如果其他成员也加入进来时，那么不幸就是病人脚本灾难的一部分。当他周围的人笑起来时，他们加强了脚本结局，加速了他的厄运，阻止他康复。这样，"父母"的引诱就实现了，哈哈。

G. 笑的类型

可以这么说，脚本分析师和他的小组比任何人都更开心，尽管他们会忍住绞刑架下的笑，或忍住不嘲笑脚脏了的人。脚本分析中有价值的笑，分为以下几种：

1. 脚本式的笑

（1）"嘿嘿嘿"（Heh Heh Heh）是巫婆母亲或食人魔父亲的"父母"式笑，他们带领某人，通常是自己的后代，走向嘲笑和失败的道路。"你涨了多少斤？嘿嘿嘿"（有时写作"哈哈哈"）是脚本式的笑。

（2）"哈哈哈"（Ha Ha Ha）是"成人"悲哀幽默的笑。比如丹尼的例子中，他从最近经验出发得出的肤浅的见解。丹尼学会了不相信枪手，但是他并没有从中了解自己和自身的弱点，以后还是会一次次踏入类似的陷阱，直到最后发出绞刑架下的笑。

（3）"呵呵呵"（He He He）是"儿童"将要骗人时的笑。他真的在玩一场"让我们骗骗乔伊"的游戏，一场真正的骗局游戏。他被人诱导认为他可以愚弄某人，但其实自己却成了受害者。例如，枪手向他解释他们如何哄骗他的英语教授时，丹尼说："呵呵呵。"后来他才发现，自己才是受害者。这是游戏式的笑。

2. 健康的笑

（1）"吼吼吼"（Ho Ho Ho）是"父母"嘲笑"儿童"努力争取成功时的笑。它是高高在上的、仁慈的和有益的，至少对直接涉及的问题而言。这种笑通常来自那些没有太参与其中，总能将最终责任推给他人的人。它向"儿童"展示了非脚本行为是有奖励的。这是爷爷或圣诞老人的笑。

（2）还有另一种"哈哈哈"，它更热情、更有意义。它意味着"成人"对自己是如何被欺骗的真实洞察力。他不是被外部人物欺骗，而是被自己的"父母"或"儿童"欺骗。这类似心理学家所说的"啊哈经历"（aha experience）（尽管我个人从未听到任何人，除了心理学家自己，在这种情形下说"啊哈"）。这是一种有洞察力的笑声。

（3）"哇哇"（Wow Wow）是"儿童"因纯粹的乐趣发出的笑或有小肚子的老年人的捧腹大笑。它只来自那些没有脚本或可以把脚本放一边的人。这是健康的人自发的笑。

H. 祖母

只要了解祖母的人都不会是无神论者，即使祖母自己是。因为所有的祖母，无论好坏，都在某个地方（通常是天堂）监视着我们。在小组会谈中（还有扑克游戏中），她就在房间角落的天花板附近飘荡。如果病人的"儿童"对他的"父母"没有完全的信心，需要的时候，他会觉得仍然可以相信祖母，因此他会抬头看向天花板，从她隐形的存在中得到保护和指导。我们要注意，祖母甚至比母亲更强大，尽管她们可能很少出现在现场。但一旦她们出现，就拥有最终的话语权。对童话故事的读者而言，这并不陌生。老巫婆可以对小王子或小公主送上祝福或施加诅咒，坏精灵或仙女教母无法撤销这一祝福或诅咒，只能减弱它。因此，在睡美人的故事中，老巫婆诅咒公主死去，而善良的仙女把它减弱成沉睡一百年，这是她唯一能做的，因为她说："我无权完全撤销我长辈所做的。"

因此，祖母，无论好坏，都是最高上诉法庭，如果治疗师成功打破了母亲对病人的诅咒，他还得考虑祖母的影响。因此，优秀的治疗师必须学会同时应对祖母和母亲的对抗。在治疗过程中，祖母们总认为自己是对的、合理的。治疗师必须坚定地和她们说："你真的想让佐伊失败吗？如果你告诉她们真相，你真的认为你的投诉会在天堂受欢迎吗？事实是，我并没有引诱你的孙女做不好的事，我实际是在允许她快乐。不论你和他们说什么，记住精神病医生在天堂也有发言权。佐伊不能代表自己发言来反驳你，但我可以。"

大多数情况下，是祖母决定了杰德玩扑克时拿到哪张牌。如果和她相处融洽，他肯定不会输，而且通常会赢。但是如果他的想法或行为冒犯了她，他就一定会输。但他必须记住，其他游戏玩家也有祖母，她们可能和他的祖母一样强大。此外，他们可能与祖母的关系比杰德和自己祖母的关系更好。

I. 反抗类型

抗议的主要类型是愤怒和哭泣。大多数小组治疗师对其高度重视，认为这是表达真实感受的方式。而笑声由于某种原因未得到高度重视，有时还会被忽视，被认为是没有表达"真实感受"的表现。

由于大约90%的愤怒是"父母"鼓励的"扭曲情绪"，我们要解决的真正的问题是"愤怒有什么好处？"没有什么事是不愤怒就做不好的。对此付出的代价也不值得：四到六小时的新陈代谢紊乱，可能还有几小时的失眠。当杰德不再对自己或朋友说："我应该有……"（使用过去时），而变成说"我想要……"（使用现在时）时，这便是愤怒前事后置的关键时刻。大家总是弄错事后愤怒（staircase anger）的含义。它与事后智慧（staircase wit）的规则相同。"如果你没有当场说出来，以后就不要再去说了，因为你当时的直觉可能就是最准确的。"最好的做法是等到下一次机会，到时你真的做好了准备，就一定能做到。

使用现在时态（"我想要……"）的阶段通常很短暂，很快就会被将来时态取代："下次我会……"这意味着从"儿童"到"成人"的转换。我坚信（虽然没有任何化学证据）从过去时态到将来时态的转变与化学物质的新陈代谢同时发生，是某种复杂激素物质的某些小自由基的微小变化——是一个还原或氧化的简单过程。这是对自我幻想的另一次打击。当一个人的愤怒从过去转移到未来时，他认为"我正在平静下来"，或者有人说："现在你更理智了。"但事实是，他既不"平静"也不"理智"，只是对一种微不足道的化学变化做出了反应。

几乎所有的愤怒都是游戏"抓到你了，你这个混蛋"的一部分（"谢谢你给了我生气的理由"）。杰德其实很高兴被不公平地对待，因为他从小就背着一袋子愤怒，能合法地发泄其中一部分对他是一种解脱（"在这种情况下，谁都会生气"）。这里的问题是，这种发泄是否有益。弗洛伊德很久以前就说过，发泄愤怒没有用。可如今对大多数小组治疗师来说，这是"好"的小组治疗的标志，还会让大家在小组治疗时更活跃。当病人"表达愤怒"时，大家都感到高兴、兴奋和欣慰。鼓励病人甚至要求病人这样做的治疗师往往看不惯不这么做的治疗师，还对这种疗法的作用坚信不疑。他们的这种态度可以被归纳为以下这段虚构的病人经历："我乘坐公共交通工具前往我的工作地，今天我决定通过表达真实的感受来与权威人物交流。于是我对着老板尖叫，把打字机扔出了窗户。他很愉快地说'我很高兴我们终于在交流了，你也自由表达了你的敌意。这正是我们想要的员工。我注意到你砸死了一位碰巧站窗户底下的同事，但我希望这不会引起你的内疚，从而干扰我们的交流。'"

扭曲的愤怒和真正的愤怒通常容易区分。在"抓到你了，你这个混蛋"游戏的愤怒后，病人可能会微笑，而真正的愤怒之后通常是哭泣。在任何情况下，病人应该明白，他们不能扔东西，不能抨击或殴打彼此。只要试图这样做的人都应被阻止。除特殊情况外，只要有以上行为之一的病人都应从小组中剔除。然而，也有一些治疗师让病人用身体来表达愤怒，因为他们配有适当的设施和人员来处理可能发生的状况。

大多数时候，哭泣也是一种扭曲情绪，甚至可能是一种戏剧性的表演。观察其他小组成员的反应，可以最有效地判断这一点。如果他们感到恼火或太富有同情心，哭泣者的眼泪很可能就是假的。真正的哭泣通常会让人有礼貌地保持沉默，并报以亚里士多德式[①]的悲剧怜悯。

J. 你的人生故事

为脚本分析师写的最具启发意义的故事之一，是著名的神秘主义者彼得·P. D. 邬斯宾斯基（P. D. Ouspensky）的《伊凡·奥索金的奇怪生活》。伊凡·奥索金获得机会重来一遍人生，人们预测他会再犯同样的错误，重复所有他后悔的行为。我们的主角说，这没什么奇怪的，因为他将失去记忆，所以将无法避免他曾犯过的错。他被告知，这次情况不同，一反往常的规定，他将被允许拥有之前的记忆，但仍然会犯同样的错误。他接受了这些条件开始了第二次人生旅程。尽管他能预见自己将引发每一场灾难，但他确实重复了以前的行为。作者邬斯宾斯基巧妙又令人信服地证明了这

---

① 亚里士多德悲剧理论奠定了西方悲剧理论的基础。他认为悲剧通过引发人们的怜悯和恐惧达到净化人们心灵的作用。——译者注

一点，他将此归因于命运的力量。脚本分析师会同意他的观点，只是会补充一点：这种命运是父母在他早年时为他设定的，而非来自一股形而上学或宇宙的力量。这样，脚本分析师的立场和邬斯宾斯基才变得一致：每个人都被其脚本强迫，重复同样的行为模式，无论他多么后悔这种行为造成的后果。事实上，遗憾本身就是重复它们的动机，重复它们就是为了收集遗憾。

这一过程可以通过加入另一个故事来概括：艾伦·坡的《瓦尔德马先生奇案》。瓦尔德马在即将死去时被催眠，并存活了很长一段时间。最终，他从催眠的恍惚状态中苏醒，在旁观者惊恐的注视下，变成了一具腐尸，如果他在被催眠那天死去，这就是他应该的状态。也就是说，他"赶上了自己"。用脚本分析的语言说，每天都会发生类似的事。孩子被他的父母催眠去完成某种特定的生活模式。只要在人所能及的范围内，他都会以十足的活力继续这种模式，直到脚本命运完成。之后，他可能会马上崩溃。事实上，许多人都被他们的脚本"支撑"着，一旦脚本完成，他们就会垮掉。正如我之前提到的，这是世界各地许多老人或"退休"人员的命运（这不仅发生在"我们的社会"，其他各地也是一样）。

脚本本身受到希腊必然定数女神阿南刻的保护，弗洛伊德称她为"崇高的阿南刻"。在精神分析语言中，它是由重复的强迫，即一遍遍做同样事情的强迫所驱动的。因此，一个简短的脚本可以在一生中一遍遍地重复（一名女子嫁给一个又一个酒鬼，虽然每次都是不同的人；或者一名男子娶一个又一个病弱的妻子，从而经历一系列丧妻之痛）。此外，在削弱的形式下，脚本可能在整个脚本框架（最终由于极度抑郁而自杀）内每年重复一次（由失望导致的圣诞节抑郁），也可能每月重复（经期失望），还可以通过微小版本的形式每天重复。从微观的角度看，它还可能在一小时内完成：例如，只要治疗师知道如何分辨，就会发现整个脚本以弱化的形式，发生在每周的小组会谈中。有时，仅仅几秒钟的活动就能透露"病人的人生故事"。我在其他地方曾举过一个最常见的例子，可称作"匆忙和跌倒"和"快速恢复"。

塞耶斯（Sayers）太太的胳膊伸过卡特斯（Catters）太太胸前，伸手去够茶几另一端的烟灰缸。当她收回胳膊时，失去平衡，差点从沙发上摔下来。她马上恢复了平衡，沮丧地笑了笑，低声道："对不起！"就在这时，卡特斯太太把注意力从特洛伊（Troy）先生身上移开，小声说："抱歉！"

这里，塞耶斯太太的人生故事被浓缩成几秒钟。她试图小心行事，但总是笨手笨脚的。她几乎要感到悲伤时，却被及时拯救了。她道了歉，但有人承担了责任。我们几乎可以看到这样的画面：她的食人魔父亲告诉她要摔倒，或者要推她（脚本），母亲及时拯救了她（应该脚本）。之后，她礼貌地为自己的笨拙而道歉（她从小就知道，如果想继续拥有父亲的爱，一定要表现笨拙，因为这就是他想要的；此外，这也给了她道歉的借口。她道歉时，是父亲为数不多听她说话并承认她存在的时间），然后是脚本的转换，这使整个故事变成一部戏剧，而不仅仅是对不幸的展现：其他人承担了最后的责任，更真诚地道了歉。这一过程是对卡普曼（Karpman）针对脚本和舞台剧分类提出的戏剧三角的经典展示（第十章，图12）。

K. 脚本转换

卡普曼说，所有戏剧动作都可以概括为三个主要角色之间的转换：受害者、迫害者和拯救者。这些转换以不同的速度发生，并且可以向任一方向移动。在"匆忙和跌倒"和"快速恢复"的戏剧中，发生了非常快速的脚本转换。一开始，塞耶斯太太的父亲（在她的脑海里）扮演迫害者（"推她"），母亲扮演拯救者（"把她从跌倒中救起"），她自己是受害者。这就是她脑海里的戏剧三角，是写入脑海的脚本。在行动脚本中，塞耶斯太太变成迫害者，从卡特斯太太身前掠过，让其成为受害者。塞耶斯太太为此道歉，但是卡特斯太太（根据自己的脚本需要）迅速进行转换，没有表现为受害者，反而像自己做错了事而道歉，因此扮演了迫害者的角色。

在这段极短的沟通交际中，我们了解到关于两人人生故事的很多信息。塞耶斯太太通常以哀怨的受害者形象示人，而现在我们可以明显看出，她可以进行角色转换扮演"迫害者"的角色，只要这是"偶然"发生的，并且她为此道歉。"匆忙和跌倒"的脚本将通过受害者道歉来免除其责任。她在卡特斯太太身上找到了互补的脚本人物。卡特斯太太的脚本显然是"打我，我会道歉"，或者"对不起，我的脸挡了你的拳头"（这是一个酗酒者妻子的典型脚本）。

丹尼，那位没有论文的年轻人，也通过讲述自己的经历再次重温了他的戏剧故事。如前文所述，他最喜欢的游戏名，也是他脚本的名字，是"让我们骗骗乔伊"。丹尼遇到一位友好的社区拯救者，只要支付费用，他就会帮助丹尼哄骗受害者——他的英语教授。丹尼最终两手空空成为受害者，而他友好的拯救者原来是比丹尼更厉害的骗子，即迫害者。教授自己并不知道，在原本的计划中自己是受害者。丹尼为了能毕业，来向他寻求帮助。现在他必须扮演丹尼的拯救者。这就是丹尼的人生故事。他试图哄骗别人，却反而被骗，成为一名殉道者；但由于大家都能看出他亲手安排了这出被骗的戏码，他得到的不是同情，而是嘲笑。他不仅没有完成迫害者的任务，甚至也没有扮演好一名受害者。这也是他没有自杀的原因。他知道如果去自杀，自己要么会以令人发笑的形式搞砸了，要么自杀成功，但会发生一些事让他的自杀看起来很搞笑。甚至他尝试扮作精神病人的企图也不可信，只会逗笑其他小组成员。母亲为他提供了仁慈的脚本陷阱。"听着，"她告诉他，"你做什么都会失败的。拿头撞墙也没有用，因为你连发疯或自杀都会失败。所以你尽可以去继续试一试，等你信我的话了，就做个好孩子回到我身边，我会为你料理一切的。"

如果小组治疗师在治疗期间观察每个病人的每个动作，这便是对他的其中一种奖励。他可以观察到病人在几秒内经历了整个人生脚本。这短短几秒能告诉他病人的人生故事，如果他没有注意到这几秒钟，他就得花几个月甚至数年的时间来挖掘和弄清楚这些信息。不幸的是，我们没有什么方法能传授给治疗师，让他们明白如何知道这种情况何时发生。这种情况以各种形式发生在每一次小组会谈中，但或多或少都被伪装得很隐蔽或被加了密。因此，能否识别出来取决于治疗师是否愿意弄清楚发生了什么。这点又取决于他的直觉。当他的直觉不仅准备好理解病人在做什么，而且准备好将这种理解传达给"成人"时，才能够识别病人的脚本，包括他和其他小组成员在其中扮演的角色。由于知道这些角色对治疗的成功进行至关重要，本书下一章节将详细探讨这一主题。

第十八章　治疗中的脚本

A. 治疗师的角色

我们上文已讨论过，如果病人有选择，他如何选择特定的治疗师。如果别无选择，他会试图操纵指派给他的治疗师来完成他脚本要求的角色。一旦他通过治疗的预备阶段，就会尝试让治疗师匹配他童年时期为"魔法师"保留的位置，以便从他那里得到需要的魔法："科学""鸡汤"或"宗教"。为实现这一目的，病人的"儿童"设置需要的游戏和脚本场景，他的"成人"试图从治疗中获得可能的信息。治疗师越早认识到他应该扮演的角色，越早预见病人在利于自己的时间里试图推向高潮的脚本戏剧，便能越快做些什么，越能有效地帮助病人走出脚本世界，进入真实的世界。在这里，病人能被治愈，而不是仅仅取得进展。

B. 游戏的剂量

许多临床医生说，"神经官能症"患者来治疗并不是为了痊愈，而是为学习如何成为更好的"神经官能症"患者。心理游戏分析师也说了类似的话："病人不是来学习如何变得真诚，而是学习如何更好地玩他的心理游戏。"因此，如果治疗师完全拒绝玩游戏，或者是个太容易上当的傻瓜，他就会停止治疗。在这方面，沟通游戏就像国际象棋：热情的棋手对根本不想玩的人不感兴趣，还有那些完全不构成威胁的人。在治疗小组中，一位确定的"酗酒游戏"玩家会因无人拯救迫害者、供应者或糊涂虫而生气,然后很快离开治疗。如果拯救者太多愁善感,或者迫害者太残忍,他也会离开。因为如果太容易欺骗他们,就没有乐趣了。像其他游戏玩家一样,他更喜欢搭档或对手有一点技巧和温度。如果他们像救世军[①]一样表现得过于强大,他可能不会待太久。

如果匿名戒酒会里提出"不是你的问题,你只是病了"或者使用"肝硬化"的威胁,玩"酗酒者"的人会觉得缺少任何真正的挑战,并因此而离开。只有当他坚持走过那个阶段,才会开始意识到它真正的价值。锡南浓戒酒组织在这方面做得更好。他们用强硬的态度说:"这不是一种疾病,成为吸毒者是你自己的责任。"玩"酗酒者"的人可能会离开匿名戒酒会转而去找家庭医生,因为家庭医生不太确定酗酒是不是一种疾病。如果他是个厉害的心理游戏玩家,就会找一个心理治疗师,因为这位治疗师说酗酒根本不是疾病。如果他准备好要康复,便会找到或偶然发现一个脚本分析师,然后如果治疗顺利,他就会发现自己停止了心理游戏。

"如果不是为了他们"游戏的玩家,特别是来自所谓"糟糕世界"类型的玩家,具有相似的行为。根本不会玩此游戏的治疗师,会要求他们负起责任而不是空想,但他们很快就会失去这些病人。如果治疗师过于相信他们,治疗就会退化为他和病人之间"是不是很糟糕"的游戏。大多数此类病人一段时间后就会厌倦,然后转诊到一位至少能为精神动力学或自我评估提出象征性论点的医生那里。如果治疗师对来自"糟糕世界"的人感到内疚,他会与病人结盟,而不是对他进行治疗。这是件好事,但这不是心理治疗。

当权者、权力机构和大人物确实存在,但被人强烈指责的"糟糕世界"的形成未必一定能归咎于他们。每个人都有自己的社会,有朋友和敌人。精神病学无法与当权者、权力机构或大人物抗衡,它只能与病人的头脑做斗争。病人和治疗师迟早都要面对这个问题。心理治疗像所有的医学治疗

---

① 致力于传播基督教、慈善活动和社会服务工作的国际性组织。——译者注

一样，只能在适当条件下有效。当"如果不是为了他们"无比强大时，病人就不会去思考自己存在的问题。治疗师必须阻止该游戏，如果他技艺精湛，就能在不赶走病人的情况下做到这些。关于如何处理治疗中的心理游戏，杜塞（Dusay）做了非常精辟的总结。

因此，针对每位病人恰当选择和规划时间的游戏剂量，将决定他是否会继续接受治疗。

C. 治疗的动机

病人来接受治疗的原因通常有两个，这两个原因都不会使脚本处于危险中。他的"成人"是为了了解如何在脚本中生活得更舒适。最直接的例子是男同性恋或女同性恋，他们通常对此很诚实。例如，男同性恋不想离开他的脚本世界，那里的女性要么是危险和可恨的阴谋家，要么是无辜和偶尔和蔼可亲的怪人。他想要更舒适地在这个世界生活，而且他很少把女人视为真实的人。[①] 其他类似性质的治疗目标有："如何在撞石墙的同时活得更舒服""如何在撑住隧道两侧的同时活得更舒适""如何防止别人在你遭难时兴风作浪"和"如何在满是骗子的世界里戏弄骗子"。在病人完全进入了治疗的状态，并明白这一状态如何与脚本相符时，才能大刀阔斧地尝试改变其脚本世界。

除了理性的"成人"想要更舒适的生活之外，"儿童"也想通过与治疗师的交易来推进他的脚本，这是让病人来接受治疗的更迫切的原因。

---

① 在本书创作时，同性恋被当时的心理学界视为一种疾病。——译者注

D. 治疗师的脚本

诱惑人的女性病人就是最常见的例子。只要她能勾引治疗师，无论多微妙或只是精神上的勾引，一旦他被勾引到，治愈就将无法被达成。这种情况下，她可能取得各种各样的"进展"来取悦他，来满足甚至帮助自己，但他将无法令她"跳出"脚本，进入现实世界。这便是弗洛伊德所说的"分析性沉默"（analytic reticence）或"分析性挫折"（analytic frustration）的例证。只有通过独立于病人的行为，严格坚持自己的职责，分析她的抵抗、她本能的变化，以及在必要时分析她的"移情"，治疗师才能避免在身体、精神或道德上被诱惑的可能性。反移情意味着不光分析师在病人的脚本中扮演角色，病人也在分析师的脚本中扮演角色。这样一来，两人都得到了对方的脚本回应，结果就是分析师所说的"混乱情况"，因为分析目标将难以实现。

避免这些困难的一个简单方法就是，一开始就问病人："你会允许我治好你吗？"

最后是与病人有实际性关系的治疗师。这样的关系可能给予双方相当大的脚本乐趣和性乐趣，但却使两人都无法从治疗中获益。由于治疗师采用危害性极大的手段妨碍了治疗的效果，即让病人知道她能挑起他的性欲，这会让他们的"交流"更好。如果时机安排得当，她没有被吓跑的话，这确实可以延长治疗时间；可是这样做对于帮她退出脚本毫无益处，只是让她符合了治疗师的人生计划而已。在最常见的情况中，如果病人坐着时膝盖分开，正确的做法不是"开诚布公地探讨"治疗师的性幻想，而是让她把裙子放下来。排除这种引诱后，治疗就可以朝有益的方向继续，而不掺杂粗俗的"挑逗"。同样，如果病人双手紧握脑后，把胸部推向治疗师，他可以说"了不起！"或者"真大啊！"这通常会让事情回到正确的方向。如果一位同性恋者双腿分开展示他的私处，治疗师可以说"你拥有十分惊人的生殖器！现在我们回到关于你腹泻的问题……"等等。如果病人回答："去你的！"治疗师应该回答："你说的不是我。我是来为你治疗的。你的腹泻怎么样了？"

E. 预测结果

治疗师的首要任务是找出他在病人脚本中扮演什么角色，以及他们之间会发生什么。这里有个很好的例子：一位病人的脚本指令是"只要你没有被治愈，你就可以去看精神病医生，因为最终你必定会自杀"。病人通过玩"现在他告诉我"的心理游戏，从这一残酷命运中尽可能多地获得了乐趣。通常可以从病人的病历中预测到这一游戏，尤其是他如果见过其他治疗师的话。因此，必须仔细查阅导致他结束前一次治疗的事件。当治疗师确定了这一假设，就可以使用上文描述过的脚本对立主题，即对结果的直接预测："你计划来这里六个月或一年，然后在某次会谈结束时你会说'顺便说一句，我不会再来了'。我们现在就可以打破这一计划，以免浪费我们六个月的时间。或者如果你更愿意坚持这么做，我也同意，反正我总能在你来治疗的时候学到一些东西。"

这样比等到病人自己离开要好得多。等到他要离开时再（谨慎地）说"也许你最好在做如此严肃的决定前，进来好好聊聊"或者类似的话时，一切都为时已晚。因为治疗师已经证明了他的愚蠢，为什么病人要继续找一个这么容易就被欺骗的人呢？治疗师的工作是在这种事发生前就发现它，而不是在它发生之后试图收拾残局。

避免前四节中所有问题的简单方法，就是一开始就问病人："你能让我帮你找到治愈办法吗？"

简单地说，治疗有三个可能的结果。

1. 治疗师可以在病人脚本中表演一个动作或场景，病人结束治疗后，"没有改善""改善"或"改善很多"，就像统计表里通常说的那样。但这种情况中，没有病人被治愈。

2. 病人可能拥有"直到"脚本："直到满足某些条件，你才能成功。"最常见的破咒者或内部解除就是前面提到的："——直到你活到比你父亲（母亲、哥哥、姐姐）年纪更大。"这是一个"时钟时间"的内部解除。一旦病人遇到此类情况，他有康复的"许可"，所以无论他之前看过多少无用的治疗师，接触脚本之后他所见的治疗师都能成为幸运的人，成功地治愈他（除非他犯了彻底的错误）。由于病人现在"准备好接受治疗"和"准备好康复"，几乎任何相当有能力和谨慎的治疗师都能治愈他。同样，当睡美人"准备"好苏醒时，几乎任何王子都能唤醒她，因为这一内部解除是内置于她脚本中的。具有"目标时间"内部解除的"直到脚本"可能更具挑战性。例如，"直到遇见一个比你聪明的人（或者比我——你的父亲更聪明的人），你才会康复"。这时候，治疗师必须得解开一个谜语（"你得自己猜"）或者完成其他的魔法任务。病人可能得经历好几个治疗师，才遇到那个明白关键所在的人。治疗师此时便处于王子的位置，必须猜出谜语或完成赢得公主或失去理智的任务。如果他确实找到了这个秘密，病人就会从她父亲（或她的女巫母亲）的咒语中解脱出来。这意味着她被允许康复，而且最终会康复，因为破咒者就内置在脚本中，就像童话故事里那样。

3. 第三种情况是，脚本规定病人永远不能康复，但治疗师设法解除了这个诅咒。这需要极强的能力和技巧。他必须赢得病人"儿童"的完全信任，因为治疗是否成功完全取决于病人的"儿童"是否对他比主导他脚本的父母更有信心。另外，他必须了解脚本对立主题或脚本解脱的专业知识，以及如何、何时应用它们。

破咒者（内部解除或关闭）与脚本对立主题（外部解除或中断）之间的差异如以下例子所示：睡美人被诅咒沉睡一百年，之后，只要王子吻了她，（显然）她就可以继续她的人生。王子亲吻她是内部解除或解脱，是写进脚本中以解除诅咒的补救办法。如果才过了20年，王子就来了。然后他说"你真的不用躺在那里"，这就是脚本的对立主题或切断（如果起作用了的话），即来自外部的、脚本中没有提供的、可以打破它的东西。

F. 脚本的对立主题

到目前为止，我们所说的一切都是为了回答"对此该怎么做？"而做准备。精神病治疗可归纳为三个主要部分：（1）"在那里"；（2）"容易上手的家居妙招"；（3）"翻转"。

"在那里"意味着病人知道他可以去某些地方，可以和某些人交谈，可以和某些人一起玩游戏来掩盖他焦虑和缓解抑郁，他们可以鼓励他、原谅他、让他忏悔，或喂他饼干的人——所有这些都是一种神父似的功能，主要对孤独的"儿童"有价值。早期缺乏有效父母的病人，父母在其十岁、五岁或两岁之前死亡的病人，或者被遗弃、忽略或驱逐的病人，必须先用一个"在那里"的人填补空缺，然后其他形式的治疗才会生效。

"容易上手的家居妙招"是治疗师给出的建议，告诉病人如何在脚本世界中快乐或不那么痛苦。"再抓紧一点""不要把你祖母的地址告诉一只狼""午夜前拿到她的电话号码""不要拿陌生人的糖果"，这些暗示主要对困惑的精神分裂症"儿童"、小红帽、灰姑娘、王子、汉斯和格莱泰有价值。

"翻转"意味着让病人走出脚本，进入现实世界。最优雅的形式是，治疗师以一次干预来最大限度地分解脚本。下面的病历将说明实现这一点需要什么样的探索、直觉和专业信心。

安布尔

安布尔·麦卡尔戈（Amber McArgo）远道而来见Q医生。她从一些朋友那里听说Q医生。在她的家乡布里尼拉（Bryneira）市，她曾看过三位不同的"精神分析学家"，他们都无法帮助她。Q医生知道这些人并不是真正的精神分析学家，而是布里尼拉市最差的治疗师，他们一个接一个地用"身份""依赖""受虐狂"等词让她感到困惑。她告诉Q医生，当天晚上她必须乘飞机回家照顾孩子，所以他遇到一个有趣的挑战：尝试只通过一次会谈就治愈她。

她主诉忧虑、心悸、失眠、抑郁和无法工作。在过去三年里，她没有性欲，也没有性生活。她的症状从父亲被查出患有糖尿病时开始。在看过她的精神病史和疾病史后，Q医生鼓励她多谈谈父亲。四十分钟后，他发现她生病的目的是让父亲活着。只要她生病了，他就有机会活下来。如果她好转，父亲就会死。事实上，这只是她"儿童"的脚本幻觉，因为她父亲的糖尿病症状轻，容易控制，根本没有死亡的危险，但她更愿意认为只有她有能力让父亲活着。

父母的训诫是："做个好女孩。我们为你而活。"她父亲的禁令似乎是"不要保持健康，否则你会杀了我！"但Q医生觉得还有别的问题。她的"焦虑"母亲给了她一个如何生病的示范，这就是她所遵循的模式。

Q医生现在必须知道，如果她放弃脚本，是否有什么东西来替代脚本。治疗的关键就在这儿。如果他攻击了脚本，而她没有什么可替代的东西，情况可能会更糟。她似乎有一个相当坚实的应该脚本，基于"做一个好女孩"的训诫。在她人生这个阶段，这意味着"做一个好妻子和好母亲"。

"如果你父亲死了会发生什么？"他问道。

"我会变得更糟。"安布尔回答说。

这表明她的脚本不是"直到"脚本，而是一个悲剧性脚本。这样一来，Q医生的任务便简单多了。如果她的指令是"一直生病，直到你父亲死去！"她可能会选择这样做，而不是冒着险被治愈，因为她的"儿童"认为这可能导致父亲的死亡。但显然，脚本写着："你让你父亲生病了，所以你也必须生病才能让他活着。如果他死了，你必须承担后果。"这给了安布尔一个更明确的决定:"要么现在痊愈,要么继续遭受痛苦,并在以后遭受更多的痛苦直到你自己死去!"

做好准备后,Q医生说:"听起来,你生病好像是为了救你父亲的命。"

这句话措辞和时机都非常谨慎,以便同时接触到她的"父母""成人"和"儿童"。她的"母亲"和"父亲"都很高兴她是一个"好女孩",为了父亲的原因而遭受痛苦。此外,她"父亲"的"儿童"还会为她按照他的指令生病而感到满意(显然,他喜欢焦虑的女人,因为他自己就娶了这样的女人)。她"母亲"身上的"成人"也很高兴,因为安布尔很好地吸取了教训,知道如何成为一个好病人。她"母亲"的"儿童"将如何回应Q医生无从得知,但Q医生会留意这点。以上就是安布尔"父母"的不同部分。Q医生认为,安布尔自己的"成人"会同意他的诊断,因为他很可能是对的。安布尔的"儿童"也很满意,因为他实际在告诉她,她是一个"好女孩",服从了父母的所有指令。安布尔的回答至关重要。如果她回答"是的,但是……",就会比较麻烦。如果她接受了他的诊断,没有说"如果"或"但是",情况可能会很好。

"嗯!"安布尔说,"我认为你是对的。"

有了这个答案,Q医生现在可以放心地继续脚本的对立主题,即让安布尔"离开"她的父亲。这里脚本对立主题是三个"P":能力(potency)、许可(permission)和保护(protection)。

1. 能力。他足够强大到能(至少暂时地)战胜她父亲吗?这里有两件事对Q医生有利。首先,她似乎确实厌倦了生病。她也许去了其他治疗师那里玩心理游戏或学习如何更舒适地与这些症状共存,但通过她走了这么远的旅程来看Q医生,表明也许她真的准备好康复了。其次,她自己完成了这次旅程(而不是太害怕了,不敢这样做),这可能意味着她的"儿童"非常重视他作为治疗者的魔法能力。①

---

① 医生的职责是利用一切可能的方法来治疗病人。或者更实际地说:"病人的健康比在小组会谈上针锋相对说的话更重要。"

2. 许可。他必须非常注意许可的措辞。就像德尔斐神谕一样，他的话也会被她根据自己需要进行扭曲误读。如果她能从中找到例外情况，她就会去实践，因为我们能看出来，她的"儿童"像一位聪明的律师，寻找着契约中的漏洞。

3. 保护。这是目前状况中最严重的问题。因为安布尔会面结束后就会立即离开，如果她不遵守生病的禁令，无法回到Q医生这里寻求保护，她的"儿童"将直面她"父母"的愤怒，没人在她恐慌时安慰她。打电话可能有帮助，但因为他们只见过一次面，所以效果有限。

Q医生接下来是这样做的。首先，他引出安布尔的"成人"。

"你真的认为自己生病就能救他吗？"他问道。

安布尔的"成人"只能回答："我想不是。"

"他有死亡的危险吗？"

"医生告诉我，近期内不会。"

"但你受到某种诅咒，要求你为了救他保持生病，这就是你正在做的事。"

"我觉得你说得对。"

"所以，你需要的是康复的许可。"

安布尔看着Q医生，点了点头。

"那我允许你康复了。"

"我会试试。"

"尝试是没有用的。你必须做出决定。要么'离开'你父亲，你们各走各的路，要么不要'离开'，保持现状。你想选哪个？"

她沉默了很久，最后说："我要'离开'他。我要康复。你确定我有你的许可了吗？"

"是的，你有。"

然后他又有了一个想法。他邀请安布尔午饭后留下，参加小组会面，她同意了。

两人的会谈结束时，他看着她的眼睛说："如果你康复，你父亲是不会死的。"她没有答话。

两小时后，Q医生向他的小组解释，安布尔从很远的地方来看他，晚上就要离开，问他们是否同意让她参加小组会谈，他们同意了。她适应得不错，因为她读过一本关于沟通分析的书，小组谈论的"父母""成人""儿童"游戏和脚本等概念她都懂。她讲完自己的故事后，大家像Q医生一样，很快就明白了问题所在。

"你生病是为了不让你父亲死去。"其中一个说。

"你丈夫是个什么样的人？"另一个问。

"他就像直布罗陀巨岩。"安布尔答道。

"所以你跑这么远来这里，是想向'大金字塔'咨询。"第三个人说（"大金字塔"是指Q医生）。

"他不是大金字塔。"安布尔反驳道。

"对你的'儿童'来说，他就是。"有人说。她没有回答。

Q医生什么也没说，只是听着。讨论继续进行，有人问他道："你允许她康复了吗？"

Q医生点了点头。

"既然她要离开了，为什么不给她一个书面的许可？"

"也许我会给她。"Q医生说。

最后Q医生终于听到他一直等待的东西。他们询问她的性生活，安布尔主动说，自己经常梦见有关父亲的性爱梦。当会谈接近尾声时，Q医生写下了许可书，内容如下：

"别再和你父亲发生性关系了。"

"安布尔有和除父亲之外的其他男人发生性关系的许可。安布尔有恢复健康并保持健康的许可。"

"你认为他是什么意思?"有人问安布尔。

"我不确定。他的意思是我应该有外遇吗?"

"不是。他的意思是你可以和你丈夫发生性关系。"

"哦。有一位医生说我应该有段外遇。把我吓坏了。"

"Q医生不是这个意思。"

她把那张纸放进钱包里,然后有人开始怀疑。

"你打算拿那张纸怎么办?"

"我敢打赌她会拿给朋友看。"

安布尔笑了笑。"没错。"

"一封来自大金字塔的书面信息,对吧?你会在当地很出名。"

"如果你把它拿给朋友,你就好不了了。这样做其实是个心理游戏!"另一个说。

"我觉得他们说得对。"Q医生说,"也许你不应该拿书面的许可。"

"你是想把它要回去吗?"

Q医生点点头,她把纸还给他。"你想让我大声读给你吗?"他问道。

"我记得了。"

Q医生最后确实给了她一些书面的东西,是布里尼拉两位真正的精神分析学家的名字。他很遗憾那里没有沟通分析师。"你回家以后,可以去见他们两位中的一位。"他跟安布尔建议道。

几周后,他收到她的来信。

"我要感谢所有花费时间帮助了我的人。当我离开时,我觉得自己的99%被治愈了。事情进展顺利,我克服了一些大问题。我感觉可以自己独立解决其他问题了。我父亲不再那样控制我,我也不再担心他会死。我的性生活三年以来第一次恢复了正常。我看起来不错,感觉也很好。我有过几次低潮期,但很快就恢复了。然后我决定按你的建议去看X医生。"

这个故事是脚本分析师如何思考的例子。作为一次会谈和一次小组会议的结果来说，相当令人满意。因为病人充分利用了给予她的具体许可，并从中得到了她所能得到的所有好处。

G. 治愈方法

很明显，安布尔并没有被永久治愈。提供给她的脚本对立主题确实有明显治疗效果，并可能长期有益；但无论效果多令人满意，这些都只是副产品。脚本对立主题的真正目的是争取时间，以便病人能进一步深入其脚本装置，改变原来的脚本决定。因此，当病人听见"父母"的声音要他"自杀"，他沮丧的"儿童"回答"好的，妈妈"，这时候有人告诉他："不要这样做！"治疗师给予脚本对立主题就是为了在关键时刻通过对抗自杀的挑衅，将病人从死亡的边缘拉回来。这样得来的缓刑在治疗中非常有利。帕特之所以来看心理医生，是因为他童年时做的脚本决定。现在他赢得了足够的时间通过另一不同决定来撤销它。

当他脱离"父母"的程序时，他的"儿童"变得越来越自由。到某一阶段，在治疗师和他自己"成人"的帮助下，他能完全突破脚本，上演自己的节目，有新的人物，新的角色，新的情节和结局。这样一种改变他性格和命运的脚本治疗也是一种临床治疗，因为大多数症状将通过他新的决定而得到缓解。此后病人突然在治疗师和其他小组成员眼前发生了转变。他不再是一个出了状况的人或病人，而是一个有一些残疾和弱点的正常人，他现在可以客观地处理它们。

这有点类似腹部手术成功后所发生的情况。最初几天，病人正在取得进展，每天走得更远一点，能坐更多一会儿。然后在第五天或第六天左右，他醒来后能力大有不同。他现在是一个健康的人，只是有些令人讨厌的伤痛：可能是虚弱无力和腹痛。但他不再只满足于取得进展。他想出去，他的伤痛不再有什么严重的后果，而只是他想尽快摆脱的麻烦，这样他才能在外面的大好世界里恢复他的生活。这些都通过一个辩证的转换发生于一夜之间。这就是脚本分析中的"翻转"：前一天是病人，后一天是渴望行走的真实的人。

南（Nan）和父母住一起。她父亲是一名专业的病人，因抑郁而得到政府机构每月支付的补贴。她长大后追随了父亲的脚步。到18岁时，她厌倦了毫无乐趣的生活。她在治疗小组待了大约6个月，一直停留在取得进展的状态，直到有一天她决定恢复健康。

"我怎么才能康复？"她问

"管好你自己的事。"治疗师回答说。

之后一周，她穿着不一样的衣服回来了，心境也完全不同。对她来说，要处理自己的感情事务而不是父亲的，是一件痛苦的事，但她学会做得越来越好。父亲状态不好时，她的状态也没有随之变得糟糕。她还脱离了母亲对她的编程。这个编程写着："生活是一种挣扎，和爸爸待在家里。"她做出一套全新的自主决定，脱下了"精神分裂症患者女儿"[①]的制服，开始穿得像个女人。她回到大学，有了很多约会，并被选为学生社团的"女王"。治疗师要告诉她的就是"生活不是一种挣扎，除非你自己把它变成这样。停止挣扎，开始生活吧"。她成功地做到了这一点。[②]

[①] 我对女性服装了解不多，所以无法准确描述，但我看到这种样式时便能辨别出来。"我是精神分裂症患者"式制服会将身体滑稽化。它是对身体的一种否定。

[②] 这种情况并非意外，因为小组中另一病人在同一天，通过几乎同一套新的决定"翻转"了脚本。她们二人本来都可能成为长期患者，这类患者多年来对人类的主要贡献就是临床治疗中大量复杂的病例报告。

第十九章　决定性的干预措施

A. 最终通用路径

除非通过外在声音或行动表达，治疗师无法得知病人脑海中发生了什么。原则上，每个自我状态都能找到自己外在表达的最终通用路径。这里有一个经典的例子：大家问布里迪（Bridy）："你的婚姻怎么样？"她傲慢地回答："我的婚姻是完美的。"她说着，用右手的拇指和食指抓住了结婚戒指，同时交叉双腿，开始摆动右脚。然后有人问："这是你的回答，但你的脚在说什么？"布里迪惊讶地低头看着自己的脚。小组另一成员问："还有，你的右手对你的婚戒说什么？"这时布里迪哭了起来，她告诉大家丈夫不仅喝酒，还家暴。

当布里迪对沟通分析治疗更熟悉后，就能告诉大家自己的三个回答分别来自何处。"我的婚姻是完美的"这句话是傲慢倔强的"母亲父母"所说或指挥她所说。它接管了布里迪的发声器官，将其作为最终通用路径。她的右手被"成人"接管，以证实她很可能永远嫁给了一个恶棍。她交叉双腿是受"儿童"指挥。为了赶走它，她试探性地踢了它几次。这段描述使用被动语态，说明她各个身体部分只是为各种自我状态寻找最终通用路径服务。

选择最终通用路径有三种主要方式：分离（dissociation）、排斥（exclusion）或融合（integration）。如果自我状态彼此分离，没有"交流"，它们都会找到独立于其他自我状态的自我表达途径，导致彼此都不知道别人在做什么。因此，布里迪正在讲话的"父母"意识不到抓手指的"成人"

或踢脚的"儿童"，它俩也意识不到彼此的存在。这反映了现实生活中的情况。小时候，布里迪不能随意地和父母说话，所以不得不在他们背后做一些事。如果被抓，她会通过声称自己（她的"成人"）不知道自己（她的"儿童"）在做什么来逃避责任。临床上，这属于歇斯底里的症状："儿童"可以做各种复杂的事，而"成人"声称自己并不知情，"父母"则完全没有参与其中。

排斥意味着一种自我状态比其他自我状态更"贯注"（"cathected"），并不顾它们的反抗而起主导作用。在群体中，这种情况在宗教或政治狂热分子中最显著，排斥其他自我的"父母"接管了所有表达路径（除了偶尔的"无意识"的疏忽），并粗暴对待"儿童"和"成人"及群体中其他成员。这种情况在补偿性精神分裂症患者中也会发生，只是程度有所减弱。"父母"将"坏"的或不可靠的"儿童"及不起作用的、不"贯注"的"成人"排除在外，以远离医院或电击治疗室。这一情形再次反映了童年的实际状况，即孩子只能靠自己和自我发展，但只要父母在场，他就不敢自己主动做任何事。

在有序的人格中，会发生"正常"类型的排斥，即一种自我状态在其他自我状态的同意下接管一切。例如，"儿童"和"父母"让"成人"在工作时间接管。作为对这种合作的回报，"儿童"可以在聚会时接管，"父母"在其他适当的时间接管，如家长会。

融合意味着这三种自我状态同时表达自己，就像在艺术作品中，以及与人进行专业沟通时。

嗓音和姿势都是说明最终通用路径的好例子。嗓音尤其适合识别自我状态间的妥协。许多女人用小女孩的嗓音相当自信地表达睿智的想法。这里的妥协发生在说"不要长大"的"父母"、提供建议的"成人"和喜欢受保护的"儿童"之间。它可以被称为"被'成人'编程的'儿童'"，或"早熟的'儿童'"。许多人用缺乏自信的"成人"嗓音表达睿智的想法，因为"父母"说："你以为你是谁？""儿童"说"我想炫耀"。"成人"说"我这有你可以试试的东西"。这可以被称为"被'儿童'编程的'成人'"。"父母"编程的"儿童"("妈妈说")和"成人"编程的"父母"("就是这样做")也很常见。

姿势不仅能体现主要的自我状态,还能体现自我状态的不同方面。因此,"批判型父母"坐姿端正,手指直指前方,而"抚育型父母"会打开身体,形成一个容纳性的圆圈。"成人"的姿势比较灵活,是警觉的和可移动的。"适应性儿童"会通过蜷曲身体(emprosthotonos 前弓反张)来退缩,最终变成胎儿的姿势,尽可能多地弯曲身体肌肉。"表达型儿童"则会打开身体(opisthotonos 角弓反张),尽可能多地伸展肌肉。前弓反张通常伴随哭泣,而角弓反张则伴随大笑。即使只是弯曲一根手指,比如食指,也会给人一种不安全和退缩的感觉,而伸展手指则给人自信感和开放感。坚定地向前伸出手指会带来一种"父母"式的感觉,即对别人或别的想法设置了无法穿透的障碍。

换句话说,"儿童"或多或少完全地控制不随意肌[①],"成人"控制随意肌的运动,特别是大肌肉的动作,而"父母"则控制态度,或屈肌和伸展肌之间的平衡。

所有这些都表明,最终通用路径是通过脑海中的对话沟通做出的选择或分配。在简单的自我状态间可能有四类对话:三类两方对话(P—A,P—C,A—C)和一类三方对话(P—A—C)。如果"父母"的嗓音像往常一样分为"父亲"和"母亲",而且其他"父母"型人物插入对话,情况就会复杂很多。每种嗓音都伴随自己的一套"手势"。它通过一组选定的肌肉或特定身体部位来表达。但是,无论对话是哪种性质,结果都通过最终通用路径表达。或者更准确地说,将由通过支配、商议或妥协确定的最终通用路径来表达,而被压制的自我状态将找到次要的表达途径。

---

① 指不受意识控制,不能随意活动的肌肉。——译者注

B. 脑海中的声音

上面提到的声音有多真实？布鲁伊尔（Breuer）在近100年前发现了自我状态（不同的意识状态），但并没有跟进这一发现。大约在此同时，他的同事弗洛伊德确信视觉意象表达愿望，因此他花费一生大部分时间研究这一点。结果，他忽视了心灵的听觉方面。虽然费德恩（Federn）首次提出"自我两个部分间的对话"的想法，但他忽略了真实声音的问题，并认为脑海中的对话是通过视觉表达的（例如，在梦中）。弗洛伊德在这里的主要贡献是，认为梦中听到的声音和词汇代表了醒着时真正听到的声音和词汇。

前文提到的，沟通分析总结的临床经验是"儿童"用视觉图像表达其愿望；但如何处理这些愿望，即通过最终通用路径展示的最终结局，是由听觉图像或脑海中的声音决定。这是脑海中对话的结果。[①]"父母""成人"和"儿童"间的对话并不是无意识的，而是前意识的。这意味着它很容易进入意识中。之后我们发现，它包含一部分曾在现实生活中被大声说出来的东西。因此，治疗的规则与此类似。由于病人行为的最终通用路径由他脑海中的声音决定，可以通过让另一声音，即治疗师的声音，进入他脑海来做出改变。在催眠状态下进行这一干预可能不会有什么效果，因为不是真实的情景。而在清醒状态下进行的效果则会更好，因为最初这些声音就是在病人处于清醒状态时被植入脑海的。还有一种例外的情况，发生在女巫或食人魔父母大声呼喊而让孩子进入恐慌状态时。这本质上是一种创伤性的朦胧状态。

随着治疗师从不同病人那里得到越来越多关于这些声音的信息，并在他们与通过最终通用路径表达的行为之间的联系方面越来越有经验，他会

[①] 失聪儿童，还有盲童的情况有所不同。但目前我们对于此类身体缺陷下的脚本如何发生还一无所知。

发展出非常敏锐的能力和判断力。他能非常迅速和准确地听到病人脑海中的声音，通常是在病人自己能清楚听到这些声音之前。如果他问了一个沉重或敏感的问题，而病人需要一点时间来回答时，他可以观察到病人这时出现的痉挛、收缩、表情的转变等，并以此倾听"脑海中的对话"，就像在听录音一样清晰。在第十四章（B小节）中，梅布听母亲的长篇大论时的表现就展示了这一点。

一旦治疗师明白了发生了什么，他的下个任务便是给予病人听的许可，并教她如何听到从童年时就在那的声音。他可能得克服几种阻力。病人可能被禁止听到"父母"的指令，例如："如果你听到声音，你就会疯掉。"或者其"儿童"可能害怕将会听到的东西。或者"成人"可能不愿倾听管理她行为的人，以保持她独立自主的错觉。

许多"行动派"治疗师非常擅长通过特殊技巧让这些声音复活。病人会发现自己能大声讲话，这样他和周围的人都能清楚听出一直存在于他脑海中的对话。格式塔治疗师经常使用"空椅子"来达到此效果。病人从一把椅子移动到另一把，扮演自己的两个部分。心理剧治疗师会让训练有素的助理扮演一个角色，而病人自己扮演另一角色。观看或阅读关于此类会谈的材料，人们很快就会意识到，每个角色的立场都来自不同的自我状态或同一自我状态的不同方面，以及从他早年起就一直在脑海中进行的对话。其实几乎每个人都会在某个时刻自言自语，所以每个病人都能不用特殊技巧就揭示其脑海中的对话。一般来说，第二人称的短语（"你应该"等等）来自于"父母"，而那些第一人称短语（"我必须""我为什么"等等）来自"儿童"或"成人"。

在某种鼓励下，病人很快就意识到其他脑海中在说的是最重要的脚本指令，并能告知治疗师。然后，治疗师必须让帕特在它们之间进行选择，抛弃那些非适应性的、无用的、有害的或误导性的指令，而保留适应性的或有用的指令。更好的情况是他可能让帕特和父母友好地"分离"（divorce），有个全新的开始（尽管友好的分离前，通常会有愤怒的阶段）。

大部分的分离刚开始时也是愤怒的，但最终会变为友好状态）。这意味着他必须给予帕特违反"父母"指令的许可，不是为了反叛，而是为了独立自主，这样他便能自由地按照自己的方式做事，而不必遵守脚本。

处理这种情况更简单的方法是给病人使用药物，如眠尔通（安定药）、吩噻嗪或阿米替林（抗抑郁药），所有这些都能消除"父母"的声音。这能缓解"儿童"的焦虑或抑郁，从而让病人"感觉更好"。但这样做有三个缺点：首先，这些药物往往会降低人的敏锐度，包括"成人"的声音。例如，一些医生建议病人开车时不要使用此类药物。其次，它们使心理治疗变得更困难，正是因为"父母"的声音不能被清晰地听到，所以脚本指令可能被掩盖或不那么强调。第三，此种情境下给予的许可可能被随意行使，因为"父母"的禁令会暂时退出。但如果药物停止，"父母"通常会以全力回归，甚至会报复"儿童"在它退出期间的为所欲为。

C. 许可的动态特性

沟通分析疗法是基于这样一种假设，即只通过言语和手势，在不与病人身体接触（除了握手）的情况下也能产生治疗效果。如果沟通分析人员认为身体接触对某个病人来说是可取的，他会建议她去参加舞蹈课、感官意识小组或"许可课"。"许可课"不同于其他两类课程，因为它们是由受过沟通分析培训的人来组织的，他们遵循治疗师的处方，而不是将自己的理论或需求强加给病人。因此，沟通分析人员可能这样决定："这个病人需要拥抱，但我不能在拥抱他的同时做好治疗计划，所以我推荐他去一个有拥抱处方的许可课"，或者"这个病人需要通过舞蹈和与人非正式的触摸接触来放松，但我没有组织舞蹈课，所以我推荐她去参加带有舞蹈处方的许可课"。

许可课以小组形式进行，病人不会有个人间的拥抱或舞蹈练习。所有病人都在同一时间做同样的事，但是老师知道每个人的特殊需求，并给予他们关注。(病人并不是非得在同一时刻做同样的事。老师只是提出这个建议，但每个人可以按照自主意愿去做——这是从课程中所获许可的一部分。不过，通常他们喜欢同其他人一起参与，这正是他们童年时缺少的东西。)

Q医生参加了一门许可课，以了解参加此类课程的感受和他能学到什么。当组织者建议"每个人都坐在地板上"时，他脑海里的声音说："我的'儿童'和我的'成人'都同意这一建议。"于是他坐在了地板上。他的"父母"在哪里呢？他的"成人"和"父母"之前已经同意，"父母"会让"儿童"在"成人"的控制下做喜欢做的事，除非"做得太过"（比如变得太性感）。他的"儿童"确实有点兴奋，但没必要让"父母"出来，因为"成人"能够应对这种情况。这给了我们许可如何生效的线索。

由于许可是脚本分析的决定性干预，因此必须尽可能清楚地理解它如何运作，并且抓住每个可能的机会，通过不同的情况下的观察来了解它。

当杰德已经得到"父母"的许可去做一些事时，不需要进行内部对话。这对应了许可的字面意思，它只是一种许可证。一旦一个人有了做某事的许可证，他不必每次都要汇报。只有在他滥用许可证并做得太过时，他才会听到当局的警告信息。当然，有些父母天生就是"监督员"，即使在颁发许可证之后，他们也想监督一切。脑海里有此类"父母"的人会感到非常压抑和紧张。

如果被禁止做某事，每当人们开始做此事时，对话就会出现。"父母"被激活，糟糕脚本中的"父母"会说"不"；在威胁脚本中，"父母"说"小心"；而在较为缓和的脚本中，"父母"说"你为什么要那样做"，不管实际的父母在现实中会怎么说。此时，由"儿童"调动起来去做此事的能量被"父母"接手，并被用来约束"儿童"。"儿童"调动起来投入的能量越多，"父母"越能利用这种能量变得更活跃。在这种情况下，"儿童"怎样才能被允许做些什么呢？如果一个局外人说："让他这么做吧！""父母"会惊慌，其禁令会更加严格，这样"儿童"自己根本就无法反抗。不过，局外人可以通过以鼓励或施加压力的形式提供"能量"来引诱"儿童"。然后"儿童"便可以去做想做的事。但在此之后，仍然活跃和精力充沛的"父母"加入进来，导致"宿醉现象"，就像酗酒者的宿醉那样，它是"儿童"享有太多自由后，随之而来的内疚感和躁狂抑郁的状态。

"成人""贯注"不足或不够活跃就会导致上述状况。事实上，"成人"是唯一能够有效干预"父母"和"儿童"的力量，所有的治疗干预都必须考虑到这点。"成人"可以得到外部的许可来调动自己的能量，或由外部来源补充能量。然后它便可以在"父母"和"儿童"之间进行调解。它控制了"父母"，而让"儿童"自由地行动。如果"父母"后来进行反抗，"成人"仍然处于"贯注"状态以反抗他。

"父母"和"儿童"间的关系也会与以上情况相反。"父母"不仅能从"儿童"那里获得能量反对它，也可将能量转移给"儿童"来引诱他做某事。因此，一位"坏"的父母养育出一个"坏"的"儿童"，不仅仅是通过指令，还可以是通过引诱"儿童"做"坏"的事情。通过沟通分析使用"再养育"方法治愈的精神分裂症患者对此最为熟悉。在"再养育"时，"成人"也会发挥自己的功能。当被抛弃的"父母"再次被激活时，"成人"能与之抗衡。

我们已经提到过，许可或许可证分为积极的（如治疗师或"成人"说"让他去做！"）和消极的（如"不要强迫他做这个！"）。

因此，治疗的决定性因素首先是引出病人的"成人"。如果治疗师和"成人"能够达成共识并结盟，这一联盟能用来反对"父母"给予"儿童"许可：要么通过做被禁止的事，要么通过违抗"父母"的挑衅。危机结束后，病人的"儿童"仍需面对精力充沛的"父母"。在积极的许可（"如果你愿意，你可以和丈夫获得性高潮"）中，"儿童"可能耗尽能量，因为太虚弱而无法抵抗要惩罚它的"父母"。在得到否定的许可之后（"你不需要用喝醉来证明自己是个男人"），"儿童"紧张不安，也许会怨恨任何允许他反抗的人。在这种沮丧脆弱的状态下，他无法抵御父母的奚落。这两种情形都是治疗师必须发挥作用，保护"儿童"免受"父母"惩罚或嘲笑的时刻。

现在我们能比较有把握地探讨治疗的"3P"，它决定了治疗的有效性。"3P"即能力（potency）、许可（permission）和保护（protection）。治疗师必须给予"儿童"反抗"父母"禁令和挑衅的许可。为了有效做到这点，他必须有能力和感到有能力：这并不意味着无所不能，但要拥有足够对付父母的能力。给予许可之后，他必须感到仍有足够的能力，而"儿童"也必须相信他有足够能力保护其免受"父母"愤怒的攻击。（"能力"一词在此处的使用同时适用女性治疗师和男性治疗师。）

黛拉（第三章）的故事为我们提供了一个简单的示例。黛拉喝酒后会失去意识，在此情境下有毁掉自己的危险。

① "如果我不停止这样做，"她（"成人"）说，"就会毁了我自己和我的孩子们。"

② "对。"Q医生（"成人"）回答，并因此引出了她被激活的"成人"。③ "所以你需要停止喝酒的许可。"

② "我确实需要。"（"成人"）

⑥ "对！" ④ "所以停止喝酒。"（"父母"对她的"儿童"）

⑤ "当我紧张时，我该怎么办？"她问道。（"儿童"）

⑤ "打电话给我。"（"成人"程序）

她照做了，结果很好。这里的沟通过程是：①引出"成人"，或等它被激活。②与"成人"结成联盟。③说出你的计划，看"成人"是否同意。④如果一切都清楚了，给予"儿童"不服从"父母"的许可。必须以明确而简单的命令给予许可，不要用"如果""和"或"但是"这样的字眼。⑤为"儿童"提供保护，使其免受后果的伤害。⑥通过告诉"成人"一切顺利来强化这点。需要指出的是，这是Q医生第二次尝试给予黛拉许可。第一次，她的"儿童"（而不是"成人"）回答："但是如果我紧张，想喝酒怎么办？"一听到"儿童"的"但是""如果""和"，Q医生便知道许可无法生效，于是他放弃给予许可，转而采用了其他方式。这一次她回答说："当我紧张时，我该怎么办？"既然这句话里没有"如果""和""但是"，他认为她已经准备好接受许可了。这种许可是具有效用的，因为Q医生没有使用"如果""和""但是"等字眼。需要指出的是，他并没有按照数字顺序执行这些步骤，而是根据情况选择适合的步骤。

综上所述：（1）许可是指放弃"成人"想放弃的行为的许可，或从消极行为中解脱。（2）能力是指可以对抗的力量。"如果"和"但是"对"儿童"而言，并不代表能力。任何包含"如果"的许可都不可取，因为它是以条件或威胁的形式给出的许可。包含"但是"的许可也不可取，因为许可被限制了条件、范围或被削弱了。（3）保护是指在这一阶段，病人可以在需要时要求治疗师施展其能力。治疗师的保护能力既体现在他所说的内容中，也体现在他说话的声音中。

图18显示了给予有效许可的三个步骤。第一个箭头，AA，代表引出"成人"。第二个箭头，PC，指许可本身。第三个箭头，PC，代表治疗师保护"儿童"免受被激活的"父母"的惩罚。

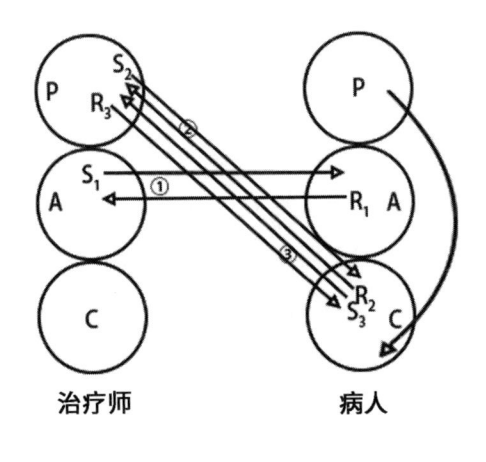

① 力量
S_1 治疗师（A）：我可以给你许可。
R_1 病人（A）：我需要。

② 许可
S_2 治疗师（P）：我给你许可。
R_2 我接受（C）：我接受。

③ 保护
S_3 病人（C）：我害怕。
R_3 我接受（P）：你不会有事。

④ 强化（未展示）
S_4 病人（A）：我不会有事？
R_4 治疗师（A）：是的，你不会有事。

图18 许可沟通

胆小的治疗师试图驯服愤怒的"父母"时，就像胆小的牛仔试图驯服一匹暴躁的野马。如果治疗师被摔在了地上，他会直接砸在病人的"儿童"身上。

D. 治愈患者和取得进展

赫伯特·O.亚德利（Herbert O. Yardley）曾描述了一战时，在不懂日语的情况下，破译日文密码这一漫长而痛苦的任务。他的一个助手做了这样一个梦：

我走在海滩上，携带一大袋我必须携带的鹅卵石，这让我筋疲力尽。我可以这样做来让自己稍微轻松点：每当在海滩上发现一块鹅卵石和我袋子里的一块完全相同时，我就可以丢掉袋子里那块。

这个美丽的梦境展示了解开密码所需的繁重工作，如何一个字一个字地将它们翻译成视觉图像。它也可以作为关于病人"取得进展"的比喻。脚本分析试图剪掉袋子的绳带，这样病人便能立即放下背负的重物，并尽快感受到自由。毫无疑问，相比而言更慢的"一个石头一个石头"的治疗系统会带给治疗师信心，因为他清楚自己每一步在做什么。但脚本分析师能获得的信心会更强，因为他越来越能够找到去哪里剪短带子，以立即减轻病人所有的负担。这并不会损失什么，因为在病人好转后，我们可以研究丢弃掉的袋子里的鹅卵石，做和精神分析治疗师同样的工作。"取得进展疗法"的口号是"在你被充分分析之前，你无法康复"，而"治愈患者"疗法的口号是"先康复，之后如果你需要，我们再做分析"。这与戈尔迪乌姆之结的问题类似。许多人试图解开它，因为有人预言谁能做到谁就将成为亚洲之王。亚历山大走过来，用剑劈断了它。其他人大声抱怨说，他不该这样采取简单的办法过度简化问题。但他确实完成了这项工作，也得到了回报。

换句话说，治疗师可以是植物学家或工程师。一位植物学家走进灌木丛，观察每片叶子、每朵花和每株草，研究究竟发生了什么。与此同时，饥饿的农民说："但我们需要那块地来种庄稼。""我需要很长时间，"这位植物学家说，"这样的研究可不能着急。"工程师则说："为什么灌木丛都长在那里？我们来改掉排水系统，这样就能清理这块土地。只要找到一条小溪，建个合适的大坝，你所有的麻烦就结束了。不会很费力气。"但是如果"饥饿的农民"极度渴望感情，他说："哦，但我喜欢这片灌木丛，所以我宁愿饿着，直到我们观察完每片叶子、每朵花和每株草。"植物学家取得进展，而工程师治愈病人——只要病人允许的话。这是因为植物学是一门科学，而工程学是一种改变事物的方法。

第二十章　三个病例

A. 克鲁尼

克鲁尼（Clooney）是位31岁的家庭主妇。Q医生从她18岁时就认识她，那时他还完全不了解脚本分析。当她第一次来见他时，她感到害怕、孤独、尴尬和脸红。她给人的印象就像一个天使的灵魂从天堂下来寻找可以寄居的身体。在克鲁尼体内安定下来后，她觉得自己犯了个错误。她很少有熟人，也没有朋友。她以傲慢和讽刺的方式对待学校里的男孩，这让他们不敢接近她。她的身体还超重了。

她的第一阶段治疗主要基于结构分析，只涉及关于游戏和脚本的一些基本理念。但这些已经起了作用，她结了婚并育有两个孩子。大约五年后，因为在外出社交方面有困难，她又回来找Q医生。她觉得自己这种状况对丈夫不公平。让她困扰的是，她在聚会时通常会喝很多酒来放松，然后就会做些疯狂的事情，比如脱光所有衣服。那次治疗她取得不错的进展，可以在参加聚会时不过度饮酒。尽管她仍然不喜欢聚会场合，但已经能够和别人交谈。她认为这已经足够好了。

大约又过了五年她再次来治疗，这次她决心要康复，而不只是取得进展。在五次小组会谈和两次个人会谈后，她要求再来一次个人会谈。这次，她侧身走进办公室，心不在焉地做了个关门的手势，然后坐下来。Q博士关上门，也坐了下来。之后便发生了以下对话——

克鲁尼：我一直在想上周你跟我说的话，你说我应该长大。你以前跟我说过这句话，但我当时没能听到。我丈夫也给了我可以长大的许可。

Q医生：我并没有说你要"长大"。我想我从没跟任何人这样说过。我说你有做一个女人的许可，这完全不是一回事。"长大"是取得进展，但成为一个女人意味着你的"成人"掌管一切，这样你就会康复。

克鲁尼：嗯，我丈夫说我们刚结婚时，他需要我依赖他，但现在他不需要了，所以他允许我成为一个女人。

Q医生：你丈夫怎么这么聪明？

克鲁尼：他也来过这里，至少精神上来过。我会和他讨论在这里发生的事，他学到了很多，所以他都懂。

Q医生：你母亲就像你丈夫一样。她曾经需要过你。

克鲁尼：没错，她曾经需要我依赖她。

这让Q医生感到困惑，因为这是母亲的"父母"给克鲁尼的指令，告诉她要依赖自己。带着这一指令她进入了婚姻。如果脚本理论是准确的，应该还有一个重要的脚本控制来自母亲的"儿童"。当Q医生正在思考这个问题时，克鲁尼换了话题。

克鲁尼：你总是提起关于我臀部的话题，我们都知道浴室里曾发生过一些事，但我想不起来了。

Q医生：我觉得可能是个很常见的场景。小女孩走进客厅，妈妈和她的朋友们在那。她的尿布掉了下来，大家都说："是不是很可爱！"

克鲁尼：是的，这确实发生在我身上。

Q医生：然后小女孩非常尴尬。她脸红了，也许屁股也红了。这下子更糟了，因为大家看到后都很感兴趣，他们说："看看这红屁股，真是太可爱了，吼吼吼。"

克鲁尼：这就是我当时的感受。

Q医生：这就是你在聚会上脱衣服的原因。这是你所知道的与人接触的一种方式。

这时候，Q医生在黑板上画下图19A中的图表（沟通分析师的习惯是在墙上放一块黑板，以便需要时绘制这样的图表）。

Q医生：这个图表显示你的"儿童"和你丈夫的"父母"之间的关系。这与你成长过程中的情况类似，你母亲的"父母"需要你依赖她，而你的"儿童"也的确这么做了。所以你应该明白了，从这个角度来分析你的婚姻，你丈夫其实是替代了你母亲的位置。

克鲁尼：对。我嫁给他是因为他就像我母亲一样。

Q医生：是的，但你母亲的"儿童"也得以某种方式加入进来。

克鲁尼：哦，是的。如果发生尴尬的事情，或者我们几个女儿中，有人做了她认为调皮的事情，她总是微笑。然后说："这是不是很糟糕？"

Q医生：她是先笑，然后说"这是不是很糟糕？"，还是先说"这是不是很糟糕？"，然后才笑？确定这一点非常重要。

克鲁尼：哦，你的意思是她先让"儿童"出来，然后向"父母"道歉，还是先和"父母"交谈，然后才让"儿童"出来。

Q医生：是的。

克鲁尼：我明白你的意思了。嗯，她先笑。

Q医生：哦，那她是想让你做一些自己不能做的事，这让她的"儿童"很高兴，但之后她不得不向"父母"道歉。你也是这个样子：总在向自己的"父母"道歉。你会为她做一些调皮的事儿，

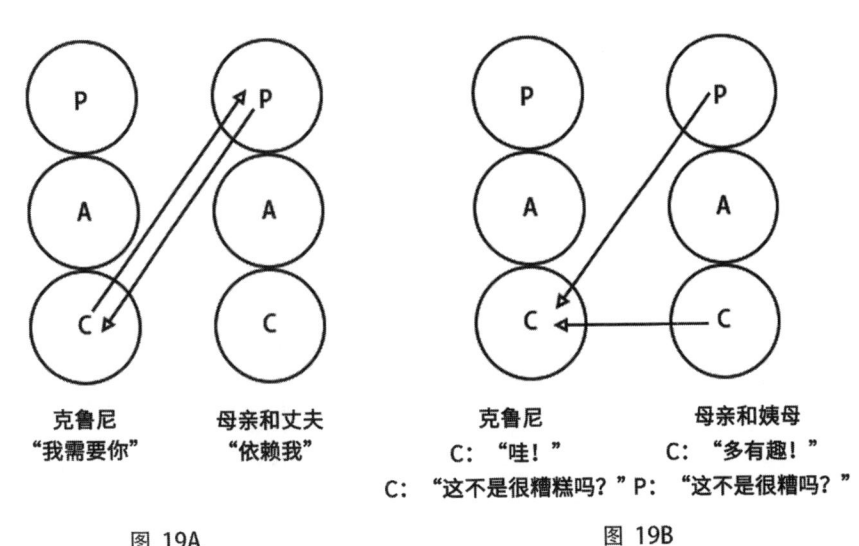

克鲁尼　　　母亲和丈夫
"我需要你"　　"依赖我"

图 19A

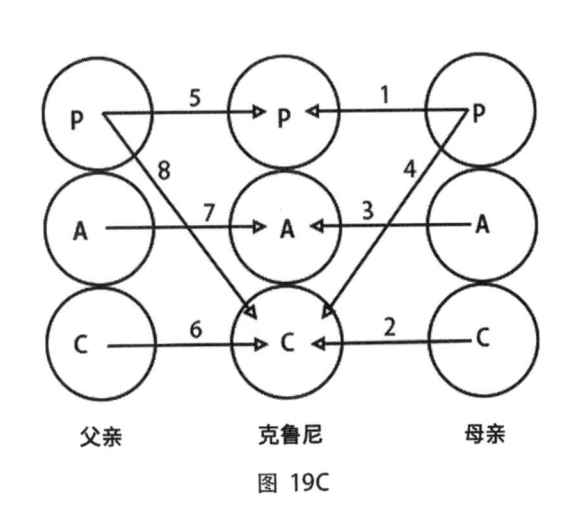

克鲁尼　　　母亲和姨母
C："哇！"　　C："多有趣！"
C："这不是很糟糕吗？" P："这不是很糟吗？"

图 19B

父亲　　克鲁尼　　母亲

图 19C

图19 克鲁尼的脚本模型

然后一直说："我该拿这种罪恶感怎么办？"其实是你母亲的"儿童"鼓励你做某事之后，她的"父母"加入进来阻止你。

克鲁尼：是的，我知道。但我该如何处理内疚感呢？

Q医生：你得和母亲"分离"。管好你自己的事，处理你自己的问题，不要做她的傀儡。让她自己做调皮的事，如果这让她不安，那是她的问题。

克鲁尼：我姨妈也是这样。

Q医生：所以我们在图表中画了一个箭头，显示你母亲的"儿童"鼓励你的"儿童"采取行动（图19B）。然后她的"儿童"愉快地微笑，之后她的"父母"出来说："这是不是很糟糕？"但还是少一样东西：你父亲也应该参与进来。

克鲁尼：我知道他是怎么参与进来的。他总是说我是个懦夫，没法做到一些事。他说他也是个懦夫。他生病感到痛苦的时候，会呻吟着说："我是个懦夫，我受不了了。"

Q医生：哦。那我们可以把这个填进你的脚本图（图19C）。我想，最上边，他的"父母"告诉你要勇敢，但是下边的"儿童"告诉你的"儿童"，你们最后都会是懦夫。你母亲最上边的"父母"告诉你什么？

克鲁尼：做个好女孩，这样人们就会喜欢你。

克鲁尼的主要症状是害怕他人。因为不知道如何与陌生人交谈，她宁愿和孩子们待在家里，也不愿出门参加聚会。她的父母也都存在社交焦虑和尴尬。该脚本模型（图19C）将所有这些因素都考虑了进来。

1. PP：母亲的"父母"说"做一个好女孩"。（训诫）
2. CC：母亲的"儿童"说"做调皮的、令人尴尬的事"。（挑衅）
3. AA：母亲的"成人"向她展示如何在社交时做一个尴尬的懦夫。（模式）
4. PC：母亲的"父母"责备她调皮。（禁令）
5. PP：父亲的"父母"说"勇敢点。"（训诫）
6. CC：父亲的"儿童"说："我们都会是懦夫。"（引诱）
7. AA："成人"父亲告诉她如何成为一个懦夫。（模式）

8. PC：父亲的"父母"责备她是个懦夫。（禁令）

这里的脚本指令似乎在父母双方间平均分配。他俩都在教她如何成为一个懦夫，都让她感到内疚。所以当她害怕时，没有人给她支持，当她悔恨时，也无人帮助她。这就是她感到孤单的原因。然而她母亲的"儿童"非常有勇气，所以克鲁尼拥有许可去做冲动的、勇敢的事，比如脱光衣服。她知道母亲真的觉得（或者曾经觉得）这样很可爱。之后两位"父母"都回来斥责她，她因此感到痛苦。

克鲁尼：这是我第一次真正看到我父亲在这个过程中做了什么，尽管我们以前也讨论过，但现在我才真的明白了。
Q医生：要了解你的父亲，一次会谈的时间还不够。
克鲁尼：是的，我理解了部分内容，其他的我还得思考一下。
Q医生：嗯，也许到下周你还没明白，但不要慌张，我们会再讨论一遍。

还有一件事是我想说的。我们可以看到你的"儿童"做了调皮的事，然后你的"父母"让你感到内疚。你母亲让你处于"儿童"的位置，你的丈夫也是如此，因为他们都需要你这样。因此，你只是他们脚本里的一个木偶。但我想你也为继续这种关系做出了50%的贡献。问题是，这个过程中你的"成人"在哪里？

今天发生的一件事是，你进来时，关了一半门。你既没有开着门让我来关，也没有自己关上。

克鲁尼：但那是你的门。
Q医生：但这是你的会谈。我为什么要有一扇门呢？
克鲁尼：这样候诊室里的人就不会听到我讲话。
Q医生：嗯，你想让他们听到你讲话吗？

> 克鲁尼：哈哈哈。也许吧。
>
> Q医生：这是你的会谈，所以从这个意义上说，这是你的门。
>
> 克鲁尼：是的，但我不敢接手这样的事情。

Q医生对此没有回应。他一直在思考。如果她自信而坦诚，她要么会走进来，让他关门，要么会自己把门关上。因为她具有一半的"成人"自我状态，所以她关了一半门。在社交层面，她没有足够淑女的感觉来让Q医生关门，但自己去关门她又不敢或觉得尴尬，所以她在两种状态间做出了妥协。作为一个听话的小女孩，她做了关门的手势；作为一位差不多是女人的人，她把关门的任务交给了医生。在心理层面，情况有所不同。她羞于在小组里讲话，但她的"儿童"愿意甚至希望通过半开的门"被别人听到"，尤其是当隔壁房间其实没有人可以偷听她讲话的时候。这些都属于"暴露自己"的主题之下，不过可以以后再处理这些游戏。这一天的信息量对她来说已经足够了。最后，他说：

> Q医生：不管怎样，这就是你的"成人"在其中的作用：你决定做什么，比如关上门或让它开着。好吧，咱们下周同一时间再见。

这次会谈是多年治疗的顶峰。克鲁尼第一次来治疗时，医生对她的脚本知之甚少。现在他了解得多了，并且对此话题很感兴趣。克鲁尼也对自己的脚本了解更多，并在丈夫的帮助下准备康复。她丈夫现在是名业余但敏锐的二手脚本分析师。与克鲁尼的会谈通常都很困难或没有成效。她通常郁郁寡欢，需要医生的安慰。她问一些无法回答的问题，如果没给出正确答案她就会生气。如果他尝试给出答案，她会玩"是的，但是"的游戏。而这次治疗，她充满活力、乐于接受意见并且有自己的想法。她坐在椅子上，前倾身体，而不是像之前那样无精打采，Q医生也是如此。他俩讲话时都是语速较快且充满活力。她的"儿童"已经放弃抱怨以及用"取得进展"来代替康复，因此她的"成人"能自由地倾听和思考。她愿意了解自己的父亲而不是将Q医生当作父亲。这让她能自由地倾听他的"成人"讲话，而不是将他当成批判的"父母"。她从一个患"木头脑袋"的病人变为存在一些问题（比如"不会表达自己"）的真实的人。她的人生此前一直不在状态，这一周的会谈终于让她进入了真实的世界。

她现在能客观地考虑脚本的身体因素。她的臀部在脚本中扮演了重要的角色。通过脸红的"儿童"，他们控制她的坐姿和走路姿势，她害怕什么，她想做什么，以及别人的"儿童"如何回应她。这一层面其实是她"儿童"的"儿童"，其中大部分是精神分析所说的"无意识"。因此，医生必须深入挖掘她与父母之间某些被长期遗忘的沟通交际。它们将她的恐惧、欲望和注意力集中到她身体这部分。这点必须在谨慎的"成人"和治疗控制下进行，这样她就能够处理通常与臀部发红有关的困惑和危险的感觉。

B. 维克多

维克多（Victor）来接受治疗时，正与他的上司深陷于游戏中。他上司是个玩"抓到你了"游戏的行家。维克多的回应游戏是"看我多努力""我又这样了"和"踢我"。当维克多去找一份新工作时，妻子对朋友说："他要去尝试一下，看看结果如何。"

"我不是去尝试。"维克多说。"我是要去做。"

"所以你终于放弃尝试东西那一套了！"那个朋友说。

当维克多讲述这件轶事时，Q医生说："嗯，现在你有了获得成功的许可。"

"我并不是有了获得成功的许可，"维克多回答说，"我得到的是可以停止'尝试'的许可。"

"嗯，效果如何？"Q医生问。

"我妈妈曾说'要一直尝试，如果不行，也没关系'。"现在我懂了火星语，明白了我的'儿童'把它翻译成'不要成功，最好还是回家去找妈妈'，所以我需要从'尝试'中解脱出来，这样我就可以真正去做事了。我现在是个大男孩了。嗯，你能告诉我几位纽约的治疗师的名字吗？"

Q医生有些犹豫，但习惯的做法是，当病人搬到另一城市，医生就会给他当地医生的信息。他查阅精神病学医生名录，把东部两名医生的名字和地址给了他。

"你会把关于我的图表，或者其他治疗记录寄给他们吗？"

这一次，Q医生听从直觉回答道：

"除非他们问我要，否则不会。"

"为什么？"

"嗯，你现在已经康复了，就应该把这些都抛在脑后。如果出了什么问题，你可以自己告诉他们。"Q医生知道问题在哪里了。维克多已经从老板和Q医生那里解放出来，而在他"儿童"的脑海里，他已处于东部那两位精神科医生的保护下。这意味着他放弃了新获得的、来之不易的独立自主。

"我建议，烧掉写着那两个名字的纸。"

"但烧掉了我还能记得内容，不如我把它放进钱包里吧。"

"烧掉它。"

"一个仪式。"维克多说。

"对。这是你的'成人'告诉'儿童'你会抛弃他们，自己取得成功。"

维克多看着他，Q医生知道他在想什么（"我试试"）。

"烧掉它。"他重复道。

维克多笑了笑。会谈结束了。他们站起来握手，治疗就这样结束了。

C. 简和比尔

简（Jan）和比尔（Bill）来见Q医生，要求接受小组治疗。他们已经在沟通分析小组（他们称为"TA"小组）治疗了大约一年，去几位共同工作的治疗师那里咨询。他们还参加了四五次"马拉松"小组。他们对这些经历非常感恩，因为这让他们关系更亲密，也取得了其他有益的效果。很明显，他们结婚三年，依然深爱彼此，他们也非常爱自己的两个孩子。

"你们进入小组治疗有多久了？"Q医生问。

比尔看着简，她对他笑了笑，回答说：

"我们大约一年前就停止了。"

"那么，你们为什么又想重新开始呢？"

"还有很多事情有待改善，"比尔说，"我大部分时候都感觉很好，但我想要一直感觉很好。"

"这是一项相当艰巨的任务。"Q医生说。

"好吧，我可以说得具体一点，"比尔继续说，"我的工作是卖珍品书籍，实际内容是与人打交道。在我接受TA治疗之前，我从没想过自己能成为一名推销员，但我现在做到了，而且还是个很好的推销员。但如果我的'成人'能一直掌控一切，即使是在有压力的情况下，我都会做得更好。例如，我认为现在应该给我加薪。我现在每月挣大约800美元，这是我有生以来挣得最多的时候。我们能买得起自己想要的东西，而不是在贫困边缘挣扎。"

"在一个只有两三名员工的小公司，要求加薪并不容易，我觉得老板不会同意。但我对这个业务很熟悉，我的工作效率值得加薪。两年前我不可能说这样的话，但现在我真的这样认为。我要注意的问题就是让'成人'保持警觉，不要让'儿童'在关键时刻开始玩游戏。我还得知道我老板是什么意图，因为他也有自己的游戏。所以，我要么通过要求加薪把事情搞糟然后疯掉——这一做法既危险又没必要；要么我可以阻止游戏，让他和我坐下来好好聊聊我到底值得拿多少薪水。所以现在，我需要一点帮助。"

"我认为我真正想要和需要的，是进一步分析我的脚本。我父亲是个酒鬼，母亲也一样，所以失败的脚本总是潜藏在我身后。因此我偶尔会搞乱一些事，我想阻止它。我需要对自己的脚本有更多的了解，获得一些好的许可。这是一条足够好的治疗理由吗？"

"我还不确定，"Q医生说，"还有更具体的事吗？"

"我仍然会喝酒，比我认为应该喝的量要多。"比尔说。

"要不我们从戒酒契约开始？"Q医生建议道，"这有助于我们掌握你的脚本，并加强你'成人'的掌控力。"

"听起来是个不错的开始。"比尔说。

"你想要摆脱什么，简？"

"我想让我的'儿童'更自由，更有创造力。我是一名实验室技术员，这份工作一直是兼职的。在进入X医生的治疗小组后，我开始写作，写得还不错。我想要做得更好。我有很多来自母亲的女巫指令，我的'儿童'仍然害怕它们。这会干扰我的写作。而且，我需要经常的安抚才能保持快乐，我可以在这方面做得更好一点。"

"告诉我一个你做过的梦。"Q医生要求道。

"我以前常做很可怕的噩梦。因为童年在伦敦有好几年遭遇轰炸的经历，那时候经常跑去空袭避难所避难。那段时间我只见过父亲一次，当时他在休假。现在我的梦都很美好，我会梦见飞翔和美丽的颜色"。

"X医生似乎对你们俩的治疗效果都不错，"Q医生说，"你为什么要加入我的治疗小组呢？"

"他确实帮助我们很多，"比尔说，"但最后我们似乎到了瓶颈期，我们觉得你可能会有一些新的想法。我们还不够完美，一开始都是青蛙，现在简肯定是位公主了，而我想我可以学会成为王子。"

他说这话时，简笑了，这绝对是属于公主的美丽微笑。但她仍有一些战争神经症的残留。现在听到巨响时，她不再惊慌，但它确实会扰乱她的思路。所以，他们决定治愈她残留的忧虑感。这将进一步释放她"儿童"的创造性，这是她的主要目标。也会让她与孩子们的相处更自在，孩子们也会更自在。Q医生确信，X医生会同意这些治疗内容，所以他开始获取两人的精神病学病例和医疗记录，为他们进入他的治疗小组做准备。

本案例说明了沟通分析的便捷性。简和比尔同他们的治疗师说相同的语言，所以这对夫妇可以在治疗的任何阶段从一位治疗师转移到另一位，而不会明显阻碍治疗进度。虽然Q医生对他们而言是陌生的，他们能毫不费力地向他解释目前已获得的疗效，以及希望接下来做什么。他们也知道治疗的困难在哪里，还能用三人都理解的简单语言解释清楚。

开始加入治疗小组后，他俩能够向其他病人解释他们的状况，其他病人也明白他们在说些什么。通过听别人讲话，简和比尔很快就知道了每个人目前的情况以及未来发展的方向。这就是他们第一次小组会谈的全部内容。之后，他们便准备好与其他病人进行更私人的沟通。其他小组成员很快找到了比尔酗酒的"父亲父母"、简的"女巫母亲"和其他一些重要内容。因为每个人都使用同样简单的语言，相同的词汇来表达相同的意思，所以这一切才成为可能。最有用的词汇是一些基本的单词，连幼儿园小孩都可以通过这些单词根据自己的经验理解含义：父母、成人、儿童、游戏、许可和脚本（不懂"脚本"的孩子可以理解"你将如何过你的生活"）。

第五部分

脚本理论的科学探讨

第二十一章　对脚本理论的反对意见

许多人从自己的观点出发反对脚本理论。越令人信服地回应这些反对意见，脚本理论的推断就越有效。

A. 精神层面的反对

一些人凭直觉认为脚本理论不可能有效，因为它违背了人类作为有自由意志的生物能掌控自己命运的理念。整个脚本理论在他们心中引起反感，它似乎将人类简化为一种没有活力、无法自己做主的机械物，极端形式下，它就像条件反射理论一样。出于同样的人道主义原因，这些人还对精神分析理论感到不安。因为它以一种形式将人限制在一个封闭的、控制论的能量系统中，只有少数有限的输入和输出通道，没有为他的神性留下任何空间。这些人是之前从道德角度反对达尔文的自然选择理论的人的后代。他们当时认为自然选择理论将生命的过程简化为机械过程，没有为大自然母亲的创造力留下任何空间。而这些人的祖先是认为伽利略无耻至极的那群人。不管怎么样，这些人是出于对人类尊严的博爱尊重而发表反对意见，必须慎重考虑。我的回应或者道歉如下：

1. 结构分析并不妄想解答关于人类行为的所有问题。它陈述了观察得到的社会行为和内部经验的某些论点，这些论点是合理的。至少在形式上，它并不涉及存在（自我）的本质。它有意提供了一个超出自身范围的概念，即"自由贯注（free cathexis）"的构想，令自我栖身其中，从而为哲学家、形而上学家、神学家和诗人保留了一块完整的领地，让他们以自认为合适的方式去处理它。这一领地在很多方面至关重要。沟通分析绝不试图侵犯这一明确定义的领域，并期望那些处理人类本质或自我问题的人也能回以同样的礼貌。它既不想闯入象牙塔、大教堂、吟游诗人的笔记本或是法庭；另一方面，它也不希望违背自己意愿被拖进这些地方。

2. 脚本理论并不假设所有人类行为都由脚本控制。它为独立自主留出了尽可能多的空间。事实上，实现独立自主是它的理想。它只是指出，很少有人能完全获得自主权，或者只在特殊情境下才获得。它的全部目的是增加独立自主这一无价之宝，并提供获得它的方法。但实现这一目标的第一个要求便是分清虚假与真实，它的全部任务就在于此。脚本理论确实会直言不讳地指出束缚人类的锁链，而那些喜爱锁链或选择忽视它们的人不应将此视为一种侮辱。

B. 哲学层面的反对意见

这些反对意见既是先验的，又是存在性的。脚本分析将必须做的事视为来自父母的指令，大部分人存在的主要目的就是执行这些指令。如果哲学家说："我思故我在"，脚本分析师会问："是的，但你怎么知道该怎么思考呢？"哲学家回答："是的，但这不是我在讨论的东西。"他们两人都在说"是的，但是"，因此讨论不会有结果。但这是一种极易澄清的误解。

1. 脚本分析师只处理现象，不侵入超验主义者的领地。他想说的是："如果你停止按父母命令你的方式思考，开始自己思考，结果会更好。"如果哲学家反对说他已经在自己思考，脚本分析师可能不得不告诉他，这在某种程度上是一种错觉。而且，这一错觉会带来很严重的后果。哲学家可能不喜欢这样的回答，但脚本分析师必须坚持自己所知。因此，同精神层面的反对者一样，冲突就在哲学家不喜欢的东西和脚本分析师知道的东西之间产生。直到哲学家愿意更认真地对待自己前，这个问题都得悬置在此。

2. 当脚本分析师说："大部分人存在的主要目的是执行父母指令。"存在主义就会反对说："但这并不是我使用'目的'这个词所指的含义。"脚本分析师则会回答："如果你找到更好的词来表达，请告诉我。"这里脚本分析师的意思是，只要一个人满足于听从父母的指令，就不能开始思考寻求更好的目的。脚本分析师所提供的是独立自主。然后存在主义者会说："是的，但是我的问题是，在你有了独立自主以后，你该怎么办？"脚本分析师回答："对于这点，我不比你知道得多。我只知道，有些人不像别人那样痛苦，因为他们在生活中有更多选择。"

C. 理性层面的反对意见

理性的反对意见是："你自己说过，'成人'的功能是做出理性的决定，每个人都有一个'成人'来做这些决定。你为什么又说决定也是由'儿童'做出的呢？"

这是个好问题。其实决定具有层次结构，最高层次的决定是要不要遵循脚本。在做出这一决定前，所有其他决定都不能改变个人的最终命运。其层次结构如下：（1）要不要遵循脚本。（2）如果遵循脚本，遵循哪一个？如果不遵循，那该做什么呢？（3）"永久的"决定：是否结婚、是否生孩子、是否自杀、是否杀人、是否发疯、辞职还是被解雇或者是否成功。（4）"工具性"决定：娶哪个女孩、生几个孩子、如何自杀，等等。（5）"暂时的"决定：什么时候结婚、什么时候生孩子、什么时候自杀，等等。（6）"权宜的"决定：给妻子多少钱、把孩子送到哪所学校，等等。（7）"紧急的"决定：是参加派对还是待在家里做爱、是打儿子还是责骂他、今天去参观还是明天去，等等。结构中的每个层次都从属于其上所有更高层次，与上层相比，较低层次的决定重要性更小。无论是脚本控制的还是自主选择的，所有层次都直接促成最终结果，并旨在更有效地实现它。因此，在做出第一个决定前，其他决定从终极存在意义上来说，都不是"理性的"，而是虚假基础上合理化的被"控制"的决定。

"但是，"理性的反对者说，"脚本不存在。"

因为这是一个理性的反对者，他的反对意见并非因为脚本理论让他紧张，因此我们愿意费心做出回答。这是我们做出有力推论的机会。首先，我们要问他是否仔细读过这本书，然后我们告诉他一些最有力的论点，这可能会说服他，也可能不会。

那我们假设没有脚本。在这种情况下：（a）人们不会听到脑海中的声音告诉他们该做什么，或者如果他们听到这些声音，也总是独立于这些声音行动（即，既不服从也不反抗）；（b）那些听到许多不同声音告诉他们该做什么的人（例如在很多寄养家庭长大的人）和在一个稳定家庭长大的人一样自信；（c）吸毒或酗酒或颓废的嬉皮士通常不觉得自己被内在力量驱使走向无法控制的命运，而认为每个行为都是独立自主的决定。或者，"内在力量"是不可逆的，不受心理方法的改变。

如果这些假设，或者其中任意假设都正确，就说明不存在脚本。但临床证据表明以上假设均不成立，因此脚本是存在的。

D. 教义层面的反对意见

教义层面的反对意见主要分两类：宗教类和精神分析类。从宗教的角度看，脚本问题是天定命数或类似的东西与自由意志的对抗：类似长老会教徒对犹太人，罗马天主教徒对基督教科学派等。这种观点上的差异，正如它们通常所说，已超出科学研究的范围。

精神分析层面的反对意见非常狡猾。作为一种教义，脚本分析并非独立于精神分析或与精神分析无关,而是对它的扩展,所以被一些人视为是"反分析"的。其实它并不是精神分析的异教,而是其教义本身内的异端。因此,基督一性论只是对罗马天主教教义的延伸,这比异教更让教会感到不安。对于异教的惩罚措施是让其皈依,而针对异端的惩罚则是斩首。

为了讨论一些精神分析学家提出的反对意见(通常与想在精神分析为主的诊所或医院进行脚本分析的医生对峙时提出),有必要先找到"反分析"的含义。

脚本分析师完全赞同弗洛伊德的学说,只是希望根据进一步的经验来增加一些东西。正统观点与脚本分析观点之间的区别只在于关注的重点。实际上,脚本分析师与正统的精神分析家相比,是更好的"弗洛伊德主义者"。例如,笔者除重申并证实了关于弗洛伊德的传统观点外,还完全同意其关于死亡本能和强迫性重复等很普遍的观点。为此,笔者被人称作"反弗洛伊德主义者"。笔者还相信,短词比长词更能简明、中肯和清晰地表达我们对人类心灵的了解,而弗洛伊德的术语已经被滥用来"掩盖"这一事实,弗洛伊德本人应该也反对这种做法。笔者因此被称为"反分析"的,虽然笔者并没有做什么,而只是表达了这个想法。脚本分析师相信无意识,但他们在处理正统精神分析或多或少不适合的病人时(弗洛伊德本人曾声明这类病人不适合精神分析法)也强调意识。此外,脚本分析师并没有假装他们所做的是精神分析——它本来就不是(精神分析治疗其实并不是精神分析。大多数从事精神分析治疗的医生试图遵循精神分析规定的规则,这种做法显然不恰当,会阻碍治疗)。因此,脚本分析可被称作"泛弗洛伊德主义的"(如果有些人出于私人原因非要纠结此问题),但不能被称为"反分析的",当然更不是"反弗洛伊德"的。

教义对脚本理论的另一反对意见是,它并不是什么新颖的观点;这只是阿德勒"生活方式"的概念套上了更新潮的外套,或是荣格"原型"理论的另一版本,等等。但事实一直就在那里,许多敏锐的观察者都观察得到。脚本理论是证实了其他人所说的,还是证实了脚本理论,都无关紧要。弗洛伊德在阐释关于梦的理论时，用了79页（我手里的版本）总结先驱的观点，其中许多都是"精神分析"式的陈述；达尔文只用了9页，但也引用了许多前人"进化论"式的观点。然而，这些陈述无论多准确和数量庞大，都不能构成理论。脚本理论的关键在于结构分析。没有自我状态的理论，即"父母""成人"和"儿童"的自我状态，可能出现无限数量的相关观察和陈述，但不会有脚本理论。任何科学领域的分支理论都应建立在结构元素的基础上，才能名副其实地被称为"科学理论"。没有这些元素，理论就会像纸牌搭的屋子一样，看起来漂亮，却只能承受自己的重量，受不了任何轻微的风吹雨打。

脚本理论比其之前的理论更具优势，这与阿拉伯数字系统比罗马数字系统更具有优势是同样的道理：具有更好操作的元素。想象一下，一位罗马建筑商的任务是为你开一个包含50个项目的账单，包括MCMLXVIII个建筑街区，每个街区LXXXVIII银币[①]。而一位现代承包商可以在不到半小时内使用更好的数字元素完成整件事，他可以用省下的时间思考建筑本身，不会受罗马数字这种无关的干扰。

在实践中，大多数教义上的反对意见都源于弗洛伊德所说的"科学人士对学习新事物的厌恶特征"。不过现在，这种情况不再像他那个时代那样普遍。当时他注意到人们对梦的理论的反应："所谓的梦的研究者对梦的关注反而最少……我对批评者唯一可能的回答就是，再读一遍这本书。也可以说对他们的要求是，把这本书作为一个整体来解读。"对精神分析的改进不是反分析，就像对飞机的改进不是对莱特兄弟的侮辱。

[①] 此处的MCMLXVIII和LXXXVIII都是作者用罗马数字体系编造的数字。该体系用不同的罗马字母代表不同的数字：I（1）、V（5）、X（10）、L（50）、C（100）、D（500）、M（1000）。
——译者注

E. 经验层面的反对意见

这里我们仅考虑对脚本理论最常见的经验主义反对，因为它可以用最简洁的方式回应："如果人们的命运被父母的编程决定，为何来自同一家庭的孩子会如此不同？"

首先，来自同一家庭的孩子并不总是有不同的结果。有些家庭是，有些家庭则不是。在很多案例中，所有的兄弟姐妹都同样成功，同样酗酒，同样自杀，或同样精神分裂。这种结果通常被归因于遗传，而当兄弟姐妹结果不同时，遗传学家便处于诡辩之中：然后他们从孟德尔主义①出发来论证，但这种不令人信服的论证只不过是含糊其辞。自我决定论者正好处于相反的境地：当兄弟姐妹表现不同时，他们会热烈地讨论；当兄弟姐妹情况统一时，他们便无法解释。而脚本理论可以从容应对这两种情况。

这里讨论的脚本指父母的脚本，其后代的脚本是其衍生物。同一家庭孩子结果不同的原因同灰姑娘和她的继姐妹不同的原因一样。继母的脚本是让女儿失败，继女获胜。在另一个著名童话主题中，两个聪明的哥哥从长远来看是愚蠢的，而愚蠢的弟弟被证明是最聪明的（他们的母亲一直都暗暗地知道，因为这是她一手设计的）。与此相反的是，罗马格拉古（Gracchi）兄弟②二人同样才华横溢，同样关心人民的利益，最后都被暗杀；而尼俄伯（Niobe）③的5个、10个、15个或20个孩子（取决于谁数的数）都走向同样的结局，成为她（尼俄伯）"骄傲与衰落"脚本的一部分。母亲的脚本可能要求她培养出10名警察（多么光荣！）或是10个强盗（去得到它们，孩子们！），或者5个警察和5个强盗（你们打起来！）。如果

---

① 指孟德尔遗传学。简单来说，根据孟德尔遗传学，子女在遗传父母的各种特性时，会出现不同的各种组合。——译者注
② 公元前2世纪罗马共和国著名的政治家。——译者注
③ 古希腊神话中的女性人物，生育有很多孩子，并因此骄傲自大，触怒了子女较少的一位女神。作为惩罚，她的孩子全被杀掉了。——译者注

一个精明的女人有10个孩子要抚养，不难实现上述这些计划。

F. 发展层面的反对意见

对脚本理论发展层面的反对主要围绕婴儿性心理危机和青少年身份危机展开。

1. 关于婴儿性心理危机，脚本并不否定本能努力或早期创伤。相反，它赞同这些概念。它提供了一个持续的社交模型展现人们如何实现性幻想，无论它们来源于何处。脚本理论认为本能的欲望或性幻想可以自主发挥作用，或被压抑、扭曲和升华。但从长远来看，他们在为一个更高的原则服务，该原则按照脚本要求指导他们的时间、力量和交流模式，或弗洛伊德所说的"命运强迫"（"destiny compulsion"）。在此层面的脚本指令是这样写的："做你喜欢做的，只要你能同时收集足够的心理点券，让结果合理化。"因此，脚本理论并非行为主义，它并不假设大多数人所做的所有事，或者许多事，都是"条件反射"的结果。一个人只需在某些关键时刻服从命令，其他时间他可以随心所欲地去任何地方，做任何想做的事。

2. 的确，一些青少年可以完全摆脱脚本，保持自主。而另一些人只是反叛（按照父母要求反叛的指令），从而在"相约萨马拉"①式的悲剧中完成脚本：他们越认为在快速逃离父母的编程，其实越接近它。其他人则暂时摆脱了脚本，然后陷入单调乏味造成的绝望。这一时期的"同一性扩散"②在埃里克森看来只是一个糟糕的脚本。这是与母亲的斗争，母

---

① "相约萨马拉"是一则寓言故事，故事里一商人派下人到市场买东西，下人惊慌失措地回来，说他遇到了死神。他向商人借了匹马逃往萨马拉避开死神。下人逃走后，商人来到市场，也看到死神，便问他为什么吓唬自己的下人。死神回应说"我没有吓他，我只是惊讶他怎么在这里，因为我们今天晚上在萨马拉有约"。故事喻指了越是想要逃避，人的命运反而越朝向既定的方向发展。——译者注

② 埃里克森在心理社会性发展阶段理论中的术语，亦称"同一性混乱"，指青少年在寻求自我同一性（self-identity，自我身份）时出现的同一性失败现象。——译者注

亲失败了。但脚本分析师则持相反的观点：他们认为这场与母亲的斗争中，母亲赢了。她的儿子不是因为不理会母亲的指令而成了废物，而是因为他不能违背她的指令获得成功的许可。因此，治疗的目的不是把他带回母亲身边做个好孩子，而是为了让他与母亲分离，以便他能拥有做正确事情的许可。

G. 临床层面的反对意见

对脚本理论最常见的临床反对意见是，仅对意识材料进行处理不能在精神分析的意义上治愈患者。这点没有错，但是：

1. 无意识概念非常流行，因此被过于高估了。也就是说，到目前为止被称为无意识的东西大部分并不是无意识，而是前意识。然而，如果治疗师在寻找"无意识"材料，病人可能通过将前意识材料报告为虚假的无意识材料来帮助治疗师。这点通过问病人"是真的无意识，还是只是模糊的意识？"就可以证实。真正的无意识材料（例如，最初的阉割恐惧和最初的恋母情结式的愤怒）确实是无意识的，不能被模糊地意识到。因此，处理意识材料的脚本分析师所涉及的心理领域比许多人想象的要大得多。不论如何，如果脚本分析师有能力处理无意识材料（即最初的阉割恐惧和最初的恋母情结式的愤怒的一些原始衍生物），没人会禁止他这样做。而且，他也一定会这样做，因为正是这些经验形成了脚本的原初草案。

2. 人们通常认为，某种规则赋予精神分析学家至高的权利来决定病人是否被治愈。而事实并非如此。即使有这样的规则，精神分析师也将处于困难的境地，因为关于治愈的定义（几乎是终止治疗的同义词）并不明确或被彼此接受。这些规则的标准通常可归纳为一种实用的声明（同样适用于不是精神分析的治疗方法），例如"病人没有症状并且能正常地工作和爱时就是被治愈了"。脚本分析至少能像精神分析一样取得这些成效。

最后应该指出的是，反对脚本理论的人分两类。第一类为理论家和临床医生。我们会在他们的辩论场上礼貌争论，他们也会向脚本分析师展示同样的态度，双方会通过"尽量仔细客观地阅读彼此的著作"来思考对方的观点。第二种是担任行政职务的人，他们有时阻止年轻临床医生，特别是精神病科住院医生在工作中使用脚本理论。其中一些人受过的教育不多、脾气暴躁或怀有不合理的偏见，对这类人我们无话可说。但也有一些受过高等教育、善良、开明的管理者和监管者也会做类似的事情。这些人大多是训练有素的精神分析学家。为了他们好，我们必须指出，弗洛伊德本人就是受脚本支配的人，他曾公开承认这点。他的英雄是军人，他非常崇拜拿破仑。他经常引用来自战场的比喻，使用的一些词汇也是。他的口号出现在其关于梦的著作的扉页题词中，在我手头这版中写着"Flectere si nequeo Superos, Acheronta movebo"，大致可翻译为"假如不能上震天堂，那么我将下撼地狱"，他确实这么做了。他"神秘"又"执着"的想法是，自己会在51岁去世，这是典型的脚本预言。弗洛伊德父亲的座右铭是"事情总会好起来的"，这也是弗洛伊德虔诚信奉的信条，他的书信可以证明这点。他曾在提到自己的"觐见"时（亚伯拉罕、费伦齐、兰克和萨克斯，"一屋子国王"），常会引用自己的英雄拿破仑的原话，而拿破仑就是于51岁时去世。

第二十二章　方法论问题

A. 地图和区域

如果我们说脚本遵循或匹配某个童话故事，会有犯普洛克路斯忒斯式①错误的风险，即治疗师过早地选出一个童话故事，然后拉伸或削砍病人信息以使其符合这个故事。普洛克路斯忒斯式错误在所有行为科学中都很常见。科学家发明一个理论，然后拉伸、削减或权衡数据来匹配它。科学家通过忽略隐藏的变量或不适合的元素，甚至通过使用不可信的借口操纵数据，使数据更符合其理论。

此类错误在临床工作会议上最活跃，因为这里根本没有需要匹配的理论，大家可以任意推测、提出奇思妙想或发表正统和权威的声明。为了减少诡辩的情况，这类会议上每次都应包含两个有相似个人背景的案例，最好是一个病人病例和一个没有任何明显病理的案例。许多行为举止良好、富有成效的人，其个人背景与精神病患者的病史惊人相似。也就是说，具有相同成长经历的两人，一人成为精神分裂症患者，另一人却没有。应该注意的是，大多数工作会议都是基于一个未明确提出但一直存在的假设："病人生病了，我们的职责是证明这点，然后找出他为什么生病的原因。"如果翻转这一假设，工作会议会变得更加有趣："病人没有生病，我们的职责是证明这点，然后找出为什么没有生病的原因。"

---

① 普洛克路斯忒斯为古希腊神话故事中的强盗。他开黑店拦截过路人，强迫人们躺在他特制的一长一短两张铁床上。身长者躺短床，超过床的肢体部分要被砍掉，而身短者则躺长床，要被强行拉至和床一样长。因此，"普洛克路斯忒斯之床"常被用来喻指"强求一律"。——译者注

在普洛克路斯忒斯式错误中，这些信息被拉伸或削减，以符合假设或诊断。独角兽现象中，假设或诊断会被拉伸或削减，以适应人无法控制的数据。因此，在超感（ESP）实验[1]中，如果受试者的正确率不令人满意，可以将其猜测结果与前一次、前两次、前五次或前十次的卡片进行匹配，或者与下一次的卡片匹配，或者在这次猜卡片中找到与他的猜测结果相匹配的地方。然后便可提出，这是一种延迟的心灵感应或过早的透视。这样的结论可能正确也可能错误，但肯定不是基于充分的事实依据。同样的情况也发生在下一例子中：算命师预言有史以来最大的地震之一将发生在1969年。如果它没有发生，他会说他可能调换了一个数字，所以地震其实应该发生在1996年；或者它只是1699年大地震的转世记忆的痕迹。1699年的哪一次大地震呢？当然是拉包尔（Rabaul）的那个。拉包尔几乎每天都有地震，每年都会有一次比其他地震要大的地震。或者，这时他重新经历的是1693年的意大利大地震？也就是说他回到了300年前，只是相差6年。谁能为2%的错误而争论呢？

如果脚本分析师要以任何程度的科学客观性和真正的好奇心来分析病人，他们必须同时避免普洛克路斯忒斯式错误和独角兽现象。要做到这点很难。事实上，尽管我已尽力避免，但毫无疑问本书也会有这两种错误。对于脚本这样复杂的概念，在发展早期阶段很难完全避免此类错误。在贝尔塔·帕本海姆（安娜·欧）发现精神宣泄法[2]近一个世纪后，这种错误依然常常出现在精神分析理论中。普洛克路斯忒斯式错误仍然是社会学的守护神，就像独角兽现象是心理学的守护神。

那么，我们最好的研究方法应该是什么呢？一位对沟通分析临床研究感兴趣的牙医为我们概括了此问题的答案。罗德尼·佩恩（Rodney Pain）医生也是一名飞机驾驶员。他将脚本理论的验证问题与地图与地面关系问

---

[1] 此处指前文提到过的莱茵博士著名的猜卡片的心灵感应实验。
[2] 精神病学史上有名的一位病人，本名贝尔塔·帕本海姆，弗洛伊德的老师布洛伊尔医生曾为她进行精神治疗。后来弗洛伊德与布洛伊尔合著《癔症研究》，贝尔塔·帕本海姆的病例是书中记载的第一个病例，病人被化名为安娜·欧。——译者注

题进行了对比。飞行员拿着地图，看到一根电线杆和一个筒仓。他再看着地面，看到一根电线杆和一个筒仓。他说："我知道我们在哪里了。"但实际上他已经迷路了。他的朋友说："等等，地上有一根电线杆、一个筒仓和一个石油井架。地图上可找不到石油井架。""好吧，"飞行员说，"电线杆和筒仓就在那里，但没有石油井架。也许制图的人忽略了它。"他的朋友说："地图借我看看。"他查看了整张地图，包括飞行员确信自己的方位后忽略的其他部分。飞行员的朋友在离他们航线20英里的地方发现了一根电线杆、一个筒仓和一个石油井架。"我们不在这里，"他说，"不是你用铅笔标记的地方，而是在这里。""哦，对不起，"飞行员说。这个故事的寓意是，先看地面，然后再看地图，而不是反过来。

换句话说，治疗师先听病人的讲述，得到他的脚本情节，然后再查看安德鲁·朗格①或斯蒂·汤普森②的作品，而不是反过来。这样，他才能得出一个合理的匹配，而不仅仅是个奇思妙想。然后，他可以用童话故事来预测病人的未来，不断从病人那里验证（而不是从书中验证）。

B. 概念网格

沟通分析是一个相互交织的概念网格，这些概念彼此一致，可在任何方向游移，最终得出一些有趣和有用的观点。但这与逻辑性强的理论大有不同。

请看下文的一份案例简短摘要，它来自以探讨脚本理论为焦点的旧金山沟通分析研讨会：

一位女型患者建议治疗师和她性交，以治疗性冷淡。她母亲曾教她如何在穿着和行为举止上更性感，父亲也鼓励她这样做。

---

① 童话书作家。——译者注
② 美国著名民俗学家，上文提到的《民间文学母题索引》的作者。——译者注

大家讨论的目的是试图证明目前构建的脚本模型并不准确。根据显示"儿童"二阶结构的图7,"儿童"的"父母"(PC)像植入的电极,而"儿童"的"成人"(AC)是依靠直觉的"教授",对其他人进行专业的判断。展示这一病例的Z医生认为,这位患者"儿童"的"父母"表现为"适应型儿童",而她"儿童"的"成人"表现为一个电极。他提供了从她童年到现在的发展数据来支持这一点。其他人则根据他们的临床经验,持两方观点加入了逻辑讨论。他们谈到了心理游戏、脚本和患者的"放养型儿童"。标准的脚本模型能经得住这种蓄意的攻击吗? Z医生在病人、她父亲和她母亲之间画的箭头与图7所示的完全不同。显然,这是一个推翻它的好理由。但仔细考量,就会发现这一论点存在严重缺陷。

首先,当Z医生在观众的帮助下,试图定义他所说的PC、AC、"适应型儿童"和电极时,他们有时从发展的角度来说,有时又从行为的角度,有时使用逻辑,有时又使用经验主义。一些人引入了沟通,另一些人引入了游戏和脚本。结果证明,他们使用了四种不同的框架,每个框架都有自己的语言和方法,因此这些定义并不是系统地从一个框架延伸到另一个。第一个框架是结构性的和沟通交际性的,有四个关键的自我术语:自我状态、沟通、游戏和脚本。第二个是验证性的,同样有四个关键术语,他们可以讨论:她的行为,这提供了操作的标准;她的心理过程,包括脑海中的声音给她的指令;她的发展历史,显示了她行为模式的起源;她的行为所引起的社交反应。第三种框架是关于她自我状态的命名。这可以根据精神生物学原理命名:她"儿童"的"父母"和"父母"的"成人"等;或者使用形容词描述功能:"适应型儿童""放养型儿童"等。他们的争论本身既使用了逻辑的方法论,又使用了经验的方法论。

若将所有框架列成表,就会得出如下表所示的术语网格,分为沟通术语、验证术语、修饰术语和方法论术语。

术语网格

沟通交际性	验证性	修饰性	方法论
自我状态	操作的	结构的（生物学的）	逻辑的
沟通	现象学的	功能的（描述性的）	经验的
游戏	历史的		
脚本	社交的		

如果我们在这个网格上画条线，包含每一列的一个项，很明显就会得到 4×4×2×2=64 种可能的路径供讨论（我们不计算括号中的词）。除非每个人都遵循同样的路径，否则没有大量的工作和定义，我们无法将各种各样的讨论相互关联：如果 20 个讨论者遵循 20 条不同的路径，在有限的时间内（比如一个漫长的晚上）完成讨论基本是不可能完成的任务。如果一人遵循"自我状态—历史的—描述性的—经验的"线路，而另一人遵循"游戏—社交的—生物学的—逻辑的"线路，他们可能都有道理，但因为遵循的论证路线不同，无法真正解决他们之间的任何问题。

举个最简单的例子，如果一个论点采取结构性或生物学的方法来讨论"儿童"自我状态，而另一论点采取功能的或描述性的方法，两者便不可能调和，如图 20 所示。图 20A 中，"儿童"主要方面的结构划分由分隔二

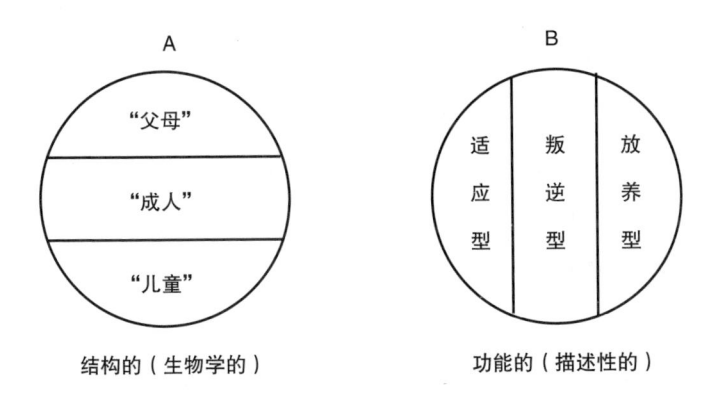

图 20 儿童自我状态的两种观点

阶项目，即"父母""成人"和"儿童"的水平线来表示；图20B中，则使用垂直线来显示其功能方面：分为"适应型儿童""叛逆型儿童"和"放养型儿童"。不论使用哪种划分法，线路走向不同，则表明方法不同。一个使用结构性名词作为修饰语，另一个使用描述性形容词作为修饰语，而名词和形容词不属于相同的框架或来自不同的角度。类似考量也适用于网格中的其他列。

做出合理和决定性论证的唯一方法是，在网格中选择一条路径并坚持下去。Z医生拥有这样的选择权，他选择了"自我状态—社交—描述性的—经验的"路线。对于解决眼下的问题，这不是条很有前途的路径。但这是他的陈述，他的选择。这样一来很明显，他的论点并不像起初看起来那么令人信服，因为他随意地从一条路径跳到另一条。支持者们试图追随他的选择，所以也是同样的情况。换句话说，当发生各种路径的跳跃和干扰时，似乎合理和有序的东西，经过更深入的推理便站不住脚了。在此基础上，至少在下一场更有力的攻击开始前，最初的脚本模型保持了它的优越性。

因此，任何关于沟通分析的争论，包括脚本分析，都必须陈述它从上述网格中选择的路径，以使自己的论证更有效。如果它偏离了自己选择的路径，就会因为松散、诡辩或模糊而变得无效。因此，任何提议进行这一争论的人，都应从每一列中选择一个术语作为其定义的框架，并严格遵守。否则，无论从修辞的角度多么令人信服，该论点都会存在很多方法论问题，无法经受客观的评价。

C. 软数据和硬数据

脚本分析数据多为软数据。因为脚本是人们投入其中的人生生存实践，无法通过人为实验调查验证。脚本结局对主人公具有最重要的意义。

举例来说，如果用扑克游戏来实验，其结果并不可靠。玩家在赌注高时采用一种玩法，当赌注低时采用另一种玩法。一位优秀的高赌注玩家可能会输掉低风险游戏，而优秀的低赌注玩家可能在高风险游戏中不知所措。脚本只能在高风险情境下进行测试，而日常生活中无法模拟此类情境。对于以下问题："你会为了救战友而扑向地雷吗？"它的答案只能在真实的战场获得，任何模拟测试都不起作用。

脚本分析的数据可大致按硬度的增加顺序排列如下：历史的、文化的、临床的、逻辑的、直觉的、发展的、统计的、内省的、实验的和双盲对照的。对习惯于研究琐碎人类行为的科学家（如心理学家和社会学家）来说，这一排序很奇怪。对心理治疗师来说似乎没那么奇怪，而对精神分析学家来说最不奇怪，因为这两类人都处理复杂的心理游戏和结局，如离婚、自杀和杀人。在文明社会中，不可能存在实验性的自杀或杀人。

1. 历史数据。自人类有历史记录以来，人们就怀疑自己的命运并不是自主决定的，而是由某种外部力量所控制。这种信念的普遍性要求我们必须对其进行批判性的审视，而不是简单驳斥它为形而上学。

2. 文化数据。这种信念也是大多数人类文化的基础，因此必须认真对待，就像出于同样原因应认真对待经济学动机。

3. 临床数据。临床数据并不严谨，因为可以对其进行不同解读。但是，希望最小化或否认脚本对临床现象影响的研究者必须接受足够的脚本分析训练，并进行充分的临床试验，才能有资格作出判断。精神分析也是这样。同样，一个人如果通过显微镜或望远镜观察，然后说"我没有看到任何东西"，他肯定不是细菌学或天文学的称职评论家，他必须接受如何使用这些仪器的全面训练才能担此职务。

4. 逻辑数据。我们之前已注意到，人们可以被命令该做什么，不该做什么。通过言语就能成功地鼓励某人酗酒或自杀，而只要用词准确，也可以有效地阻止他们这样做。因此，这样的孩子长大后也可能教孩子去酗酒或自杀。通过以下问题就能证实这一点："你将如何抚养孩子变成你的样子?"拥有"好"脚本的人非常愿意回答这个问题,而且答案往往可信。而拥有"坏"脚本的人不愿意回答此问题,不过如果他们回答了,答案也同样可信。

5. 直觉数据。经验丰富的脚本分析师可以靠直觉做出之后能被验证的判断。例如,"因为你经常尝试同时做两件事,但哪一件都做不好,我估计你的父母曾为你设立不同的目标,但他们没能就如何能同时实现这两个目标达成一致。也就是说,你的父母并没有说清它们的差异。""确实是这样。"如果病人的回答是否定的,以我的经验,要么是诊断医生的能力不足,要么是一些特殊情况下的个人因素干扰了他的直觉。

6. 发展数据。听孩子们陈述他们的脚本是最令人信服的证据之一,特别是在长期追踪孩子发展,看看他们是否执行这一脚本后。这里指的并不是职业的选择("我想成为一名消防员"),而是对脚本结局的沟通("我希望我死了")。

7. 统计数据。最相关的统计工作是前文引用过的鲁丁所做研究的内容,他研究了童话故事对随后的职业生涯和死亡模式的影响。

8. 内省数据。这是所有数据中最令人信服的数据。一旦一个人习惯了倾听脑海中的声音,那些从儿童初期就被他压抑或抑制的声音,他就能确认这些声音说的话正是父母那时候所说,也能意识到很多重要行为在多大程度上是被父母编制的程序。

9. 实验数据。基于上述原因,脚本理论的实验无法以人类作为实验对象来验证,尽管某些元素可以这样来检验。但是动物实验可以被外推到脚本理论的框架中,如第三章中引用的老鼠实验。

10. 双盲对照数据。在一些情况下,督导者推断出学生的脚本,但并未告诉学生,之后学生被转给治疗师,他得出与督导者推断出的相同脚本。当他们告诉学生脚本内容后,学生也认可了。在这些案例中,这两位脚本分析师与被分析的对象熟识已久,并且有可供研究的很多行为信息。这可以被看作是硬数据。如果要系统地应用这类数据,需要几位脚本分析师听录音采访，以推断研究对象的脚本。之后将推论与研究对象的人生轨迹相匹配，并进行为期五年的随访。试点研究可首先测试三种类型的录音采访，即自传式、自由联想式和使用脚本核对表式，以判断哪种类型产生关于脚本的最可靠数据。这一过程是获取硬数据的最佳途径。

目前的迹象表明，在预测人类行为方面，脚本理论比学习理论更软，比社会学和经济学理论更硬，而与精神病学诊断的硬度相当。

第二十三章 脚本核对表

A. 脚本的定义

为判断某一系列的沟通交际是否是心理游戏，我们需寻找某些特征。如果存在骗局（con）、噱头（gimmick）、转换（switch）和结局（payoff），就能确定是一个游戏。此外，如果我们进行了结构分析明确哪个自我状态在每次沟通中起作用，或是进行了临床分析来阐释玩此心理游戏所获得的优势以及他们是如何开始玩游戏的，便可以说我们不仅确定了游戏，还理解了它。这种理解所需的项目可以列入"核对表"，游戏的正式分析正是基于这样的列表。游戏核对表描述了游戏的解剖结构，而游戏只是人生的一小部分。

但对脚本的解剖涉及的就不只是人生的一小部分，而是涉及人类生命从出生或更早到死亡或更晚的整个过程，因此自然会更复杂。游戏可被比作挥动手腕的动作，手腕包含8块骨头，挥动的动作涉及其他7块骨头；而脚本可以被比作登山运动，包含206块骨骼的完整人体骨架。因此，脚本的"核对表"比游戏的核对表包含更多项目，但这样的核对表正是理解脚本如何被组合在一起的最简单办法。

关于脚本，首先要解决的问题是如何定义它，以便它出现时人们可以识别。任何定义都随该领域知识的不断发展而改变。游戏理论目前就像是辆做工精良的自行车，可以放心地用在短途旅行，但脚本理论就像1900年的单缸式汽车，在最需要它时可能运行良好，也可能出现问题，所以脚本怀疑论者会喊道："给我一匹马！（或者至少是一个沙发）"。也许我们还会要求一位更传统的治疗师走在脚本分析师前面，以警告胆小的人避开。

基于目前的知识状态，以下定义将区分脚本与非脚本。脚本是一个持续进行的程序，在父母的影响下于童年早期形成，指导个人在他人生最重要方面的行为。

此定义中使用的术语可使用标准词典中的解释外加提供一些其他阐释来定义。

持续进行的＝不断地前进（韦式词典）。意为不可逆的、单向的发展。每个动作都更接近终点。

程序＝要遵循的计划或时间表（兰登书屋）。意为一个计划，一个有关行动、项目、设计的方案；建议执行一些进程的方式（牛津词典），或者一个时间表。这个计划的基础或骨架可在特定童话故事中找到。

父母的影响＝与父母或等同于父母的人之间的实际沟通。意味着此影响是在特定时刻以特定的、可观察到的方式施加的。

指令＝人必须遵循指令，但可自由决定哪些事物中指令并不适用。在某些情况下，一个特别的指令说"把卡片翻转过来"，这意味着"在这个领域里，做与我说的相反的事"。因此，当"反叛"发生时，它实际也是脚本的一部分，和"扔掉卡片"不一样，因为后者代表了独立自主。

重要的方面＝至少是指婚姻、养育子女、离婚和死亡方式（如果自己能够选择的话）。

我们可以通过判定它如何正确地定义"非脚本"来验证这个定义。"非脚本"将是可逆的行为，没有特定的时间表，在人生较晚时期形成，不受父母的影响。这是对独立自主相当好的描述，也确实是脚本的反面。例如，独立自主的人可以扭转内疚、恐惧、愤怒、伤害和自卑的情绪，重新开始而不是匆匆忙忙将情况变得更糟糕。他们并不会按照父母的指示收集心理点券，然后以合理的速度使用这些点券来为他在婚姻、养育子女、离婚和死亡中的行为辩护。

因此，这个定义是排他性的：也就是说，它通过定义脚本也定义了

"非脚本"，这让它更有价值。那么，如果我们发现个人最重要方面的行为由父母影响而形成的、持续进行的程序所指导，就可以确定这是一个脚本。这一定义可被简化为一个公式，同游戏公式类似，脚本公式如下：

EPI ➡ Pr ➡ C ➡ IB ➡ Payoff（Formula S）

早期父母影响 ➡ 程序 ➡ 遵守 ➡ 重要行为 ➡ 结局（S公式）

其中EPI=早期父母影响，Pr=程序，C=遵守，IB=重要行为。任何符合此公式的行为都是脚本的一部分，而任何不符合它的行为都不是脚本的一部分。每个脚本都符合此公式，脚本以外的其他行为都不会符合它。

例如，一种简单的反射是由神经系统编制的程序，而不是早期父母的影响（没有EPI）；一个人可能遵守膝跳反应踢腿，但这并不是重要行为（不是IB）。如果一个人在晚年学会了喝酒社交，这可能是遵守社交，但如果这不是他成为酗酒者的程序（不是Pr）的一部分，喝酒就不是重要行为（不是IB），也不会对他的结局产生重要影响——他的婚姻、养育孩子或死亡方式。如果一个男孩在成长过程中，父母的程序强力指导他长大后成为靠信托基金过活的懒汉，但他并没有遵守（没有C），那么他的重要行为就不是"脚本化"的。如果一个孩子从一个领养家庭搬到另一个，他的早期父母影响（EPI）可能不稳定，他的程序会很糟糕（没有Pr）；他尽可能遵守，但从来没结婚，没抚养孩子，没冒过任何风险或者做出任何重要决定（没有IB）。这些例子说明了公式中的每个项目如何在实际生活中应用。膝跳反射不是基于父母影响（EPI），社交性饮酒不是程序（不是Pr）的一部分，没成为懒汉的男孩有父母影响（EPI）和程序（Pr），但没有遵守（没有C），被领养的孤儿没有重要行为（IB）。

因此，脚本公式可以用来识别脚本，就像游戏公式（第二章）可以识别游戏一样。请注意，这个公式只适用于"脚本化"的人；独立自主的人的行为无法简化为公式，因为他们每时每刻都在根据自己的理由自己做出决定。同样，近交繁殖的实验室老鼠也可通过条件反射被编程，它们的行为由实验者来指导。因此，它们像由训练有素的操作员操纵的机器，正如"脚本化"的人就像被父母操纵的机器。但野生老鼠并非如此，它们表现得像"真实"的人，自己做出决定。当被送进实验室，它们拒绝接受实验者的编程，他们不会反抗，只是独立自主地行动。

B. 如何验证脚本

如果准确诊断出了脚本，应该可以找到一些可以定量处理的元素。例如，女性拥有红色外套的比例是多少？有多少长发公主真的有金色长发？这些研究大多是"发病率和流行率"研究的性质，其真正价值是解剖了脚本的基本要素，以使诊断更加严谨。在小红帽的故事中，目前所理解的诊断标准如下：

1. 她母亲一定曾在她是小女孩时叫她去祖母家跑腿。
2. 她祖父一定在这些拜访期间和她玩过性游戏。
3. 她以后一定是最可能被选中去跑腿的人。
4. 她一定蔑视与自己同龄的男子，而对年长男人好奇。
5. 她一定具有天真的勇气，相信如果她遇到麻烦，总有人会救她。

如果且只有当所有五项标准都符合，提出"小红帽"脚本的诊断才是合理的。如果得出这样的诊断，可以预测病人会主动结交老男人，会抱怨老男人（"老色鬼"）占她的便宜，会找人拯救她，会在老男人被打败时大笑。但这里存在许多问题。是所有符合这些标准的女人都会花时间在树林里采花吗？她们都有红色外套吗？这一列表中还可以添加多少其他项目？有多少项目是多余的——即在不影响预测准确度的情况下有多少项目可被删除？可预测其他项目和脚本结果的项目最少数量是多少？这些项目间的联系是什么？所有童年时被祖父诱惑的女人都喜欢在树林里采花吗？那些花时间在树林里采花的女人也是最有可能被选中跑腿的人吗？所有符合这五项标准的女人是以老姑娘的身份度过一生，还是会短暂地结婚之后以离异的身份过完此生？这种因素分析将极大地有助于检验脚本分析的有效性。

诊断"小红帽"脚本的标准主要是"主观的"，但还存在其他客观的变量。其中之一便是家族系统排列①。从脚本角度来研究家族系统排列，最可靠的方法是找到"脚本化"的家族。这方面的一个标志是以父母或其他在世的家庭成员为孩子命名，因为这明确表明父母希望孩子像与他同名的人，也暗示"我将按与你同名的人的样子养育你（为你编程）"。如果符合这条标准的人来找精神病医生，就会强化了他背负有脚本的假设，这在精神病患者中很常见；它还为我们提供了调查脚本是否与名字相关的机会。如果相关，那么患者就是这方面研究的适合对象。以下是一个"脚本化"家族的例子。

贝克（Baker）家族有三个女儿：多娜（Dona）、莫娜（Mona）和罗娜（Rona）。多娜是以她母亲的名字命名，她的妹妹莫娜则以她母亲妹妹的名字命名。当罗娜出生后，她母亲家族的"脚本化"名字已经用完，所以她是以父亲妹妹的名字命名的。这两位多娜，即母女二人，曾多次因同样的罪名被捕，共用一间囚房。两位莫娜，姨母和外甥女，都嫁给了后来抛弃了他们的男人，在没有丈夫支持的情况下独自抚养孩子。两位罗娜，姑母和侄女，都厌恶男子。她们总是勾引男子然后再甩掉。因此，多娜们玩"警察和强盗"游戏，莫娜们玩"谁需要他？"游戏，罗娜们玩"挑逗"游戏。当莫娜和罗娜（女儿们）来接受治疗时，很明显她们正和各自的姨母和姑母走向相同的结局。她们都不喜欢这一未来，但却无法自己打破脚本。

---

① Family Constellations，又译为家庭星座，是奥地利心理学大师阿德勒的"家庭治疗"的核心概念之一。——译者注

另一种"脚本化"的发展是反复地结婚和离婚，这点不仅能被客观地证实，而且还有精确的数字。一两次离婚可能与母亲的脚本无关，但随着离婚数量的增加，临床医生就会禁不住思考这一事实：母亲离婚的数量越多，女儿追随她脚步的可能就越大。类似的关系也经常发生在母亲经常被捕或因酗酒住院的例子中。社会学家声称，这类事件可能取决于社会和经济因素，但如果我们分开考虑逮捕和住院，便难以得出这一结论：也就是说，被捕和酗酒住院同时发生可能是受某种"社会和经济因素"独立的影响。但重要的是，在有选择的可能时，一些家庭选择了被捕，而一些家庭则选择了酗酒住院。

这里我们不关心病人是否违反了法律或酗酒，因为这些行为不一定是他脚本的核心。我们想知道的是，他偷窃或酗酒是否是"脚本化"的，是否是在玩游"警察和强盗"或"酗酒者"游戏。重要的问题是他偷窃或酗酒的量是否是为了足够被捕或住院。职业小偷或酗酒的人可以玩他喜欢的游戏，成为赢家，富有、光荣、快乐地退休，这是一种脚本。另一种则完全不同，可能是输家脚本，最终会进入精神病院。在脚本分析中，重要的不是行为，而是它产生的最终反应和结局，因为这对个人和周围的人很重要。

另一"脚本化"的领域是死亡。这里最常见的脚本指示是，人们期望或感觉他被期望与自己同性的父母在相同的年纪去世。父亲在某一年龄的死亡似乎判决了儿子（在他自己看来）将在此年纪之前或同一年龄死亡，母亲和女儿的情况也是如此。尽管这种想法是主观的，但它确实涉及数字，因此具有易于检验的额外优势。更客观的是企图自杀或杀人的年纪，以及这些年纪与祖先或近亲属死亡的关系。关于死亡原因，如前文所述，鲁丁研究了读给儿童的故事（"成就"故事或"权力"故事）与这里被称为"脚本化"死亡的原因之间的关系，并发现17个国家中，读给儿童的故事类型与以后的死亡原因之间有许多有趣的相关性。

上述父母与子女间的所有关系都可以进行分类评分。以家庭成员命名的人会遵守或不遵循与他同名者的脚本；病人在婚姻、离婚、监狱或住院方面遵守或不遵守"父母"的指令；他期望或不期望在他已故父母去世的年纪死亡。脚本问题是人类生活的决定性问题；生命的全部意义取决于脚本理论是否有效。如果我们是独立自主的，是一回事；如果我们花费大部分时间和最具决定性的时刻，遵照婴儿期和童年期接收到的指令，带着拥有自由意志的可怜错觉，那就完全是另一回事了。至少需要上万案例，才能对这一基本问题做出比较合理的解答。任何少于此数量案例的研究，得出的结论都是无效的。作为一名分类学家，金赛（Kinsey）处理了多达10万只黄蜂标本；他关于性行为的著作是基于1.2万个案例，但仍然留下了广泛争议的空间。由于许多临床医生每年看100名新病人，一万病例并非无法达到的目标，因此这值得我们尝试。在过去十年里，我看到了一万多个游戏（500周，每周见大约50个病人），这么大数量的游戏让我对沟通游戏的理论有了不可动摇的信心。对脚本理论来说，我们需要的也是类似的案例数据支撑。

上述列出的研究问题，其结果要么符合、加强脚本理论，要么不符合脚本理论并削弱它的有效性。我们有必要在美国不同地区和世界不同国家进行研究验证。还需要进行历史研究，以确定脚本理论确实是"关于人性的事实"还是仅局限于特定人群（精神病患者）；或者更糟的是，它只是一个没有坚实基础的奇妙想法而已。

我们必须使用普拉特（Platt）提出的"强推理"（"strong inference"）[①]。在有限的时间内，不可能通过采访每个人类来检验脚本理论的普遍性，但如果它存在谬误，很容易被相对较小的样本（比如一万个案例）所证明。脚本分析师认为父母的脚本编程对全人类适用，因此是"关于人性的事实"。要得出这一最强推理，上面所有的相关性都应该在大规模群体中呈现高度的相关性。

为了帮助不论身在何处的临床医生，我们将提供一个"脚本核对表"。

---

① 由约翰·R.普拉特提出的科学研究方法。——译者注

表格由一些问题组成，旨在为清晰理解脚本必需的众多项目提供最大量的信息。

C. 对脚本核对表的介绍

为了清楚地理解脚本，我们必须理解它的每个方面，各个方面的历史及与其他方面的关联。最方便的方式是按时间顺序进行。每个项目都给出一个可能引出最大量信息的问题。如果需要对某些具体项目进行更详细的阐述，还可以包括一些其他问题。在主要问题可能会不适用或不可回答的条目中，表格提供了替代问题。

目前的脚本分析主要是由1966年至1970年的旧金山沟通分析研讨会的结果发展而来。因为当时有超过100名临床医生参与每周的讨论，所以几乎无法确定很多想法的原创者。帕特·克罗斯曼（Pat Crossman）、玛丽·爱德华兹（Mary Edwards）、斯蒂芬·卡普曼（Stephen Karpman）、大卫·库普弗（David Kupfer）、I. L. 迈兹利什（I. L. Maizlish）、雷·波因德克斯特（Ray Poindexter）和克劳德·斯坦纳（Claude Steiner）在《沟通分析简报》的发表中做出了具体的贡献。最初的灵感来自笔者在《心理治疗中的沟通分析》的一个章节，后来在其他书籍和研讨会中有详细阐述。

核对列表的想法最初由克劳德·斯坦纳（Claude Steiner）（来自伯克利）、马丁·格罗德（Martin Groder）和斯蒂芬·卡普曼（Stephen Karpman）（两人都来自旧金山）提出。这一设计能作为治疗的捷径，快速找到病人脚本中的有效元素，以便脚本悲剧能被尽快和有效地阻止。他们的列表包括17个最具决定性的项目。列表全文如下文所示，其中包含决定性项目以及来自本书第二、三、四部分的许多其他项目。它旨在用于教学、研究和其他专门用途，共包含约220个项目。后面还附上了一个更易上手、更适合日常使用的压缩版本。

D. 脚本核对表

为方便读者，以下问题尽量按时间顺序排列，临床观察放在最后。因此，此表大部分内容遵循本书的顺序。每个发展阶段按顺序编号，而关于该阶段的问题也有编号。有关每一阶段的章节，其编号放在括号中。编号中的字母指对应章节中相应部分。例如，第一阶段，产前阶段在第四章中讨论。所以它的标题是"1.胎前阶段的影响（第四章）"。第1F.4号问题指这是第一阶段，或"胎前"问题，在第四章的F节中讨论，这是涉及该节的第四个问题。2A.3是指第二阶段（第五章），本章A节的第三个问题。问题顺序号码后面的P意味着该问题旨在询问病人的父母。因此，2A.3P同2A.3位置相同，但意味着这个问题是问父母，而不是病人。本清单系统地整理了文本，以便问题本身按数字顺序出现，可以独立于本书使用。

1．胎前阶段的影响（第四章）

1.B.1 你的祖父母过什么样的生活？

1C.1 你在这个家庭中的地位是什么？

　　　a.你的出生日期是什么时候？

　　　b.离你出生最近的哥哥/姐姐的生日是什么时候？

　　　c.离你出生最近的弟弟/妹妹的生日是什么时候？

　　　d.你对日期有什么特别的兴趣吗？

1C.1P 你有几个兄弟姐妹？

　　　a.你（你的"父母""成人""儿童"）有（想要、预期有）几个孩子？

　　　b.你的父母想要几个孩子？

　　　c.你对日期有什么特别的兴趣吗？

1D.1 父母当时想要你这个孩子吗？

1D.1P 你当时想要他吗?

  a.他属于你们计划中吗?

  b.他是在哪里、什么时候怀上的?

  c.你有试图堕胎吗?

  d.你对性爱的看法如何?

1E.1 你母亲对你的出生是什么感受?

1E.2 你出生的时候谁在身边?

  a.是剖腹产还是顺产?

1F.1 你有看过自己的出生证明吗?

1F.2 是谁为你取的名字?

1F.3 你是以谁的名字命名的?

1F.4 你的姓氏是从何而来?

1F.5 小时候他们叫你什么?

  a.你的小名叫什么?

  b.你小时候有昵称吗?

1F.6 高中时,其他孩子叫你什么?

1F.7 你的朋友现在叫你什么?

  a.你母亲和父亲现在叫你什么?

2. 童年早期（第五章）

2A.1 父母是如何教你餐桌礼仪的?

  a.你母亲在喂你时会说什么?

2A.1P 在哺乳期间,他发生过什么事?

  a.你那时候常对他说什么?

2A.2 谁对你进行如厕训练?

2A.3 他们是如何训练你的,他们会说什么?

  a.你父母就如厕训练说了什么?

2A.3P 你是怎么以及什么时候给他做如厕训练的?
      a. 训练的时候你会和他说什么?

2A.4 你小时候用过很多灌肠剂或通便药吗?

2B.1 小时候,你父母给你什么样的感觉?
      a. 小时候,你如何看待自己?

2B.2 小时候,你决定过什么样的人生?

2C.1 小时候,你眼里的世界是什么样?
      a. 小时候,你对别人的感觉如何?

2C.2 你记不记得小时候曾决定再也不做某件事或表现出某种情绪?
      a. 你是否曾决定不论如何,都永远要做某件事?

2C.3 你是赢家还是输家?

2C.4 你是什么时候做出这个决定的?

2D.1 你小时候是如何理解父母之间发生的事情的?
      a. 当时你想如何应对这些事?

2E.1 你父母看不起什么样的人?
      a. 你最不喜欢什么样的人?

2E.2 你的父母尊敬什么样的人?
      a. 你最喜欢什么样的人?

2F.1 像你这样的人会发生什么事?

3. 童年中期(第六章和第七章)

3A.1 你小时候父母告诉你要做什么?
      a. 当你很小的时候,他们对你说了什么?

3A.2 你父母最喜欢的口号是什么?

3A.3 你父母教你做什么?

3A.4 他们禁止你做什么?

3A.5 如果你的家庭故事将被搬上舞台,会是一部什么类型的剧呢?

4. 童年晚期（第七章）

4A.1　你小时候最喜欢的童话故事是什么？

　　　a. 你小时候最喜欢的童谣是什么？

　　　b. 你小时候最喜欢的故事是什么？

4A.2　是谁读给你或告诉你这个故事的？

　　　a. 在哪里？什么时候？

4A.3　读故事的人对于这个故事说了些什么？

　　　a. 她对这个故事有什么反应？

　　　b. 她的表情说明了什么？

　　　c. 她是对故事感兴趣，还是只为了读给你听？

4A.4　你童年时期最喜欢的角色是谁？

　　　a. 你的英雄是谁？

　　　b. 你最喜欢的恶棍是谁？

4B.1　当生活变得艰难时，你母亲如何反应？

4B.2　当生活变得艰难时，你父亲如何反应？

4C.1　什么样的情绪最困扰你？

4C.2　你最喜欢什么样的情绪？

4C.3　当生活变得艰难时，你最频繁的反应是什么？

4C.4　当店主给你交易点券时，你会怎么处理它们？

4D.1　你在生活中等待什么？

4D.2　你最喜欢的"如果"是什么？

4D.3　你觉得圣诞老人是什么样子的？

　　　a. 你的圣诞老人是谁或是什么？

4D.4　你相信永生吗？

　　　a. 你父母最喜欢的心理游戏是什么？

4E.1　你父母会发生什么样的争执？

4E.1P 病人小的时候,你教他玩什么游戏?

  a.你小的时候和父母玩了哪些游戏?

4E.2 在学校,你的老师和你相处得怎么样?

4E.3 在学校,其他孩子和你相处得怎么样?

4F.1 你父母在餐桌上都说些什么?

4F.2 你父母有什么忧虑的问题吗?

5. 青春期(第八章)

5A.1 你和朋友都谈些什么?

5B.1 你现在的英雄是谁?

5B.2 谁是世界上最坏的人?

5C.1 你对手淫是什么看法?

5C.2 如果你手淫了,会有什么感觉?

5D.1 当你感到紧张时,你的身体会发生什么?

5E.1 当周围有人时,你父母的行为举止如何?

5E.2 当他们独自一人或和朋友在一起时,会谈论什么?

5F.1 你曾经做过噩梦吗?

  a.你在梦中看到了一个什么样的世界?

5F.2 告诉我你做过的任何一个梦。

5F.3 你曾经有过错觉吗?

5F.4 人们怎么看待你?

5G.1 你一生中能做的最好的事是什么?

5G.2 你一生中能做的最坏的事是什么?

5G.3 你如何度过你的人生?

5G.4 从现在开始的五年后,你预期自己在做什么?

  a.从现在开始的十年后,你预期自己会在哪里?

5H.1 你最喜欢的动物是什么?

a.你想成为什么动物?

5I.1　你的人生口号是什么?

a.你的T恤衫正面会写上什么?让别人马上知道那是你?

b.你会在它背面写些什么?

6. 成熟期（第九章）

6A.1　你预期有多少个孩子?

a.你的("父母""成人""儿童")想要多少个孩子?

（这部分与1C.1和1C.1P相关联）

6A.2　你结过几次婚?

6A.3　你父母分别都结过几次婚?

a.他们有过情人吗?

6A.4　你曾经被逮捕过吗?

a.你的父母被逮捕过吗?

6A.5　你曾经犯过罪吗?

a.你的父母犯过罪吗?

6A.6　你曾经进过精神病院吗?

a.你的父母有人进过精神病院吗?

6A.7　你曾经因为酗酒而住过院吗?

a.你的父母呢?

6A.8　你曾经试图自杀过吗?

a.你的父母呢?

6B.1　你老了以后想做什么?

7. 死亡（第十章）

7B.1　你计划要活多久?

7B.2　你是怎么选择这个死亡年龄的?

a.谁是这个年龄去世的?

7B.3 你父亲、母亲(如果已经过世)是多大年纪去世的?

a.你的外祖父是多大年纪去世的?(针对男性)

b.你的祖母和外祖母是多大年纪去世的?(针对女性)

7B.4 你临终时谁会在你身边?

7B.5 你的临终遗言会是什么?

a.他们对你说的最后一句话会是什么?

7C.1 你死后,会留下些什么?

7D.1 他们会在你的墓碑上写什么?

a.你的墓碑正面会写什么吗?

7D.2 你会在你的墓碑上写什么?

a.背面会写什么?

7E.1 你死后,他们会发现什么令人惊讶的事?

7F.1 你是赢家还是输家?

7G.1 您更喜欢时间结构还是事件结构?(解释一下术语)

8. 生物因素(第十四章)

8A.1 你知道自己的脸在对某事做出反应时,是什么样子吗?

8A.2 你知道别人对你的面部反应做何反应吗?

8B.1 你能说出你的"父母""成人"和"儿童"之间的差别吗?

a.别人能看出它们之间的差别吗?

b.你能分辨出别人不同自我状态的差别吗?

8B.2 你真正的自我感觉如何?

8B.3 你真正的自我是否总是控制着你的行为?

8C.1 你有什么性方面的困扰吗?

8C.2 有些事会在你的脑海里不停盘旋吗?

8D.1 你对气味敏感吗?

8E.1　在事情发生之前多久，你会开始担心？

8E.2　事情结束后你会担心多久？

　　　a.你是否晚上睡不着，躺着计划复仇的事？

　　　b.你的情绪会干扰你的工作吗？

8F.1　你喜欢向人证明你能够受苦吗？

　　　a.你宁愿开心而不是证明自己吗？

8G.1　你脑海里的声音告诉你什么？

8G.2　你一个人的时候会自言自语吗？

　　　a.当你不是一个人的时候呢？

8G.3　你总是按脑海里的声音告诉你去做吗？

　　　a.你的"成人"或"儿童"和"父母"争吵过吗？

8H.1　当你是一个真实的人时，你是什么样子？

9. 治疗师的选择（第十六章）

9B.1　你为什么选择我这种职业的治疗师？

　　　a.被分配到我这种职业的一位治疗师，你是什么感觉？

　　　b.你更喜欢哪种职业的治疗师？

9B.2　你是怎么选择我的？

9B.3　你为什么选择我？

　　　a.被分配给我你觉得怎么样？

9B.4　你童年时的魔术师是谁？

9B.5　你在寻找什么样的魔法？

9C.1　你以前有过精神治疗的经历吗？

9C.2　你是如何选择之前的治疗师的？

　　　a.你为什么去他那里？

9C.3　你从他那里学到了什么？

9C.4　你为什么离开了？

9C.5　你是在什么情况下离开的？

9C.6　你如何选择工作？

9C.7　你会怎么辞职？

9C.8　你曾经住过精神病院或病房吗？

　　　a.你要做些什么才能去那里？

　　　b.你要做些什么才能从那里离开？

9C.9　能告诉我你做过的任何一个梦吗？

10. 脚本（第十七章）（治疗师问自己的问题）

10A.1　脚本信号是什么？

10A.2　他是在产生幻觉吗？

10B.1　相关的生理要素是什么？

10C.1　最常见的呼吸音是什么？

10C.2　是什么导致了嗓音转换？

10C.3　有多少种词汇？

10C.4　最喜欢的词性是什么？

10C.5　虚拟语气是什么时候使用的？

10C.6　许可词来自哪里？

10C.7　脚本短语是什么？

10C.8　隐喻场景是什么？

10C.9　句子是如何构造的？

10C.10　安全短语是什么？

10D.1　绞刑架下的笑是什么时候发生的？

10D.2　绞刑架沟通是什么？

10E.1　他是在向祖母征求意见吗？

10.F1　他的生活故事是什么？

10F.2　他最喜欢的戏剧转换是什么？

11. 治疗中的脚本（第十八章）

11A.1　你认为你的治疗会如何结束？

11B.1　你认为我比你更聪明吗？

11B.2　是谁在给你带来麻烦？

11B.3　你想要恢复到什么水平？

11B.4　你想在这里发生什么？

11B.5　你现在准备好康复了吗？

　　　　a. 在你康复之前必须发生什么？

11B.6　是什么让你无法康复？

11C.1　你认为我能对付你的父母吗？

　　　　a. 你的父母很强大吗？

11D.1　你更想康复还是被全面地分析？

　　　　a. 你更想康复还是出院？

　　　　b. 你更想康复还是待在医院里？

E. 压缩的核对表

以下列表仅包括那些脚本分析具体相关的问题，旨在作为进行精神病史记录的辅助工具，而非替代工具。所选的51个问题更"自然"，不那么具有侵犯性。大多数情况下，它们将促进与病人的关系更融洽，而不是伤害这种关系。

1B.1　你的祖父母过着什么样的生活？

1C.1　你在这个家庭中的地位是什么？

1E.2　你出生时谁在身边？

1F.3　你是以谁的名字命名的？

1F.4　你的姓氏是从哪里来的?

1F.5　小时候他们叫你什么?

1F.6　你小时候有昵称吗?

2A.4　你小时候便秘过吗?

2F.1　像你这样的人会发生什么事?

3A.1　你小时候父母告诉你要做什么?

4A.1　你小时候最喜欢的童话故事是什么?

4A.3　读故事的人对于这个故事说了些什么?

4B.1　当生活变得艰难时,你父母如何反应?

4C.1　什么样的情绪最困扰你?

4F.1　你父母在餐桌上都说些什么?

4F.2　你父母有什么忧虑的问题吗?

5F.2　告诉我你做过的任何一个梦。

5F.3　你有过错觉吗?

5G.4　从现在开始的五年后,你预期自己在做什么?

5I.1　你的T恤衫正面会写上什么?让别人马上知道那是你?

6A.8　你曾经试图自杀过吗?

6B.1　你老了以后想做什么?

7B.1　你计划要活多久?

7B.2　你是怎么选择这个年龄的?

7D.1　他们会在你的墓碑上写什么?

7D.2　你会在你的墓碑上写什么?

7F.1　你是赢家还是输家?

8A.1　你知道自己的脸在对某事做出反应时,是什么样子吗?

8B.3　你真正的自我是否总是控制着你的行为?

8C.1　你有什么性问题吗?

8D.1　你对气味敏感吗?

8E.1　事情开始前多久你开始担心？

8E.2　事情结束后你会担心多久？

8F.1　你喜欢向人证明你能够受苦吗？

8G.1　你脑海里的声音告诉你什么？

9B.2　你是怎么选择我的？

9C.3　你从以前的治疗师那里得到了什么？

9C.4　你为什么离开了这位治疗师？

9C.9　能告诉我你做过的任何一个梦吗？

（治疗师问自己的问题）

10A.1　脚本信号是什么？

10A.2　他是在产生幻觉吗？

10C.1　最常见的呼吸音是什么？

10C.6　许可词来自哪里？

10C.8　隐喻场景是什么？

10C.10　安全短语是什么？

10D.1　绞刑架沟通是什么？

10E.1　他是在向祖母征求意见吗？

10F.1　他的生活故事是什么？

11A.1　你认为你的治疗会如何结束？

11B.5　在你康复之前必须发生什么？

11D.1　a. 你宁愿康复还是被完全分析？

　　　　b. 你宁愿康复还是离开医院？

F. 治疗核对表

这份列表包含40个问题，用于核对病人已脱离脚本。如果病人对所有问题的答案是肯定的，证明他已被完全治愈。此列表提供了定量的方法来评估某个时间点的治疗有效性。到目前为止，还没有可靠的办法评估这些问题的权重，所以暂时应以同等的分量看待它们。该列表旨在测试脚本治疗和临床治疗是相同的这一理论。它主要用在病人结束治疗时。在小组治疗中使用效果最佳。如果治疗师和其他小组成员同意病人的答案，回答则有效，否则其回答可能存疑。这种方式可以避免所有相关人员存在不良动机。

这里的问题与脚本核对表的编号方式相同。

1F.7　你的朋友现在用你喜欢的名字叫你吗？
2B.1　你是个"好"人吗？
2C.1　你眼中的世界现在不一样了吗？
2C.2　你现在摆脱幻觉了吗？
2C.3　你改变了童年时的决定了吗？
3A.1　你停止做你父母命令你做的、具有破坏性的事了吗？
3A.4　你现在能做你父母禁止你做的、具有建设性的事吗？
4A.4　你有新的英雄了，还是以不同的方式看待以前的英雄？
4C.1　你停止收集心理点券了吗？
4C.3　你的反应和你的父母有了不同吗？
4D.1　你是活在当下吗？
4D.2　你停止说"要是"和"至少"了吗？
4E.1　你停止父母玩的游戏了吗？
4I.1　你脱下T恤衫了吗？
5F.1　你梦中的世界改变了吗？

6A.6	你是否放弃了脚本结局：坐监狱、进医院、自杀？
7B.1	你会活得比你以前计划的长吗？
7B.5	你的临终遗言改变了吗？
7D.1	你的墓志铭改变了吗？
8A.1	你意识到自己的面部反应是如何影响别人的吗？
8B.1	你知道某一刻是哪个自我状态在负责吗？
8B.3	你的"成人"能直接和你的"父母"和"儿童"讲话吗？
8C.1	你能在没有人工刺激的情况下被唤起性欲吗？
8D.1	你能意识到气味对你的影响吗？
8E.1	你是否减少了后事前置和前事后置的时间，以避免它们重叠？
8F.1	你是否想要快乐，而不仅仅是勇敢？
9B.5	a.你改变了来接受治疗的理由吗？
	b.你停止做以前让你入院的事了吗？
10A.1	你的脚本信号消失了吗？
10A.2	你摆脱幻觉了吗？
10B.1	你的身体症状消失了吗？
10C.1	你是否放弃了没有明显原因的咳嗽、叹息和咳嗽打哈欠？
10C.4	跟别人交谈时，你会否用动词而不是形容词和抽象名词？
10C.8	你是否使用更多类型的隐喻？
10C.9	你说的句子更干脆利落了吗？
10C.10	你说话时停止拐弯抹角了吗？
10D.1	当你描述自己的错误，停止微笑和大笑了吗？
11A.1	你对你的治疗师的看法改变了吗？
11B.1	你不再和他玩游戏了吗？
11C.1	你能在他们开始玩游戏前就停止玩游戏吗？
11D.1	你认为自己已经被治愈而不仅仅是取得了进展吗？

附　录

说完"你好"说什么？

　　这里有个简单的规则：脚本越复杂，就越知道该说什么。我们已经提到过，俄狄浦斯会说两句话："想决斗吗？"这是对男人说。"想和年纪只有你一半大的人做爱吗？"这是对女人说。罪犯们只有一句台词。"钱在哪里？"这是强盗。"闭嘴！"这是强奸犯。瘾君子也有自己的一句话，他们说"喝一杯！"或"来一口？"一些罪犯和精神分裂症患者甚至都懒得说"你好"。

　　对其他人来说，有六种可能的情境：(1) 该情境必须说话，而且是高度结构化的场合，如法庭或医生办公室。这种情境存在专业的范式，所以该说什么比较简单。(2) 该情境必须说话，而且是社交结构的场合。这里可说的话很多，从普通的"够暖和吗？"到"那是条埃塞俄比亚项链吗？"(3) 该情境必须说话，但没有一定的结构，比如某些类型的"相遇"群体中。这或多或少是人类的新发明，给某些人带来了困难。在这种情况下，最不私人化的"私人"言论是"你的鞋子不错"。(4) 该情境允许说话，但不是强制性的。通常发生在户外音乐会、游行等场合。这里通用的第二句话是"太酷了！"而第三句应该开始进一步深入话题。比如："你好。""你好。""太酷了。""对。""我是说灯光。""哦？我以为你是说音乐。"之后，两人就会愉快地交谈起来。(5) 该情境通常不说话，说话需要一定的胆量。这是最难的情境，因为被拒绝是很正常的事。说话者通常只能靠碰运气。我们可以从奥维德《爱的艺术》[①]第一卷取经。他的建议对今天的纽约人、旧金山人、伦敦人、巴黎人和对两千年前的罗马人一样好用。如果你使用第一卷的建议成功获得异性喜爱，就准备好参考更高阶段的第二卷。读完

[①] 古罗马诗人奥维德的著作。——译者注

第二卷，就可以准备来到本垒，也就是第三卷。（6）这一情境禁止说话，比如在纽约地铁上。除了发生不寻常的情况，只有拥有糟糕脚本的人才会尝试说话。

这里有个经典的笑话。一名男子和女人的谈话如下："你好。""你好。""你想和我上床吗？"一位朋友建议他，最好在问这个问题前谈谈别的。所以，下一次再遇到一个女孩时，他说："你好。你去过埃塞俄比亚吗？""没去过。""那我们上床吧。"这实际是个不错的对话。这里提供几种其他可能的对话模式。

真诚的："你好。"

"你好。"

"你去过埃塞俄比亚吗？"

"没有。"

"我也没有。不过我非常想去那里旅行。你经常旅行吗？"

天真的："你好。"

"你好。"

"你去过埃塞俄比亚吗？"

"没有。"

"那是一个美丽的国家。有一次我在那里看见一个人吃一头狮子。"

"人吃狮子？"

"用烧烤的方式。你吃过饭了吗？你喜欢烧烤吗？我知道有个小地方……"

这些建议是出于礼貌提供给大家的，以激发读者们的聪明才智。

术语表

反脚本（Antiscript） 脚本的反面。通过做相反的事违抗每个指令的要求。

"成人"（Adult） 一种客观、自主的分析数据和估计概率的自我状态。

"前事后置"（After-Burn） 在过去的事件被消化前的一段时间。

按钮（Button） 一种开启脚本化或游戏化行为的内部或外部刺激。

"儿童"（Child） 一种古老的自我状态。"适应型儿童"遵循父母的指令。"放养型儿童"是自主的。

时钟时间（Clock Time） 用时钟或日历测量的一个时间段。

引诱（Come-on） 使做出非适应性行为的刺激或诱惑。

承诺（Commitment） 遵循特定行动准则以达成某一目标的决定。

契约（Contract） 病人和治疗师之间的明确协议，规定了每个阶段的治疗目标。

信念（Conviction） 对自己"好"与"不好"和其他人"好"与"不好"的坚定的想法。

应该脚本（Counterscript） 基于父母训诫的可能的人生规划。

诅咒（Curse） 脚本禁令。

中断（Cut-off） 外部的脚本解除。

关闭（Cut-out） 内部的脚本解除。

死亡法令（Death Decree） 致命的脚本结局。

决定（Decision） 童年时对某种形式行为的承诺，后来成为人格的基础。

恶魔（Daemon） （a）儿童的欲望和冲动，看似与脚本装置对抗，实则强化了脚本装置。（b）"父母"要求"儿童"做出非适应性冲动行为的耳语声。两者的目标通常一致。

抑郁（Depression） "儿童"和"父母"之间对话的失败。

戏剧三角（Drama Triangle） 展示游戏或脚本中角色转换的简单图表。三个主要角色是迫害者、受害者和拯救者。

地球人（Earthian） 基于先入之见而非基于实际情况做判断的人。墨守成规的人。

地球人视角（EarthianViewpoint） 被从别人那学到的先入之见所蒙蔽的人的视角。通常发生在童年早期。

自我状态（Ego State） 一种一致的感觉和经验模式，直接对应相关的连贯行为模式。

电极（Electrode）"儿童"的"父母"。当被激活时，它会带来几乎自动的反应。

家庭文化（Family Culture） 家庭的主要兴趣，特别是在身体功能方面。

家庭戏剧（Family Drama） 每个家庭中反复发生的一系列戏剧性事件，它形成脚本的草案。

绞刑架下的笑（Gallows Laugh） 伴随绞刑架沟通的大笑或微笑，通常和在场其他人共同发出。

绞刑架沟通（Gallows Transaction） 一种直接导致脚本结局的沟通。

游戏（Game） 包含骗局、噱头、转换和混乱，最终导致某一结局的一系列沟通。

游戏公式（Game Formula） 游戏中发生事件的序列，用字母符号表示为公式：
$$C+G=R\to S\to XP$$

游戏化行为（Gamy Behavior） 计划好收集最终的心理点券而非其声称目的的行为。

噱头（Gimmick） 一种特殊的态度或弱点，使人容易受到游戏或脚本行为的影响。

目标时间（Goal Time） 以实现目标为终结的一段时间。

幻觉（Illusion） 是"儿童"抱有的不太可能实现的希望，影响他一切决定性的行为。

禁令（Injunction） 来自父母的禁止令或负面指令。

亲密（Intimacy） 不存在利用关系和游戏的情感表达交流。

人生轨迹（Life Course） 人生真实发生的事。

人生规划（Life Plan） 根据脚本，人生应该发生的事。

人生判决（Life Sentence） 负面但不致命的脚本结局。

输家（Loser） 没有实现设立目标的人。

火星人（Martian） 没有先入之见地观察地球上所发生之事的人。

火星人视角（Martian Viewpoint） 观察地球所发生的之事最天真的心境。

抵押（Mortgage） 为规划较长时间段而承担的可选义务。

非赢家（Non-winner） 努力打成平局的人。

食人魔父亲（Ogre Father） 父亲的"儿童"自我状态，形成其女儿"儿童"中的"父母"，并指导了悲剧性脚本。在高效脚本中，被称为快乐的巨人。

许可词（O.K.Words） 得到父母许可的词。

重叠（Overlap） 在前事后置消退前，后事前置就已开始的一段时间。

重写脚本（Palimpsest） 儿童进入发展后期后新产生的脚本版本。

"父母"（Parent） 从父母式人物身上借来的自我状态。可以直接发挥影响（"支配型父母"），或间接表现为父母式行为（"活跃型父母"）。它可以是养育型或专制型的。

模式（Pattern） 一种基于父母指导或榜样的生活方式。

许可（Permission） （1）自主行为的父母许可。（2）当个体准备好、愿意并且有能力时，给予他允许违抗父母禁令的干预措施，或让其从父母挑衅中解脱出来的干预措施。

人格面具（Persona） 以虚假方式展现的自我。通常处在8到12岁的水平。

心理定位（Position） 关于"好"与"不好"的想法，以证明决定的合理性；游戏是基于一定的心理定位。

生存法则（Prescription） 由"养育型父母"提供的一套训诫。

程序（Program） 由脚本装置的所有元素组合在一起而产生的生活方式。

草案（Protocol） 脚本所基于的早期戏剧经历。

挑衅（Provocation） 父母鼓励或要求的非适应性行为。

扭曲（Racket） 在沟通中寻求不愉快的感受，或对这种感受的利用和性欲化。

后事前置（Reach-back） 即将发生的事件影响行为的时间段。

外部解除（Release, external） 释放干预一种外部干预，可以释放个人对其脚本的要求。即中断。

内部解除（Release, internal） 一个在脚本中内置的条件，可以使个体从脚本中释放出来。即关闭。

再养育（Re-Parenting） 中断早期的父母程序，通过回溯，以一个新的更具适应性的程序替代，特别是在精神分裂症患者中。

角色（Role） 根据脚本的要求，以三种自我状态中的任何一种展现的沟通行为。

圣诞老人（Santa Claus） "儿童"花费一生都在等待的幻觉礼物的幻觉来源。

脚本（Script） 根据童年的决定制定的人生规划，由父母强化，被随后发生的事件合理化，最终导致某一特定选择的结局。

对立主题（Antithesis） 直接违背父母禁令的命令；一种能暂时或永久解除脚本要求的干预治疗。即外部解除。

装置（Apparatus） 组成脚本的七个元素。

可能脚本（Can Script） 用肯定的措辞写的脚本。

不可能脚本（Can't Script） 用否定的措辞写的脚本。

核对表（Check List） 仔细挑选和精心措辞的问题列表，用以获得关于脚本最多最清晰的信息。

控制（Controls） 控制个体脚本行为的结局、禁令和挑衅。

货币（Currency） 导致脚本结局的媒介：比如文字、金钱或身体。

指令（Directives） 控制、模式和其他脚本设备。

脚本驱使的（Driven） 必须不惜任何代价完成他的脚本所要求的东西，但同时可能享有乐趣之人的状态。

过分脚本（Episcript） 父母过度的编程。参见过度脚本。

设备（Equipment） 父母的刺激和反应，个人从中构建他的脚本装置。

失败（Failure） 如果脚本无法执行，会导致绝望。

公式（Formula） 对脚本进展至关重要的事件序列，以字母符号表达为公式：
EPI→Prt→C→IB。

"哈马提亚式"（Hamartic） 具有自我毁灭的悲剧结局。

模型（Matrix） 展示构成脚本基础的父母指令的图表。

发生或脚本的发生（Outbreak or Outbreak of Script） 从或多或少由理性控制的行为转向脚本场景。

过度脚本（Overscript） 从一人传递到另一人的过度的父母程序，如从父母传递到孩子。只要拥有这个"烫手山芋"的人都被过度脚本化了。

结局（Payoff） 标志人生规划结束的最终命运或最终展示。

原初版本（Primal） 脚本的最初版本，基于婴儿对家庭戏剧的理解。

脚本支配的（Ridden） 必须以牺牲其他一切为代价，集中精力于脚本的人。

脚本情境（Set） "儿童"演出脚本时的梦幻场景。

符号（Sign） 提供了病人脚本线索的一个特殊行为。

信号（Signal） 代表脚本化行为的动作或行为举止。

空间（Space） 决定性脚本沟通发生的空间。

主题（Theme） 最常见的是爱、恨、报复或嫉妒。

速度（Velocity） 在给定时间内脚本中发生角色转换的数量。

世界（World） 上演脚本的扭曲世界。

脚本行为（Scripty Behavior） 似乎更多地由脚本而不是理性考量驱使的行为。

破咒者（Spellbreaker） 内部解除，内置于脚本中。

脚本位置（Slot） 脚本中的一个位置，由任何会根据脚本要求进行回应的人占据。

制动器（Stopper） 一个脚本禁令。

安抚（Stroke） 一个认可的单位，如"你好"。

结构分析（Structural Analysis） 根据"父母""成人"和"儿童"的自我状态，对人格或一系列沟通的分析。

T恤衫（Sweatshirt） 从人的举止可以明显看出的人生座右铭。

转换（Switch）（1）在游戏或脚本中从一个角色转换到另一个角色。（2）强迫或诱导他人转换角色的行为。（3.）关闭适应性行为的内部或外部刺激。

治疗假设（Therapeutic Hypothesis） 关于计划的治疗方法是否有价值的假设。

图腾（Totem） 一种吸引个人并影响其行为的动物。

心理点券（Trading Stamp） 在游戏中作为结局"收集"的感受。

沟通（Transaction） 来自施予者某种自我状态的沟通刺激和接受者某种自我状态的沟通反应。沟通是社交行为的一个单位。

沟通分析（Transactional Analysis）（1）一种基于治疗期间发生的沟通或一系列沟通进行分析的心理治疗系统。（2）一种基于特定自我状态研究的人格理论。（3）一种基于严格的沟通分析的社交行为理论，分析涉及对特定自我状态详尽和有限种类的研究。（4）通过沟通图表对单个沟通进行分析；这是沟通分析本身。

赢家（Winner） 完成所有设定目标的人。

女巫母亲（Witch Mother） 母亲的"儿童"自我状态，形成其儿子"儿童"自我状态中的"父母"，并指导悲剧性脚本。在高效脚本中，它被称为"仙女教母"。

世界观（World View） "儿童"对世界和周围人的扭曲看法，是他的脚本基础。